计算机系列教材

孙连科 主编

C程序设计（第二版）

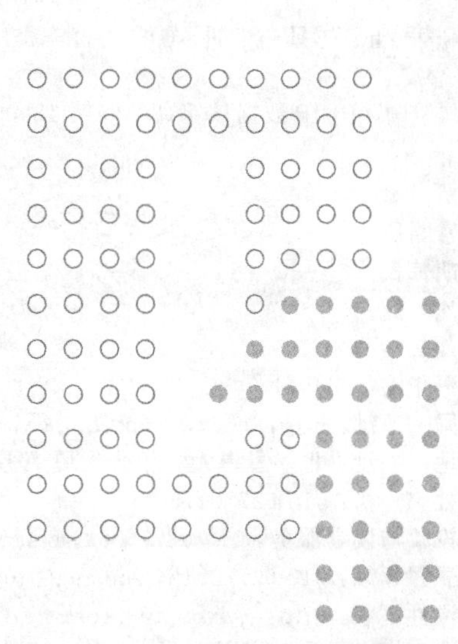

清华大学出版社
北京

内 容 简 介

C语言是目前较好的学习程序设计的语言，C程序设计课程是程序设计的重要基础课，是培养学生程序设计能力的重要课程之一。因此，学好C语言程序设计课程，对掌握基本编程方法、培养基本编程素质具有重要意义。

本书是作者在讲授C语言程序设计的基础上，总结多年的教学经验，针对高等院校的学生，在已出版的普通高等教育"十一五"国家级规划教材计算机系列教材《C程序设计》基础上改版而成，主要是根据目前全国计算机等级考试的环境要求，添加了Visual C++ 2010集成开发环境的使用。本书是为了适应计算机信息技术的发展，计算机教材的及时更新与修订，是计算机学科自身的特点，也是全国高校计算机学科教学的必然要求。

书中全面地介绍了C语言的基本概念、数据类型、语句及结构特点，系统地讲述了C语言程序设计的基本方法和技巧。

本书采取循序渐进的内容安排方式，通俗易懂的讲解方法，并辅以大量的例题；讲述力求理论联系实际、深入浅出；注重培养读者的程序设计能力及良好的程序设计风格和习惯；注重实践环节，每章后精选了较多的习题。

本书可作为普通高等学校计算机专业和非计算机专业C语言程序设计课程的本、专科教材(可以根据本科、专科教学要求的不同进行适当取舍)，也可供计算机培训班或其他自学者使用。

图书在版编目(CIP)数据

C程序设计/孙连科主编. —2版. —北京：清华大学出版社，2019.9（2021.1重印）
（计算机系列教材）
ISBN 978-7-302-53692-5

Ⅰ. ①C… Ⅱ. ①孙… Ⅲ. ①C语言－程序设计－高等学校－教材 Ⅳ. ①TP312.8

中国版本图书馆CIP数据核字(2019)第189099号

责任编辑：贾　斌
封面设计：常雪影
责任校对：胡伟民
责任印制：沈　露

出版发行：清华大学出版社
网　　址：http://www.tup.com.cn，http://www.wqbook.com
地　　址：北京清华大学学研大厦A座　**邮　　编**：100084
社 总 机：010-62770175　**邮　　购**：010-83470235
投稿与读者服务：010-62776969，c-service@tup.tsinghua.edu.cn
质量反馈：010-62772015，zhiliang@tup.tsinghua.edu.cn
课件下载：http://www.tup.com.cn，010-83470236
印 装 者：三河市金元印装有限公司
经　　销：全国新华书店
开　　本：185mm×260mm　**印　张**：18.75　**字　　数**：465千字
版　　次：2013年2月第1版　2019年10月第2版　**印　　次**：2021年1月第3次印刷
印　　数：2001～3000
定　　价：49.00元

产品编号：082606-01

前言

FOREWORD

C语言是国内外广泛推广使用的结构化程序设计语言，它功能丰富、表达能力强、使用方便灵活、目标程序效率高、可移植性好，既有高级语言的优点，又有低级语言的许多特点。因此，C语言既可用于开发系统软件，也可用于开发应用软件，应用面很广，许多大型的软件都是采用C语言开发的。目前，多数高等院校不仅计算机专业开设C语言这门课程，而且，非计算机专业也开设了这门课程。同时，许多学生都选择C语言作为参加全国计算机等级考试(二级)的考试科目。

本书是在已出版的普通高等教育"十一五"国家级规划教材计算机系列教材《C程序设计》基础上改版而成，主要是根据目前全国计算机等级考试的环境要求，添加了Visual C++ 2010集成开发环境的使用。本书全面介绍了C语言的概念、特性和结构化程序设计方法，具体特点如下：

(1) 教材内容经过精心组织，体系合理、结构严谨，全面讲授C语言程序设计的基本思想、方法和解决实际问题的技巧。

(2) C语言的概念比较复杂，规则较多，使用灵活，容易出错，不少初学者感到困难。教材内容组织形式由浅入深、循序渐进，以便于学生学习并有利于提高学生的程序设计能力。

(3) 内容丰富，注重实践；突出重点，分散难点。本书的宗旨在于帮助学生对基本知识的理解和掌握，提高学生的逻辑分析、抽象思维和程序设计能力，培养学生用计算机编程解决实际问题的能力。

(4) 书中对所介绍的内容都给出典型的实例，所有实例均在Visual C++ 6.0环境下上机调试并通过，便于教师在上课时演示。同时，每章后都设有精心挑选的多种类型的习题，以帮助读者通过练习进一步理解和巩固所学的内容。

全书共分12章，全面介绍了C语言的主要内容。第1章C语言概述，主要介绍了C语言的由来、特点，通过实例说明C语言程序的基本结构、源程序的书写风格以及C语言程序的运行过程。还对在Visual C++ 6.0及Visual C++ 2010环境下如何运行C语言程序进行了介绍。第2章数据类型、运算符与表达式，主要介绍了C语言的基本数据类型、常量和变量及基本运算符与表达式。第3章顺序结构程序设计，主要介绍了C语言语句分类、数据的输入/输出以及输入/输出函数的调用。第4章选择结构程序设计，主要介绍了关系运算符和关系表达式、逻辑运算符与逻辑表达式以及选择结构程序设计的思想和基本语句。第5章循环结构程序设计，主要介绍了循环结构程序设计的思想、基本语句以及程序举例。第6章函数与编译预处理，主要介绍了函数的概念、函数的定义与声明的基本方法、函数的传值调用、函数的嵌套调用和递归调用、变量的存储类别以及内部函数、外部函数、宏定义、文件包含和条件编译等。第7章数组，主要介绍了数组的概念，介绍了一维数组、二维数组的定义和初始化。介绍了字符数组与字符串的概念以及常用的字符串处理函数。阐述了数组作为函数参数的方法。通过程序实例阐明了数组的具体应用。第8章指针，主要介绍了指针的概念、指针变量的定义与初始化、指针与数组、指针与字符串、指针与函数、指针数组等，通过程序实例阐明了指针的具体应用。第9章结构体和共用体，主要介绍了结构体、共用体、枚举类型等概念，介绍了链表的概念及链表的基本操作。第10章位运算，介绍了位运算符及位运算规则，介绍了位段的概念。第11章文件，主要介绍了文件的概念、文件的打开与关闭、文件的定位、文件的读写等，并给出了文件基本操作的实例。第12章C语言综合应用程序示例，列举一个用C语言编写学生成绩管理系统的实例，使学生进一步掌握C语言对文件和链表的基本操作。

在本书的编写过程中，编者广泛参阅、借鉴和吸收了国内外C语言程序设计方面的相关教材和资料，并吸取了这些书的优点，在此谨向这些教材和资料的作者致以诚挚的感谢。

随着计算机技术的发展和应用的普及，高等院校对计算机的教育也在不断发展，新的教育教学体系和思想也在探索中，加之编者水平有限，编写时间仓促，书中难免有疏漏和不足之处，恳请读者和专家批评指正，以便下次修订时更正。

编　者

2019年6月

目录

CONTENTS

第1章　C语言概述

教学目标

了解程序与程序设计的基础知识，了解C语言程序的基本结构，掌握C语言程序的上机步骤。

本章要点

- C语言的特点
- C语言程序的基本结构
- C语言的程序设计步骤
- C语言程序的上机步骤

1.1　程序与程序设计语言

1.1.1　程序

程序是指可以被计算机连续执行的一条条指令的集合，也可以说是人与机器进行“对话”的语言。

人们将需要计算机做的工作写成一定形式的指令，并把它们存储在计算机的内部存储器中，当人为地给出命令之后，这些指令就被计算机按指令操作顺序自动运行，程序就被执行。

1.1.2　程序设计

程序设计就是用程序设计语言编写程序的过程。

广义上说，程序设计是用计算机解决一个实际应用问题时的整个处理过程，包括提出问题、确定数据结构、确定算法、编程、调试程序及书写文档等一系列的过程。

1.1.3　程序设计语言

人们利用计算机解决实际问题，一般要编写程序。程序设计语言就是用户用来编写程序的语言，它是人与计算机之间交换信息的工具。

程序设计语言一般分为机器语言、汇编语言和高级语言三大类。

1. 机器语言

机器语言是最底层的计算机语言。用机器语言编写的程序，计算机硬件可以直接识别和运行。在用机器语言编写的程序中，每一条机器指令都是二进制形式的指令代码。在指令代码中一般包括操作码和地址码，其中操作码传递计算机做何种操作，地址码则指出被操作的对象。

例如，代码10000000表示加法操作，代码10010000表示减法操作。

对于不同的计算机硬件（主要是CPU）而言，其机器语言是不同的。因此，针对一台计算机所编写的机器语言程序不能在另一台计算机上运行。由于机器语言程序是直接针对计算机硬件的，因此它的执行效率比较高，能充分发挥计算机的速度性能。但是，用机器语言编写程序的难度比较大，容易出错，而且程序的直观性比较差，也不容易移植。

2. 汇编语言

为了便于理解和记忆，人们采用能帮助记忆的英文缩写符号（称为指令助记符）来代替机器语言指令代码中的操作码，用地址符号来代替地址码。例如，ADD表示加法运算操作码，SUB表示减法运算操作码。用指令助记符及地址符号书写的指令称为汇编指令，用汇编指令编写的程序称为汇编语言源程序。汇编语言又称为符号语言。

汇编语言也是与具体使用的计算机相关的。由于汇编语言采用了助记符，因此它比机器语言更直观，更容易理解和记忆。用汇编语言编写的程序也比机器语言程序易读、易检查、易修改。但是，计算机不能直接识别源程序，必须由一种专门的翻译程序将汇编语言源程序翻译成机器语言程序后，计算机才能识别并执行。这种翻译的过程称为汇编，负责翻译的程序称为汇编程序。

3. 高级语言

机器语言和汇编语言都是面向机器的语言，一般称为低级语言。低级语言对机器的依赖性太大，用它们开发的程序通用性差，普通的计算机用户也很难胜任这一工作。

随着计算机技术的发展以及计算机应用领域的不断扩大，从20世纪50年代中期开始逐步发展了面向问题的程序设计语言，称为高级语言。高级语言与具体的计算机硬件无关，描述问题采用接近于数学语言或人的自然语言，人们易于接受和掌握。用高级语言编写程序要比用低级语言容易得多，并大大简化了程序的编制和调试过程，使编程效率得到了大幅提高。高级语言的显著特点是独立于具体的计算机硬件，通用性和可移植性好。

用任何一种高级语言编写的程序（称为源程序）都要通过编译程序翻译成机器语言程序（称为目标程序）后计算机才能执行，或者通过解释程序边解释边执行。

1.2 C语言发展概述和主要特点

1.2.1 C语言的发展历史

C语言是国际上广泛流行的一种计算机高级语言。用C语言既可以编写系统软件，也可以编写应用软件。

C语言是在1972—1973年由美国贝尔实验室的D. M. Ritchie和K. Thompson以及英国剑桥大学的M. Riohards等为描述和实现UNIX操作系统而设计的。UNIX操作系统源代码的90%以上是用C语言编写的。UNIX操作系统的一些主要特点,如易于理解,便于修改,具有良好的可移植性等,在一定程度上都受益于C语言。所以,UNIX操作系统的成功与C语言是密不可分的。

最初的C语言附属于UNIX的操作系统环境,而它的产生却可以更好地描述UNIX操作系统。时至今日,C语言已独立于UNIX操作系统。它已成为微型、小型、中型、大型和超大型(巨型)计算机上通用的一种程序设计语言。M. D. Ritchie和K. Thompson也以他们在C语言和UNIX系统方面的卓越贡献获得了很高的荣誉。1982年,他们获得了《美国电子学杂志》颁发的成就奖,成为该奖自颁发以来首次因软件工程成就而获奖的获奖者。1983年,他们又获得了计算机界的最高荣誉奖——图灵奖。1989年,ANSI发布了第一个完整的C语言标准——C89,人们习惯称其为"ANSI C",C89在1990年被国际标准组织ISO采纳,所以也有"C90"的说法,1999年,在做了一些必要的修改和完善之后,ISO发布了新的C语言标准——C99。

随着计算机应用领域的不断扩展和深入,作为人与计算机进行信息交流工具之一的C程序设计语言同样得到了迅速的发展。C语言从最初的只是为描述和实现UNIX操作系统而提出的一种程序设计语言,后来作为风靡全球的面向过程的计算机程序设计语言,用在大、中、小及微型计算机上。C++是在C语言的基础上发展起来的程序设计语言,它是一种多范型程序设计语言,我们不仅可以用其编写面向对象的程序,也可以用其编写面向过程的程序。随后Sun公司和Microsoft公司又相继推出了Java和C#语言编写程序,目前正在流行的面向对象的程序设计语言C++、Java和C#即将形成三足鼎立之势,极力挤压其他语言的空间。在此种情况下,C语言的空间变得越来越小,但可以说C语言是C++、Java和C#语言的基础,还有很多专用语言也学习和借鉴C语言,例如,进行Web开发的PHP语言,做仿真的MATLAB的内嵌语言等。学好C语言对以后再学习其他语言大有帮助。计算机技术发展很快,唯有掌握最基础的,才能以不变应万变,并立于不败之地。所以,C语言是最受人们欢迎的一种程序设计语言。

1.2.2 C语言的主要特点

(1) 语言基本组成部分紧凑简洁。C语言只有32个标准关键字、44个标准运算符以及9条控制语句,语言的组成不但精练、简洁,而且使用方便、灵活。

(2) C语言运算符丰富,表达能力强。C语言具有"高级语言"和"低级语言"的双重特点,其运算符包含的内容广泛,所生成的表达式简练、灵活,有利于提高编译效率和目标代码的质量。

(3) C语言数据结构丰富,结构化强。C语言提供了编写结构化程序所需的各种数据结构和控制结构,这些丰富的数据结构和控制结构及以函数调用为主的程序设计风格,保证了利用C语言所编写的程序能够具有良好的结构化。

(4) 具有结构化的控制语句。如if-else语句、switch语句、while语句、do-while语句、for语句。用函数作为程序模块以实现程序的模块化,是结构化的理想语言,符合现代编程风格。

(5) C语言提供了某些接近汇编语言的功能,有利于编写系统软件。C语言提供的一些运算和操作，能够实现汇编语言的一些功能，如可以直接访问物理地址，并能进行二进制位运算等，这为编写系统软件提供了方便条件。

(6) C语言程序所生成的目标代码质量高。C语言程序所生成的目标代码效率仅比用汇编语言描述同一个问题低20%左右。

(7) C语言程序可移植性好。C语言所提供的语句中，没有直接依赖于硬件的语句，与硬件有关的操作，如数据的输入、输出等都是通过调用系统的库函数来实现的，而库函数本身不是C语言的组成部分。因此用C语言编写的程序可以很容易地从一种计算机环境移植到另一种计算机环境中。

C语言的弱点：一是运算符的优先级较复杂，不容易记忆；二是由于C语言的语法限制不太严格，增强程序设计灵活性的同时，在一定程度上也降低了其安全性，因此对程序设计人员提出了更高的要求。

1.3 C程序设计方法

1.3.1 C程序的基本结构

在使用C语言编写程序时必须按其规定的格式和提供的语句进行编写。下面通过简单的例子介绍C程序的基本结构。

例1.1 从键盘上输入两个整数，计算这两个整数之和并显示出来。

```
#include "stdio.h"
main()
{   int a,b,sum;                          /* 定义变量 a,b,sum */
    printf("Enter two numbers: ");
    scanf("%d%d",&a,&b);                  /* 调用函数输入 a,b 的值 */
    sum=a+b;
    printf("The sum is %d\n",sum);        /* 调用函数输出 sum 的值 */
}
```

例1.2 从键盘上输入两个整数，求出其中最大的数并显示。

```
#include "stdio.h"
main()
{   int a,b,c;
    printf("Enter two numbers: ");
    scanf("%d%d",&a,&b);
    c=max(a,b);
    printf("The max is %d\n",c);
}
int max(int x,int y)                      /* 函数定义 */
{   int z;
    if(x>y) z=x;
    else z=y;
    return z;
}
```

从例1.1和例1.2中可以看出C语言程序的构成规则如下。

(1) C程序由一个或多个函数构成,其中有且仅有一个主函数main()。C程序的执行总是从主函数开始,并在主函数中结束。

(2) 函数体是由大括号{}括起来的部分。

(3) C语言中的每个语句都以";"结束。

(4) C语言书写格式自由,一行内可以写一个语句,也可以写多个语句。

(5) #include是编译预处理命令,其作用是将由双引号或小括号括起来的文件内容读入该命令位置处。对于输入/输出库函数一般需要使用#include命令将"stdio.h"文件包含到源文件中。#include命令的使用方法将在第6章介绍。

(6) 可用/*…*/对C程序中的任何部分作注释。

(7) C语言中所有变量都必须先定义类型,然后再使用。

(8) C语言的程序习惯使用小写,并严格区分大小写字母,所有的关键字都必须小写。

(9) 一个C语言程序通过函数之间的相互调用来实现相应的功能。函数既可以是系统提供的库函数(标准函数),也可以是根据问题的需要自己定义的函数。

(10) 编写程序要规范,培养良好的程序设计风格,最好采用缩进对齐的书写格式。

1.3.2 C程序设计步骤

C程序设计的一般步骤如下:

(1) 设计算法。

针对具体的问题,分析、建立解决问题的物理或数学模型,并将解决方法采用某种方式描述出来,为C语言程序设计打下良好基础。

(2) 编辑。

使用一个文本编辑器编辑C语言源程序,并将其保存为文件扩展名为".c"的文件。

(3) 编译。

编译就是将编辑好的C语言源程序翻译成二进制目标代码的过程。编译过程由C语言编译系统自动完成。编译时首先检查源程序的每一条语句是否有语言错误,当发现错误时,就在屏幕上显示错误的位置和错误类型信息。此时要再次调用编辑器进行查错并修改。然后再进行编译,直到排除所有的语法和语义错误。一旦正确的源程序文件经过编译后,就会在磁盘上生成同名的目标文件(扩展名为".obj")。

(4) 连接。

它是指将目标文件和库函数等连接在一起形成一个扩展名为".exe"的可执行文件。如果函数名称写错或漏写包含库函数的头文件,则可能出现提示错误的信息,从而得到程序的错误提示信息。

(5) 执行。

可执行文件可以脱离C语言编译系统,直接在操作系统下运行。若执行程序后达到预期的目的,则C程序的开发工作到此完成,否则要进一步修改源程序,重复"编辑"→"编译"→"连接"→"运行"的过程,直到取得正确结果为止。这一过程如图1-1所示。

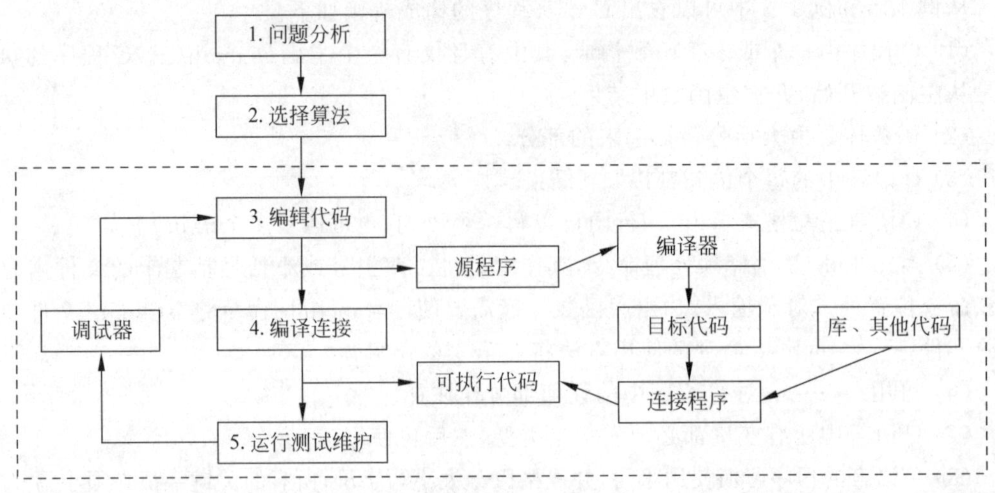

图 1-1　C 程序设计的一般步骤

1.4　Microsoft Visual C++ 6.0 及 Visual C++ 2010 集成开发环境简介

对于 C 程序的源代码编写、编译、连接和运行测试维护等步骤（见图 1-1 虚框中的步骤），许多 C 语言工具软件商都提供了各自的集成开发环境（Integrated Development Environment，简称 IDE），用于程序的一体化操作。集成开发环境又称编程环境，是每个 C 程序学习者都必须掌握的开发工具。目前高校中用于在 DOS、Windows 平台上进行 C 语言教学的 IDE 中比较流行的有 Turbo C2.0、Microsoft Visual C++以及 WIN-TC1.9.1 等。本教材介绍全国计算机等级考试采用的集成开发环境 Microsoft Visual C++。

Visual C++是 Microsoft 公司推出的目前使用极为广泛的基于 Windows 平台的可视化编程环境。Visual C++ 6.0 是在以往版本不断更新的基础上形成的，由于其功能强大、灵活性好、完全可扩展以及具有强有力的 Internet 支持，Visual C++2010 是微软公司继 Visual C++ 6.0 之后设计的集成开发环境，它更加支持 C++标准规范。

下面以例 1.1 为例，说明在 Visual C++ 6.0 中创建、编译、连接和运行 C 程序的一般过程。

1. 创建工作文件夹

创建 Visual C++ 6.0 的工作文件夹，其路径可以设为“D:\C 程序”，以后所有创建的 C 程序都将保存在此文件夹下。

2. 启动 Visual C++ 6.0

选择“开始”→“程序”→“Microsoft Visual Studio 6.0”→“Microsoft Visual C++ 6.0”命令，运行 Visual C++ 6.0。第一次运行时，将显示“每日提示”对话框。单击“下一条”按钮，可看到有关各种操作的提示。如果在“启动时显示提示”复选框中单击鼠标，去除复选框中的选中标记“√”，下一次运行 Visual C++ 6.0 将不再出现此对话框。单击“关闭”按钮，关闭此对话框，进入 Visual C++ 6.0 开发环境，如图 1-2 所示。

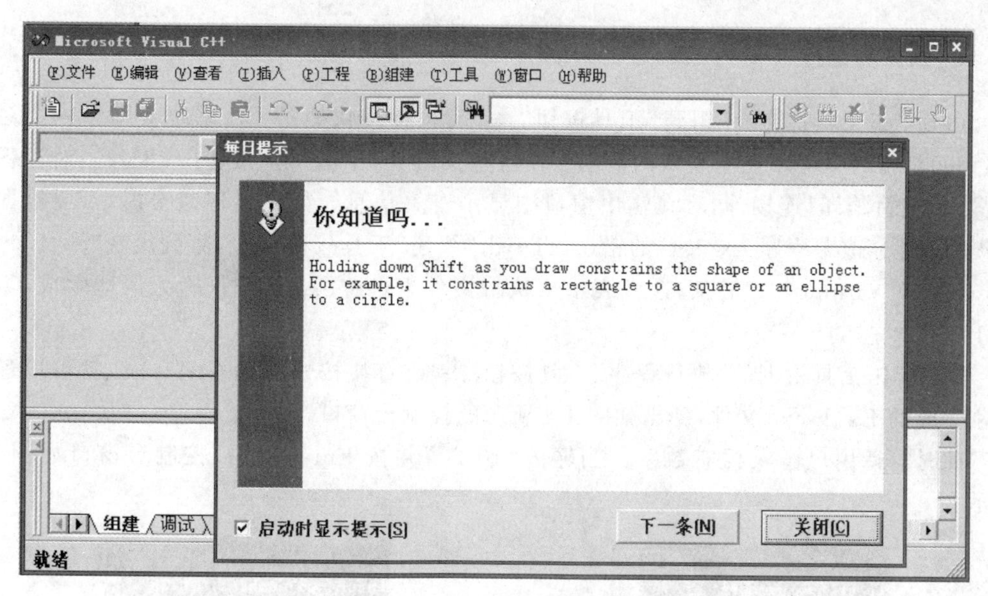

图 1-2 Visual C++ 6.0 启动窗口

3. 添加 C 源程序

(1) 单击工具栏上的“新建”( )按钮，打开一个新的文档窗口，在这个窗口中输入例 1.1 中的 C 程序代码。

(2) 选择“文件”→“保存”菜单命令或按快捷键 Ctrl+S 或单击标准工具栏的“ ”按钮，弹出“保存为”对话框。将文件指定到“D:\C 程序”文件夹中并保存，文件名命名为“Ex_1.C”(注意扩展名“.C”不能省略)。

此时在文档窗口中所有代码的颜色都将发生改变，这是 Visual C++ 6.0 的文本编辑器所具有的语法颜色功能，绿色表示注释，蓝色表示关键字等，如图 1-3 所示。

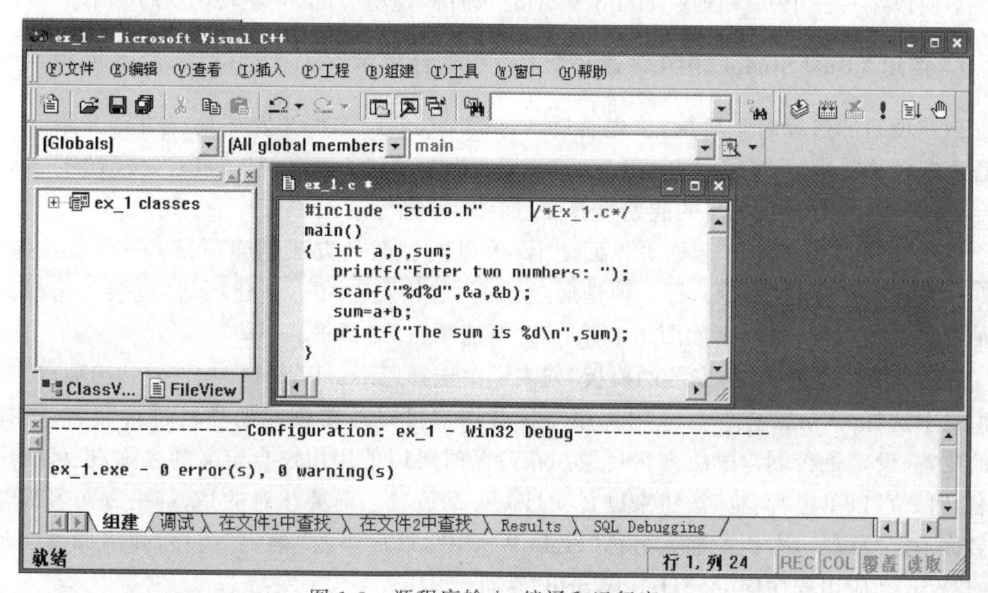

图 1-3 源程序输入、编译和运行窗口

4. 编译和运行

（1）单击工具栏上的“组建”工具按钮“”或直接按快捷键 F7，系统会弹出一个对话框，询问是否为该程序创建默认的活动工作区间文件夹，单击“是”按钮，系统开始对源程序 Ex_1. C 进行编译、连接，同时在输出窗口中显示有关信息。如果出现错误提示，要根据错误提示信息修改源程序 Ex_1. C 的错误，再单击“组建”工具按钮“”，直到出现“ex_1. exe-0 error(s)，0 warning(s)”信息，这就表示可执行文件 Ex_1. exe 已经正确无误地生成了，如图 1-3 所示。

（2）单击工具栏上的“执行程序”工具按钮“!”或直接按快捷键 Ctrl＋F5，就可以运行刚刚生成的 Ex_1. exe 文件，弹出如图 1-4 所示的控制台窗口。

此时等待用户输入相应数字。当输入“10 20”并按 Enter 键后，控制台窗口如图 1-5 所示。

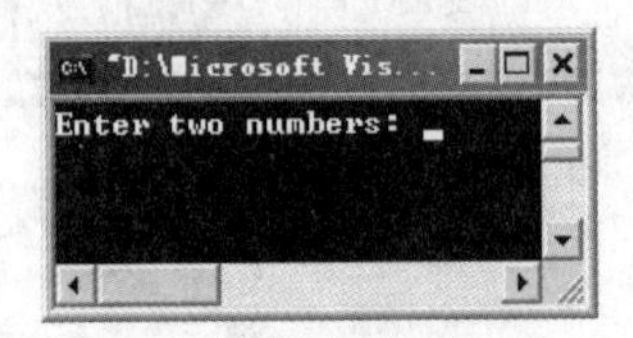

图 1-4　执行程序控制台窗口

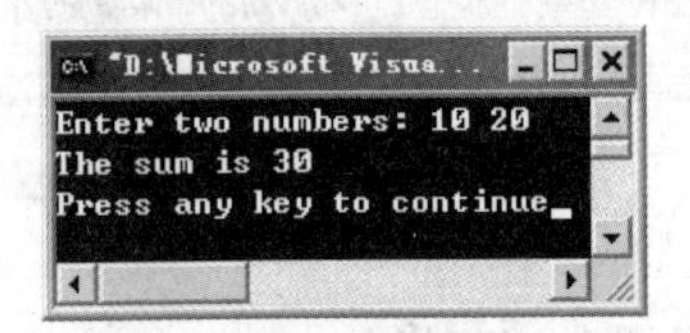

图 1-5　输出结果的控制台窗口

其中，“Press any key to continue”是 Visual C++ 自动加上去的，表示 Ex_1. exe 运行后，按任意键将返回 Visual C++开发环境。

对于一个已经存在的 C 语言源程序，可以在 Visual C++6. 0 集成开发环境下，使用“文件”菜单下的“打开”命令，选择要打开的源程序文件，再单击“打开”按钮，进入如图 1-3 所示的界面，然后再对源程序进行编译、连接和运行。这就是 C 语言在 Visual C++ 6. 0 集成环境下最简洁的编译、连接和运行的过程。

下面以编写一个 C++程序“Hello World!”为例，说明 Visual C++2010 的使用。

1. 使用 Visual Studio 2010 创建一个 C++控制台程序

创建项目的过程非常简单，首先启动 Visual Studio 2010 开发环境，选择“开始”→“所有程序”→“Microsoft Visual Studio 2010 Express”→“Microsoft Visual C++2010 Express”命令，进入 Visual C++2010 的起始页界面，如图 1-6 所示。

启动 Visual C++2010 起始页界面之后，可以通过两种方法创建项目：一种是选择“文件”→“新建”→“项目”命令；另一种是通过单击“起始页”中的“新建项目”链接。选择其中一种方法创建项目，将弹出如图 1-7 所示的“新建项目”对话框。

在图 1-7 中左侧的“已安装的模板”列表框中选择“Visual C++”→“Win32”选项，再在中间窗格中选择“Win32 控制台应用程序”，接着用户可对所要创建的项目进行命名、选择保存的位置、设定是否创建解决方案目录。在命名时可以使用用户自定义的名称，也可使用默认名，用户可以单击“浏览”按钮来设置项目保存的位置。需要注意的是，解决方案名称与项目名称一定要统一，本例中输入名称“HelloWorld”，最后单击“确定”按钮，弹出如图 1-8 所示的“Win32 应用程序向导—HelloWorld”界面。

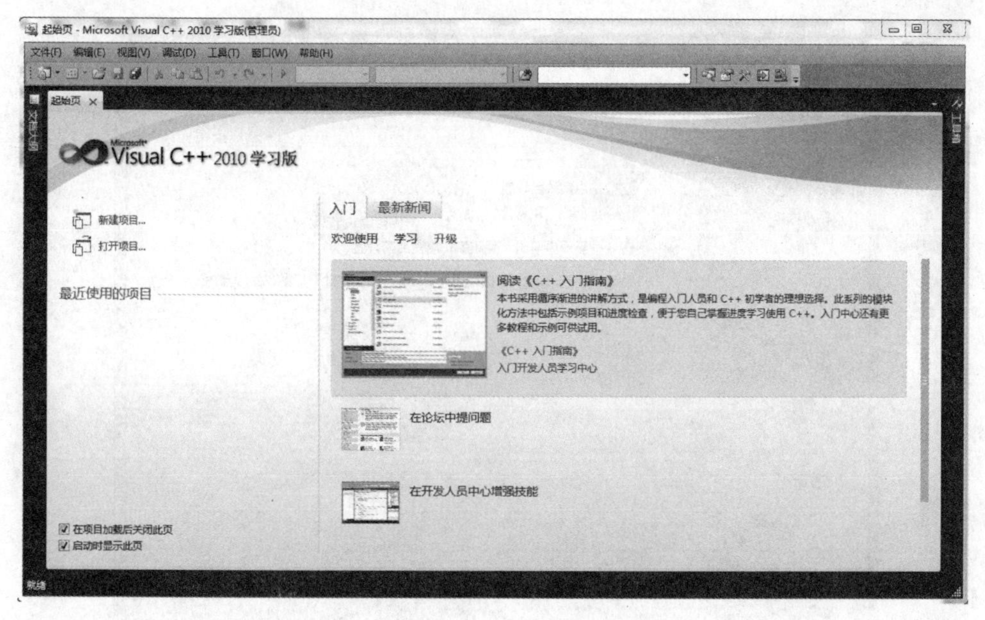

图 1-6　Visual C++2010 起始页界面

图 1-7　“新建项目”对话框

在图 1-8 界面中，单击“下一步”按钮，可进行详细设置，通常选择默认设置即可，单击“完成”按钮，可完成解决方案 HelloWorld 项目的创建，如图 1-9 所示。

在图 1-9 中，左边显示了本程序所有包含和依赖的头文件中保存着函数、变量的声明，并为相对应的源文件提供函数、变量的实现。该项目的入口在 HelloWorld.cpp 源文件中，因为它包含了程序的入口主函数 main。

C++程序的入口是 main 函数，控制台应用程序也可以用_tmain 作为入口。为保持一

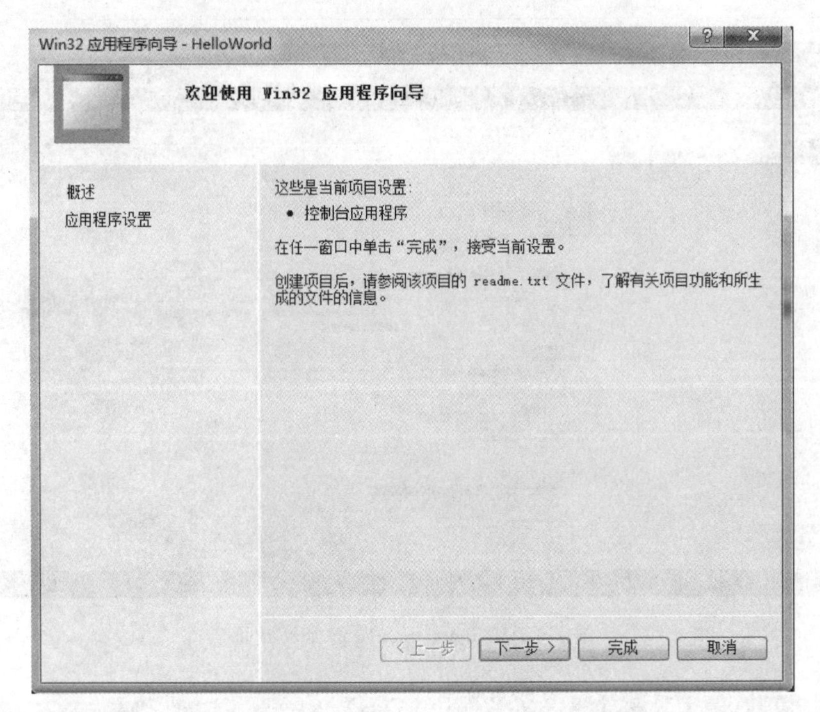

图 1-8 “Win32 应用程序向导—HelloWorld”界面

致，以后把_tmain 函数改为 main。但无论用哪个主函数，编译器都会找到并把它作为入口使用。在源文件中包含一个头文件 stdafx. h，它由编译器生成，其中包含了项目中常用的头文件。在主函数 main 中输入“printf("Hello World!");”，主函数中执行 return 语句后表示主函数结束，返回相应的值，程序结束。双斜杠(//)后边的绿色文字代表注释，程序运行时不会被当作代码，只对程序起到解释和说明的作用。

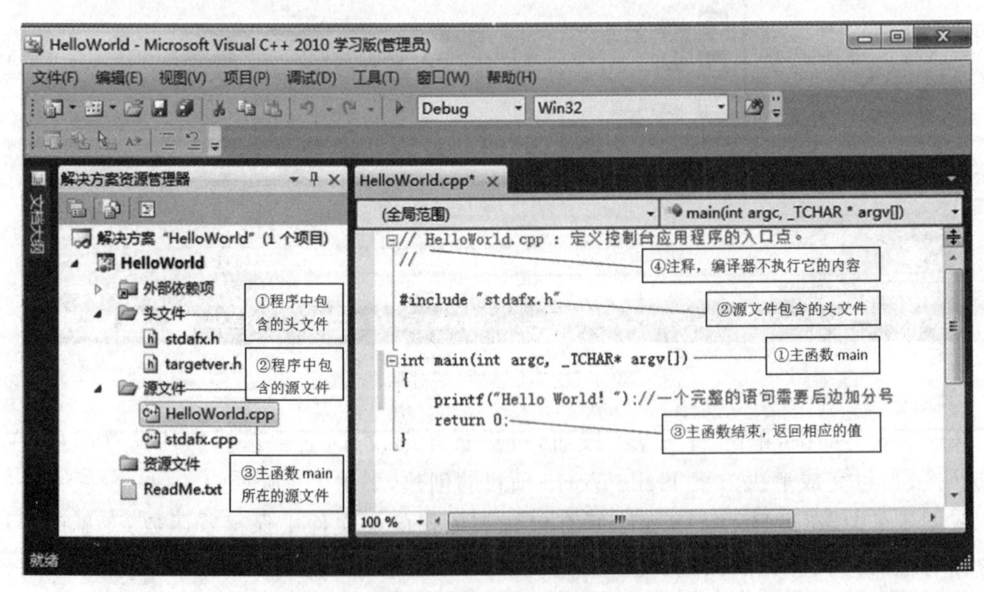

图 1-9 解决方案资源管理器

2. 调试和运行程序

“调试”菜单中的“启动调试”和“开始执行(不调试)”命令分别用于调试和运行程序。“启动调试”命令执行时会查找程序中的错误,并在设置的断点处进行停留;“开始执行(不调试)”命令执行时不进行调试,而是直接运行程序,当程序遇到编译错误时,执行失败。“调试”菜单如图1-10所示。

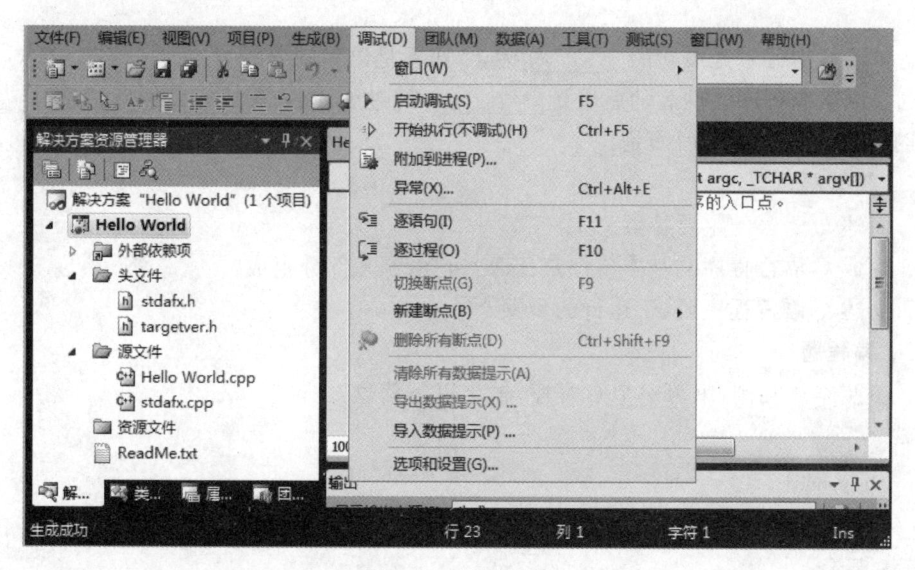

图 1-10 运行程序

当“调试”菜单中没有“开始执行(不调试)”命令时,可采用下述方法在工具栏中添加“开始执行(不调试)”命令按钮。单击菜单栏上的“视图”命令,在下拉菜单中选择“工具栏”命令,在级联菜单中选择“生成”选项。此时将在工具栏中出现“生成”工具栏,可拖动该工具栏上的“移动条”改变其位置,用鼠标指向“生成”工具栏的右下角的“箭头”图标,出现“生成工具栏选项”的提示。单击该“箭头”图标,出现“添加或删除按钮”命令项,在级联菜单中选择“自定义”选项,出现“自定义”对话框窗口,在命令选项卡中单击“添加命令”按钮,在弹出的“添加命令”对话框中,类别选择“调试”、命令选择“开始执行(不调试)”,单击“确定”按钮。在“生成”工具栏中会出现“开始执行(不调试)”命令按钮。

单击调试菜单栏或工具栏上的“开始执行(不调试)”命令或按快捷键Ctrl+F5,程序执行后会出现程序执行结果窗口。

本章小结

本章首先介绍了程序、程序设计、程序设计语言的基本概念;明确了程序可以指挥计算机做各种事情,但是计算机不能直接读懂高级语言,必须由编译器或者解释器把高级语言翻译成计算机可以读懂的机器语言;介绍了C语言的发展历史及特性,C语言程序的基本结构;还详细介绍了Visual C++ 6.0集成环境的应用以及编辑、编译、连接和运行C语言程序的基本方法和步骤。

习　题

一、填空题

1. 一个C语言程序必须有且只有一个________，一个C语言程序必须从________开始执行。

2. C语言中分号是语句的________标志，而不是语句的分隔符。

3. C语言源程序文件名的后缀是________；经过编译后，生成文件的后缀是________；经过连接后，生成文件的后缀是________。

二、简答题

1. 简述C语言的主要特点。

2. 构成C语言程序的基本单位是什么？它由哪几部分组成？

3. 简述C语言程序调试、运行的步骤。

三、编程题

1. 参照本章实例，编写一个C程序，输出以下信息：

```
* * * * * * * * * * 
verygood!
* * * * * * * * * * 
```

算法提示：

① 输出10个星号组成的字符串，换行。

② 输出“Verygood!”，换行。

③ 输出10个星号组成的字符串，换行。

2. 参照本章实例，编写一个C程序：输入圆的半径，输出其周长。

算法提示：

① 申请两个存储单元，分别用r和l表示，用来存放数据。

② 输入圆的半径值，存入r中。

③ 求圆的周长，将值存入l中，输出l的值。

第 2 章　数据类型、运算符与表达式

教学目标

掌握C语言基本数据类型及变量定义方法，掌握C语言运算符及由运算符构成的表达式。

本章要点

- *数据类型及变量定义*
- *运算符及表达式*

数据和操作是构成程序的两个要素，正如著名计算机科学家沃思(Nikiklaus Wirth)提出的：数据结构+算法=程序。数据是程序加工处理的对象，也是加工的结果。数据类型是计算机领域中一个非常重要的概念，它决定了数据的表示范围、数据在内存中的存储分配以及数据能够进行的运算。在这一章将介绍C语言的基本数据类型，各种运算符、表达式以及运算时的相关规定。

2.1　基本标识符

简单地说，标识符就是一个名字，用来表示程序中用到的变量、函数、类型、数组、文件以及符号常量等的名称。例如，每个人的姓名，就是每个人所对应的标识符。C语言中的标识符可以分为3类：关键字、预定义标识符和用户定义标识符。

2.1.1　关键字

关键字又称保留字，是C语言规定的具有特定意义的标识符。它们在程序中都代表着固定的含义，不能另作他用。C语言中共有32个关键字(见附录Ⅱ)，分为以下4类：

(1) 标识数据类型的关键字(14个)：int、long、short、char、float、double、signed、unsigned、struct、union、enum、void、volatile、const。

(2) 标识存储类型的关键字(5个)：auto、static、register、extem、typedef。

(3) 标识流程控制的关键字(12个)：goto、return、break、continue、if、else、while、do、for、switch、case、default。

(4) 标识运算符的关键字(1个)，即sizeof。

2.1.2　预定义标识符

预定义标识符是一类具有特殊含义的标识符，用于标识库函数名和编译预处理命令。系统允许用户把这些标识符另作他用，但这将使这些标识符失去系统规定的原意。为了避免误解，建议不要将这些预定义标识符另作他用。C语言中常见的预定义标识符有以下几种：

（1）编译预处理命令，有 define、endef、include、ifdef、ifndef、endif、line、if、else 等。

（2）标准库函数。

数学函数：sqrt、fabs、sin、cos、pow 等。

输入输出函数：scanf、printf、getchar、putchar、gets、puts 等。

2.1.3 用户定义标识符

用户定义标识符是程序员根据自己的需要定义的用于标识变量、函数、数组等的一类标识符。用户在定义标识符时应遵守C语言中标识符的命名规则。C语言规定标识符只能由英文字母、数字、下画线组成，且第一个字符必须是字母或下画线，一般不超过8个字符；标识符中大小写字母的含义不同；不能使用C语言中的关键字做标识符；应当尽量遵循“简洁明了”和“见名知意”的原则。

例如，这种标识符是合法的：a、abc、x1、price、student32、Mouse、_ sun、Football、FOOTBALL。

这种标识符是非法的：32student、Foot-ball、s. com、a&b、for。

2.2 C语言的数据类型

2.2.1 引入数据类型的目的

数据类型指把待处理的数据对象划分成一些集合，属于同一集合的各数据对象都具有同样的性质，可以对它们进行同样的操作。就像人要区分男性和女性一样，那么性别就是一种数据类型。在C程序中，每个数据都属于一个确定的、具体的数据类型。不同类型的数据在数据表示形式、合法的取值范围、占用存储空间的大小以及可以参与运算的种类等方面是不同的。C语言的数据类型（Data Type）如图2-1所示。

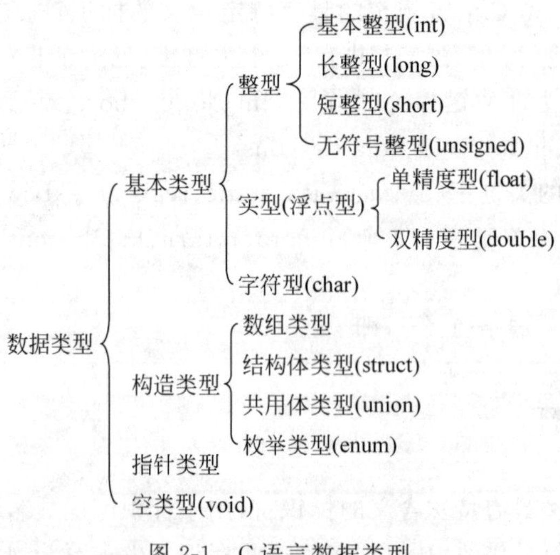

图2-1 C语言数据类型

本章主要介绍基本数据类型,其他数据类型在以后的章节中陆续介绍。

2.2.2 C语言的基本数据类型

C语言的基本数据类型有3种:整型、实型、字符型。表2-1列出了基本数据类型的数据表示和取值范围。

表2-1 C语言基本数据类型描述

类　型	说　明	内存单元数(字节数)	取值范围
int	整型	2(16位)	$-32\,768\sim32\,767$, $-2^{15}\sim(2^{15}-1)$
unsigned int	无符号整型	2(16位)	$0\sim65\,535$, $0\sim(2^{16}-1)$
signed int	有符号整型	2(16位)	$-32\,768\sim32\,767$, $-2^{15}\sim(2^{15}-1)$
short int	短整型	2(16位)	$-32\,768\sim32\,767$, $-2^{15}\sim(2^{15}-1)$
unsigned short int	无符号短整型	2(16位)	$0\sim65\,535$, $0\sim(2^{16}-1)$
signed short int	有符号短整型	2(16位)	$-32\,768\sim32\,767$, $-2^{15}\sim(2^{15}-1)$
long int	长整型	4(32位)	$-2\,147\,483\,648\sim2\,147\,483\,647$, $-2^{31}\sim(2^{31}-1)$
unsigned long int	无符号长整型	4(32位)	$0\sim4\,294\,967\,295$, $0\sim(2^{32}-1)$
signed long int	有符号长整型	4(32位)	$-2\,147\,483\,648\sim2\,147\,483\,647$, $-2^{31}\sim(2^{31}-1)$
float	单精度实型	4(32位)	$-3.4E-38\sim3.4E+38$
double	双精度实型	8(64位)	$-1.7E-308\sim1.7E+308$
long double	长双精度实型	16(128位)	$-1.2E-4932\sim1.2E+4932$
char	字符型	1(8位)	$-128\sim127$, $-2^7\sim(2^7-1)$
unsigned char	无符号字符型	1(8位)	$0\sim255$, $0\sim(2^8-1)$
signed char	有符号字符型	1(8位)	$-128\sim127$, $-2^7\sim(2^7-1)$

注意:用不同的编译系统时,具体情况可能与表2-1有些差别,例如,Visual C++ 6.0为整型数据分配4字节(32位),其取值范围为-2147483648~2147483647。在Turbo C/Turbo C++中,一个整型变量分配2字节(16位),最大允许值为32767。读者可以通过运行下列程序检测基本数据类型在不同编译系统所分配的字节数。

```
#include<stdio.h>
main()
{
printf("Data type Number of bytes\n");
printf("----------  --------------------\n");
printf("char                          %d\n",sizeof(char));
printf("int                           %d\n", sizeof(int));
printf("short int                     %d\n", sizeof(short int));
printf("long int                      %d\n", sizeof(long int));
printf("float                         %d\n", sizeof(float));
printf("double                        %d\n", sizeof(double));
}
```

其中:sizeof是C语言中的求字节运算符,用于测试变量或类型名的字节长度。它有如下两种用法:

sizeof(变量名或表达式)；

sizeof(类型名)；

操作的结果返回操作数所占的内存空间大小(字节数)。例如：

```
float f=1.23;
sizeof(f);                          /* 计算变量f所占内存的字节数,结果为4 */
sizeof(float);                      /* 计算实型float所占内存的字节数,结果为4 */
int a, b;
sizeof(a+b);                        /* 计算表达式a+b的值所占内存的字节数 */
sizeof(3*4/5.0);                    /* 计算3*4/5.0的值所占内存的字节数,结果为4 */
```

2.2.3 数据类型修饰符

在C语言中,除了void类型外,基本数据类型前面可以加signed(有符号)、unsigned(无符号)、long(长型符)、short(短型符),这些类型修饰符可以与int或char配合使用,如表2-1所示。

- signed——"有符号"之意,可以修饰int、char基本类型。对int型使用signed是允许的,但却是冗余的,因为默认的int型定义为有符号整数。char类型默认为无符号,而使用signed修饰char,表示有符号字符型。
- unsigned——"无符号"之意,可以修饰int、char基本类型。
- long——"长型"之意,可以修饰int、double基本类型。
- short——"短型"之意,可以修饰int基本类型。

当类型修饰符被单独使用(即将其修饰的基本类型省略)时,则系统默认其为int型,因此下面几种用法是等效的。

```
signed          等效于          signed int
unsigned        等效于          unsigned int
long            等效于          long int
short           等效于          short int
```

另外,signed和unsigned也可以用来修饰long int和short int,但是不能修饰double和float。

有符号和无符号整数之间的区别在于怎样解释整数的最高位。对于无符号数,其最高位被C编译程序解释为数据位。而对于有符号数,C编译程序将其最高位解释为符号位,符号位为0,表示该数为正数;符号位为1,则表示该数为负数。

2.3 常量和变量

2.3.1 常量

1. 常量

常量又称常数,是指在程序运行中其值不能被改变的量。常量也有不同的数据类型,如整型常量、实型常量和字符型常量等。在C语言中，常量是直接以自身的存在形式体现值和类型的，例如，123、-5是整型常量，1.5、1.8E-2是实型常量，'a'、'x'是字符常量。"a"、"C语言"是字符串常量。

2. 符号常量

在C语言中，可以用一个名字(字符序列)来代表一个常量，这种常量被称为符号常量。符号常量命名遵循标识符命名规则。C语言中定义符号常量的形式如下：

```
#define 符号常量名 常量
```

其中，#define是宏定义命令的专用定义符，详细用法参见第6章。

例如：

```
#define PI 3.14159
```

其中PI为一个符号常量，C语言编译系统在处理程序时会将程序中全部的PI均用3.14159代替。

例2.1 输入圆的半径r，求圆的周长c和圆的面积s。

```
#define PI 3.14159
#include<stdio.h>
main()
{
 float r,c,s;
 scanf("%f",&r);                /*输入圆的半径*/
 c=2*PI*r;
 s=PI*r*r;
 printf("c=%f,s=%f\n",c,s);
}
```

需要注意的是，符号常量仍是常量，所以不允许改变符号常量的值，企图对符号常量进行赋值的操作是不合法的。若在例2.1的执行部分加入“PI=3.14”语句，则是错误的。

一般符号常量名习惯用大写，而变量名习惯用小写，以示区别。

使用符号常量的好处是：

(1) 含义清楚。定义符号常量名时尽量做到“见名知意”，从例2.1中PI的读音上可以看出它代表圆周率的值。

(2) 改变常量时能“一改全改”。例2.1圆周率若取3.1415926时，只需改动一处“#define PI 3.1415926”即可改变圆的周长和圆的面积，而若未使用符号常量，则需更改程序中每一处圆周率的值。

2.3.2 变量

1. 变量和变量的定义

变量是指在程序运行过程中其值可以被改变的量。变量有变量类型、变量名和变量值

3个重要概念。变量的类型表明变量用来存放什么类型的数据；变量名用来区分并引用不同的变量；变量值是变量在内存中占据一定的存储单元，用来存放可能变化的数值。

变量在使用之前必须先进行定义，即“先定义，后使用”。变量定义的一般形式是：

<类型说明符>　<变量名表>

类型说明符决定了变量的取值范围和占用内存空间的字节数；变量名表是具有同一数据类型变量的集合。

例如：

```
int a,b,c;     /*定义a,b,c为整型变量*/
float x,y;     /*定义x,y为单精度型变量*/
```

2. 定义变量的目的

定义变量的目的如下：

(1) 变量定义是为变量指定数据类型。确定变量的数据类型后，在编译时才能为其在内存中分配相应的存储单元。

(2) 能保证变量名的正确使用。若已定义好的变量名书写错误，则被视为未定义的变量，在编译时出现错误信息。

例如，在定义部分定义了一个整型变量：

```
int sum;
```

而在执行语句中错误书写为sun，如sun=sum+1；

系统会在编译阶段检查出语法错误，并报告错误信息“变量sun未定义”，以提示用户检查该sun变量，避免了变量名引用错误。

(3) 便于在编译时根据变量的数据类型检查该变量所做的运算是否合法。例如，只有整型变量之间才能进行求余运算：

```
c=a%b;
```

c被赋值为a除以b的余数。若求余运算的对象之一a或b定义为实型变量，则在编译时会出现错误信息，提示该运算不合法。

3. 定义变量时的注意事项

定义变量时的注意事项如下：

(1) 变量的定义必须在变量使用之前进行，一般放在函数体开头的声明部分。

(2) 允许同时定义同一数据类型的多个变量。在类型说明符后，跟上多个变量名，各变量名之间用“,”分隔，最后一个变量名之后必须以“;”结束。

(3) 类型说明符与变量名之间至少要用一个空格分隔开。

4. 变量的赋值与初始化

C语言中允许在变量定义的同时对变量赋初始值，也称变量的初始化。例如：

```
int a=5;
char c='a';
float d=7.8;
```

变量的初始化不是在编译阶段完成的，而是在程序运行的过程中执行本函数时对其赋以初值的。它相当于一个赋值语句。例如：

```
int a=5;
```

相当于

```
int a;
a=5;
```

又如

```
int a,b,c=10;
```

相当于

```
int a,b,c;
c=10;
```

如果对几个变量赋予初值3，不能写成“int a=b=c=3;”而应写成“int a=3,b=3,c=3;”或“int a,b,c;a=b=c=3;”。

5. 对变量的基本操作

一个变量可以看成是一个存储数据的容器。有两个对变量的基本操作：一是向变量中存入数据，这个操作被称为给变量“赋值”；二是取得变量当前的值，以便在程序运行过程中使用，这个操作被称为“取值”。

例如下列两条语句：

```
a=2;
b=a+3;
```

语句“a=2;”是将2赋值给变量a，即变量a对应的存储单元中存放2。语句“b=a+3;”则先将变量a的当前值2取出，加上3得到5的结果再赋值给变量b。

2.4 整型数据

2.4.1 整型常量

C语言中整型常量可用以下3种形式表示：

(1) 十进制整数。直接以数字开头的十进制数。如123、-234、0。

(2) 八进制整数。以0开头。如065表示八进制数65，即$(65)_8$。

(3) 十六进制整数。以0x开头。如0xab表示十六进制数ab，即$(ab)_{16}$。

2.4.2 整型变量

整型变量可用来存放整型数据(即不带小数点的数)。整型变量可以分为基本型、短整型、长整型和无符号型4种类型。其定义时的类型说明符如下：

(1) 基本型：用 int 表示。

(2) 短整型：用 short int 或 short 表示。

(3) 长整型：用 long int 或 long 表示。

(4) 无符号型。

其中,无符号型分如下3种：

① 无符号整型：用 unsigned int 或 unsigned 表示；

② 无符号短整型：用 unsigned short int 或 unsigned short 表示；

③ 无符号长整型：用 unsigned long int 或 unsigned long 表示。

无符号整型变量将存储单元中的所有二进制位都用来存放数据本身,而没有符号位,即不能存放负数。一个无符号整型变量的取值范围刚好是其有符号数表示范围的上下界绝对值之和。

C语言标准没有具体规定以上各类数据所占据内存的字节数,各种编译系统在处理上有所不同。一般的原则是,以一个机器字(word)存放一个 int 型数据,而 long 型数据的字节数应不小于 int 型,而 short 型数据应不长于 int 型。以 PC 为例,整型数据所占位数及数的范围如表 2-1 所示。

2.4.3 整型变量的使用

整型变量应根据要存放数据的取值范围,将其定义成不同的类型。

如果一个整型变量取值为−32 768～32 767,应该定义为 int 型。对于不可能有负值的整型变量,应该定义为 unsigned 型。当整型变量的取值可能超出−32 768～32 767 或 0～65 535 的范围时,应定义为 long 型或 unsigned long 型。

2.5 实型数据

2.5.1 实型常量

实型常量有以下两种表示形式。

(1) 十进制数形式。

如 3.14159、−7.2、8.9 等都是十进制形式。

(2) 指数形式。

如：180000.0 用指数形式可以表示为 1.8e5,其中,1.8 称为尾数,5 称为指数。0.00123 用指数形式可以表示为 1.23e−3。

注意：字母 e 或 E 之前(即尾数部分)必须有数字。e 或 E 后面的指数部分必须是整数。

2.5.2 实型变量

在C语言中,把带有小数点的数称为实型数。按能够表示数的精度,实型变量又分为单精度实型变量和双精度实型变量,其定义方式如下:

```
float a,b;    /* 单精度实型变量的定义 */
double c,d;  /* 双精度实型变量的定义 */
```

一般系统单精度型数据占4字节,有效位为6～7位,双精度型数据占8字节,有效位为15～16位,而长双精度型数据占16字节,有效位为18～19位。

实型常量一般不分float型和double型,任何一个实型常量既可以赋给float型变量,也可以赋给double型变量,将根据变量的类型来截取相应的有效位数。

2.6 字符型数据

2.6.1 字符型常量

字符型常量是用单引号括起来的单个字符,例如:'A'、'a'、'2'、'%'等都是有效的字符型常量。一个字符型常量在内存中以其对应的ASCII码值存放,例如在ASCII码字符集中,字符型常量'0'～'9'的ASCII码值是48～57。显然'0'与数字0是不同的。

C语言中还允许用一种特殊形式的字符型常量,即以反斜杠字符"\"开头的字符序列。前面用的printf()函数中的'\n',代表一个"回车换行"符。这类字符称为"转义字符",意思是将反斜杠"\"后面的字符转换成另外的意义。转义字符如表2-2所示。

表2-2 转义字符及其含义

字符形式	含义	ASCII代码
\n	回车换行	10
\t	横向跳格(Tab)	9
\b	退一格	8
\r	回车	13
\f	换页	12
\\	反斜线	92
\'	单引号	39
\"	双引号	34
\ddd	1至3位八进制数所代表的字符	
\xhh	1至2位十六进制数所代表的字符	

2.6.2 字符型变量

一个字符型变量用来存放一个字符型常量,在内存中占一个字节。将一个字符型常量赋给一个字符型变量，是将该字符的ASCII码值放到该变量的存储单元中，因此，字符型数据也可以像整型数据那样使用，可以用来表示一些特定范围内的整数。字符型数据可分为两类：一般字符类型(char)和无符号字符类型(unsigned char)，运行在PC及其兼容机上的字符数据的字节长度和取值范围如表2-1所示。

注意：一个字符型变量只能存放一个字符型常量，不要以为可以存放一个字符串。字符型数据可以进行算术运算。

例2.2 字符型数据与整型数据。

```
#include <stdio.h>
main()
{       char c1;int c2;
        c1=65;c2='B';
        printf("%c,%c\n",c1,c2);
        printf("%d,%d\n",c1,c2);
}
```

运行结果：

```
A,B
65,66
```

例2.3 字符型数据可以进行算术运算。

```
#include <stdio.h>
main()
{       char c1,c2;
        c1='A';c2='B';
        c1=c1+32;c2=c2+32;
        printf("%c,%c\n",c1,c2);
        printf("%d,%d\n",c1,c2);
}
```

运行结果：

```
a,b
97,98
```

2.7 运算符及表达式

C语言的运算符极其丰富，根据运算符的性质分类，可分为算术运算符、赋值运算符、关系运算符、逻辑运算符、条件运算符、逗号运算符、位运算符等。也可根据运算所需对象，即操作数的个数进行分类：只需一个操作数的运算符称为单目运算符(或一元运算符)；需要两个操作数的运算符称为双目运算符(或二元运算符)；需要三个操作数的运算符称为三目运算符(或三元运算符)。

使用运算符时应注意运算符要实现的是什么运算，运算符要求几个运算对象，运算符的优先级如何。

当一个表达式中出现不同类型的运算符时，首先按照它们的优先级顺序进行运算，即先对优先级高的运算符进行计算，再对优先级低的运算符进行计算。当两类运算符的优先级相同时，则要根据运算符的结合性确定运算顺序。结合性表明运算时的结合方向。有两种结合方向：一种是左结合，即从左向右计算；一种是右结合，即从右向左计算。各类运算符的优先级和结合性详见附录Ⅲ。

2.7.1 算术运算符和算术表达式

1. 算术运算符

C语言基本算术运算符有5种：

+(加)、-(减)、*(乘)、/(除)、%(取余，模运算)

它们都是双目运算符，即要求有两个操作数。如：x+y、x%y。

说明：

(1) 两个整型数相除，结果为整数，舍去小数部分。如5/3=1，-5/3=-1，采用“向零取整”的方法，即取整后向零靠拢(即向实数轴的原点靠拢)。

(2) 模运算符%要求左右两数必须为整型数据，如5%3的值为2。

(3) 因为字符型数据在计算机内部是用ASCII码值表示的，所以字符型数据可以和数值型数据混合运算。

2. 算术表达式

(1) 算术表达式定义。

用算术运算符和括号将运算对象连接起来，符合C语言语法规则的式子，称为算术表达式。运算对象可以是常量、变量和函数。

例如：

```
a+b*c+(x/y)-700
a*sin(x)+b*cos(x)
```

(2) 优先级与结合性。

和数学一样，C语言的算术表达式在运算时也有优先级高低之分，其遵循的原则是“先乘除，后加减”，其结合方向是从左至右。

(3) 取负值运算符。

C语言的取负值运算符为：-(负号)。它是一元运算符。如：

```
-x, -y
```

负值运算的优先级高于算术运算符的优先级。如：

```
int a=1,b=2,c=3,y;
y=-a-b*c;
```

运算顺序为：①计算-a；②计算b*c；③计算-a与b*c的差。

(4) 自增自减运算符。

自增运算符为++，自减运算符为--，其操作对象只能是变量。作用是使变量的值增

1 或减 1。

自增自减运算符既可用于前缀运算，也可用于后缀运算，但其意义不同，如：

＋＋i，－－i(表示在使用 i 之前，i 值加(减)1)

i＋＋，i－－(表示在使用 i 之后，i 值加(减)1)

例如：

设

```
int a=4,b;
b=++a;
```

赋值时，a 先增 1，再将 a 值赋给 b，结果 a 等于 5，b 也等于 5。设

```
int a=4,b;
b=a++;
```

赋值时，a 先赋值给 b，然后 a 再增 1，结果 b 等于 4，a 等于 5。

下面讨论一个稍微复杂的例子。如果 n 值为 3，那么执行语句

```
m=-n++;
```

后，m 和 n 的值又各为多少呢？

在上面赋值的右侧表达式中，出现了＋＋和－－两个运算符，它们都是单目运算符。在 C 语言中，单目运算符的优先级是相同的，这时就要根据它们的结合性来确定运算的顺序，单目运算符都是右结合的，即按自右向左顺序计算。因此，语句

```
m=-n++;
```

相当于

```
m=-(n++);
```

而不是

```
m=(-n)++;
```

因为运算符＋＋的运算对象只能是变量，不能是表达式，对一个表达式使用增 1 或减 1 运算是一个语法错误，所以“m=(－n)＋＋;”本身也是不合法的。

由于在表达式“－(n＋＋)”中，＋＋是运算对象即变量 n 的后缀运算符，因此它表示先使用变量 n 的值，使用完 n 以后再将 n 的值增 1。也就是说，上面这条语句实际上等效于下面两条语句：

```
m=-n;
n=n+1;
```

因此，执行该语句以后，m 值为－3，n 值为 4。虽然这两种实现方式是等效的，但从程序的可读性角度而言，后面的两条语句比前面的语句“m=－n＋＋;”的可读性更好。

良好的程序设计风格提倡在一行语句中，一个变量最多只出现一次增 1 或减 1 运算。因为过多的增 1 和减 1 混合运算，会导致程序的可读性变差。例如：

```
sum=(++a)+(++a);
```

```
printf("%d%d%d",a,a++,a++);
```

上面的语句中使用了复杂的表达式,这些表达式在不同的编译环境下会产生不同的结果,即使它们的用法正确,实践中也未必用得到。因此,用这种方式编写程序属于不良的程序设计风格,建议读者不要采用。

2.7.2 赋值运算符与赋值表达式

赋值运算符和赋值表达式是C语言的一种基本运算符和表达式。赋值表达式的作用就是设置变量的值。实际上是将特定的值写到变量所对应的内存单元中去。

1. 赋值运算符

C语言的赋值运算符是"=",它的作用是将右侧表达式的值赋给左侧的变量。例如:

```
a=10;         /*将10赋给变量a*/
x=a+5;        /*将表达式a+5的值赋给变量x*/
```

2. 赋值表达式

由赋值运算符将一个变量和一个表达式连接起来的式子称作"赋值表达式"。它的一般形式为:

<变量><赋值运算符><表达式>

赋值表达式的求解过程是:先计算右侧表达式的值,再将该值赋给左端的变量。赋值表达式的值就是被赋值的变量的值。

赋值表达式当中的"表达式",又可以是一个赋值表达式。如:

```
a=(b=10);
```

b=10是一个赋值表达式,它的值等于10,将该值赋给a,因此a的值及整个赋值表达式的值也是10。即"a=(b=10);"和"a=b=10;"等价。

```
x=5+(y=2);             /*y值为2,x值为7,表达式值为7*/
a=(b=10)/(c=2);        /*b值为10,c值为2,a值为5,表达式值为5*/
```

3. 复合的赋值运算符

在赋值运算符"="之前加上其他运算符,可以构成复合的赋值运算符。在C语言中,可以使用的复合赋值运算符有以下10种:

```
+=、-=、*=、/=、%=     (与算术运算符组合)
<<=、>>=               (与位移运算符组合)
&=、^=、!=             (与位逻辑运算符组合)
```

需要注意的是:在复合赋值运算符之间不能有空格,例如"+="不能写成"+ =";否则编译时将提示出错信息。

用复合赋值运算符可以构成复合赋值表达式，其格式为：

<变量><复合赋值运算符><表达式>

例如：

```
a+=2;          等价于 a=a+2;
x*=y+5;        等价于 x=x*(y+5);
x%=8;          等价于 x=x%8;
```

赋值运算符都是自右向左执行的。C语言采用复合赋值运算符，一是为了简化程序，使程序精练，二是为了提高编译效率。

2.7.3 逗号运算符和逗号表达式

逗号运算符就是人们常用的逗号“,”操作符。用逗号运算符把多个表达式连接起来就构成逗号表达式。其一般形式为：

表达式1,表达式2,表达式3,…,表达式n

逗号表达式的求解过程是：从左到右逐个计算每个表达式，最终整个表达式的结果是最后计算的那个表达式的类型和值，即表达式n的类型和值。

例如：

```
a=8,a+10
```

先将8赋给a，然后计算a+10，因此上述表达式执行完后，a的值为8，而整个表达式的值为18。

再如：

```
10*5,20*4
```

整个逗号表达式的值为80。

逗号运算符是所有运算符中级别最低的。因此，下面两个表达式的作用是不同的：

```
x=(a=5,6*5)     /*a的值为5,x的值为30*/
x=a=5,6*5       /*a的值为5,x的值也为5*/
```

2.8 数据类型转换

在C语言中，整型、单精度实型、双精度实型和字符型数据可以进行混合运算。字符型数据以ASCII码值参加运算。例如：

```
5+'a'+3.5-70%'B'
```

是一个合法的运算表达式。在进行运算时，不同类型的数据要先转换成同一类型，然后再进行运算。在C语言中，数据类型转换有3种方式：自动转换、赋值转换和强制转换。

2.8.1 类型自动转换

若在一个表达式中包含多个不同类型的数据，则在进行运算时，系统会将不同类型的数据按类型提升的规则自动转换成同一类型，然后进行运算。自动转换规则如图 2-2 所示。

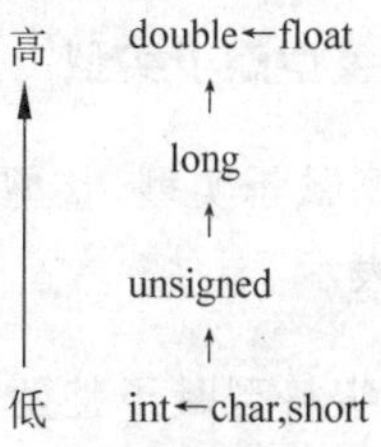

首先，所有 char 和 short 值都提升为 int，所有 float 都提升为 double，完成这种转换以后，其他转换将随操作进行。图 2-2 中纵向箭头的方向表示不同类型数据混合运算时的类型转换方向，不代表转换的中间过程。例如，两个操作数进行算术运算，其中一个是 int 型，另一个是 long 型，则 int 型操作数应直接转换成 long 型，然后再进行运算，最后运算结果为 long 型，它不表示 int 型操作数先转换为 unsigned，再转换成 long 型。

高 double←float
↑
long
↑
unsigned
↑
低 int←char,short

图 2-2 数据类型自动转换规则

2.8.2 赋值转换

如果赋值运算符两边的数据类型不相同，系统将自动进行类型转换，转换的规则是：把赋值运算符右边表达式的类型转换为左边变量的类型。

例 2.4 赋值转换示例。

```
#include<stdio.h>
main()
{char c='a';
 int a=321,b,i;
 unsigned m=65535,n;
 float x=2.5,y;
 double d=12345678.987;
 printf("c=%c,a=%d,m=%u,x=%f,d=%f\n",c,a,m,x,d);
 c=a;      /* 整型转到字符型，整型变量 a 的值 321 存放到字符型变量 c，只保留低 8 位
              01000001，即十进制数 65 */
 b=x;      /* 单精度转到整型，单精度变量 x 的值 2.5 存放到整型变量 b，只保留整数部分 2 */
 y=a;      /* 整型转到单精度，整型变量 a 的值 321 存放到单精度变量 y，数值 321 不变，但以实
              数形式存储到变量中 */
 x=d;      /* 双精度转到单精度，双精度变量 d 的值 12345678.987，小数部分四舍五入处理进到
              整数部分，再以实数形式存储到变量中 */
 i=m;      /* 无符号整型转到整型 */
 n=-1;     /* 负数赋值给无符号整型，-1 的补码 4294967295 存入无符号整型变量 n */
 printf("c=%c,b=%d,y=%f,x=%f,i=%d,n=%u\n",c,b,y,x,i,n);
}
```

程序运行结果如下：

```
c=a,a=321,m=65535,x=2.500000,d=12345678.987000
c=A,b=2,y=321.000000,x=123456789.000000,i=65535,n=4294967295
```

赋值转换具体规定如下所述：

1. 实型赋予整型

将实型数据(包括单精度、双精度)赋予整型变量时,舍弃实数的小数部分,只保留整数部分,相当于取整运算。

2. 整型赋予实型

整型赋予实型,整型数据的数值不变,但以实型数据形式表示,即增加小数部分,小数部分用0表示。

3. 字符型赋予整型

字符型赋予整型,将字符所对应的ASCII码值赋予整型数据。

4. 整型赋予字符型

整型赋予字符型,整型变量的高位字节将被切掉,如果整型变量的值在0～255之间,这样赋值后,不会丢失信息；如果整型变量的值不在0～255之间,则这样赋值后就会丢失高位字节的信息,只保留整型变量低8位信息。因此,对于16位的系统环境,丢失的是整型变量的高8位信息；对于32位的系统环境,丢失的是整型变量的高24位信息。

5. 单、双精度实型之间的赋值

C语言的实型值总是用双精度表示的,如果将float类型的变量赋予double类型的变量,只是在float型数据尾部加0延长为double型数据参加运算,然后直接赋值。如果将double型数据转换为float型时,需通过截断尾数来实现,截断前要进行四舍五入操作。

一般而言,将取值范围小的类型转换为取值范围大的类型是安全的,而反之则是不安全的,可能会发生信息丢失、类型溢出等错误。因此,选取适当的数据类型,保证不同类型数据之间运算结果的正确性是程序设计人员的责任。

2.8.3 强制类型转换

可以利用强制类型转换将一个表达式转换成所需类型。强制类型转换是一个单目运算符,与其他单目运算符的优先级相同。其一般形式如下：

(类型名)(表达式)

例如：

```
(int)(a+b)  /*将a+b的结果强制转换成int型*/
(float)a/b   /*将a强制转换成float型后,再进行运算*/
```

例2.5 强制类型转换示例。

```
#include <stdio.h>
main()
{int m=5;
```

```
printf("m/2=%d\n",m/2);
printf("(float)(m/2)=%f\n",(float)(m/2));
printf("(float)m/2=%f\n",(float)m/2);
printf("m=%d\n",m);
}
```

程序运行结果如下：

```
m/2=2
(float)(m/2)=2.000000
(float)m/2=2.500000
m=5
```

注意：(float)(m/2) 和(float)m/2 强制类型转换的对象是不同的。(float)(m/2)是对 m/2 进行强制类型转换；而(float)m/2 则只对 m 进行强制类型转换。

强制类型转换得到的是一个所需类型的中间值，原来变量的类型并没有发生任何变化。

本章小结

本章主要介绍了C语言的数据类型；常量与变量；常用的运算符与表达式。

1. C语言的数据类型

C语言的数据类型有基本类型、构造类型、指针类型、空类型。

2. 变量与常量

(1) 变量定义。

一般形式为：

```
类型说明符  变量名标识符,变量名标识符,…;
```

(2) 标识符命名规则。

标识符只能由字母、数字和下画线3种字符组成，且第一个字符必须是字母或下画线；并且标识符不允许与关键字重名。

(3) 符号常量的定义。

一般形式为：

```
#define  符号常量名  常量
```

3. 整型数据

(1) 整型变量的类型，主要掌握 int、long 和 unsigned int 3 种类型，掌握各整型类型的字节数和取值范围。

(2) 整型常量的十进制、八进制和十六进制的表示形式。

4. 实型数据

(1) 实型变量的类型有 float、double，掌握它们的字节数、大致的取值范围、有效数字。有效数字是数值确保没有误差的位数，反映数据的精确程度。

(2) 实型常量的小数、指数的表示形式。

5．字符型数据

字符变量的内存存储形式决定了字符与整型的通用性，掌握转义字符的用处。

6．算术运算符

（1）整数相除是做整除，结果也为整数。

（2）求余运算要求运算对象均为整型。

（3）注意运算时的类型转换问题。

（4）注意C语言的表达式与数学公式在形式上的差异。

7．赋值运算符

（1）赋值表达式的左边必须为变量。

（2）复合赋值运算符的优先级全部在同一级别。

（3）注意赋值时的类型转换。

8．类型转换

（1）自动转换：在不同类型数据的混合算术运算中，由系统自动实现转换，由少字节类型向多字节类型转换。

（2）强制转换：由强制转换运算符完成转换。

（3）赋值时的类型转换：不同类型的量相互赋值时也由系统自动进行转换，把赋值号右边的类型转换为左边变量的类型。

（4）无论是系统所做的自动类型转换还是强制类型转换，都只是将常量、变量、表达式的值进行转换去参与运算，不会改变变量的数据类型和值。

9．自增、自减运算符

（1）自增、自减其实也是赋值运算，所以只能针对变量做自增、自减运算。

（2）注意前置运算（先增减后运算）与后置运算（先运算后增减）对所在表达式影响的不同。

10．逗号运算符

（1）逗号表达式的值取最后一个子表达式的值。

（2）逗号运算符的优先级最低。

11．其他运算符

（1）sizeof是运算符，不是函数名。

（2）sizeof求表达式在内存中所占的字节数。

习　题

一、选择题

1．在C语言中，下列不合法的实型数据是（　　）。

A）0.123　　B）123e3　　C）2.5e3.6　　D）234.0

2．下列不能表示用户标识符的是（　　）。

A）Main　　B）_0　　C）_int　　D）sizeof

3. 下列选项中，不能作为合法常量的是（　　）。

A）1.234e05　　B）1.234e0.5　　C）1.234e+5　　D）1.234e0

4. 有以下定义语句：

```
double a,b;
int w;long c;
```

若各变量已正确赋值，则下列选择中正确的表达式是（　　）。

A）a=a+b=b++　　B）w%((int)a+b)

C）(c+w)%(int)a　　D）w+c=a+b

5. 设有声明语句 char a='\72'；则变量 a（　　）。

A）包含 1 个字符　　B）包含 2 个字符

C）包含 3 个字符　　D）声明不合法

6. 数字字符 0 的 ASCII 值为 48，运行以下程序的输出结果是（　　）。

```
#include<stdio.h>
main()
{
  char a='1',b='2';
  printf("%c,",b++);
  printf("%d\n",b-a);
}
```

A）3,2　　B）50,2　　C）2,2　　D）2,50

7. 以下程序运行的输出结果是（　　）。

```
#include<stdio.h>
main()
{
  int m=12,n=34;
  printf("%d%d",m++,++n);
  printf("%d%d\n",n++,++m);
}
```

A）12353514　　B）12353513　　C）12343514　　D）12343513

8. 以下能正确定义且赋初值的语句是（　　）。

A）int n1=n2=10;　　B）char c=32;

C）float f=f+1.1;　　D）double x=12.3E2.5

二、填空题

1. 以下程序运行后的输出结果是________。

```
#include<stdio.h>
main()
{
  int x=0210;
  printf("%d\n",x);
}
```

2. 已知字母 A 的 ASCII 码值为 65，以下程序运行后的输出结果是________。

```
# include< stdio.h>
main()
{
  char a,b;
  a='A'+'5'-'3';
  b=a+'6'-'2';
  printf("%d %c\n",a,b);
}
```

三、写出下列题目的结果

1. 将下面的十进制数，用八进制数和十六进制数表示。

32，125，－128，4561，－111，267

2. 已知 a=10，写出下面表达式运算后 a 的值。

(1) a+=a　　(2) a-=2　　(3) a*=3+4

(4) a/=a+a　　(5) a+=a-=a*=a

3. 写出下面程序的运行结果。

```
# include< stdio.h>
main()
{
  int i,j,m,n;
  i=10;j=20;
  m=++i;n=j++;
  printf("%d,%d,%d,%d\n",i,j,m,n);
}
```

4. 分析下面程序，写出运行结果。

```
# include< stdio.h>
main()
{
  int i=1,j=1,t=5;
  printf("%d,%d\n",i++,++j);
  i+=10;
  j+=10;
  printf("%d,%d\n",i,j);
  i/=t;
  j%=t;
  printf("%d,%d\n",i,j);
}
```

第3章　顺序结构程序设计

教学目标

掌握C语言顺序结构程序设计的基本方法，掌握C语言数据输入与输出的方法及相应的常用库函数的使用。

本章要点

- C语句概述
- 字符数据的输入与输出函数 getchar()与 putchar()的使用
- 格式输入与输出函数 printf()与 scanf()的使用

程序设计有两部分工作，一部分是数据的设计，另一部分是操作的设计。数据的设计是对一系列数据的描述，主要是定义数据的类型，完成数据的初始化等；操作的设计是指产生一系列的操作控制语句，其作用是向计算机系统发出操作指令，以完成对数据的加工和流程控制。

当用C语言编程解决实际问题时，必须组织相应的语句来完成数据的设计和操作的设计，这里的"组织相应的语句"便隐含了结构问题。一般地讲，C程序可由顺序结构、选择结构和循环结构三种结构组成。路要一步一步地走，类似地，构成C程序的各语句间在运行时客观地存在一个先后的次序，这些语句形成了顺序结构。顺序结构是最简单、最基本的程序结构，其包含的语句是按顺序执行的，且每条语句都将被执行。其他的结构可以包含顺序结构，也可以作为顺序结构的组成部分。本章主要讲述顺序结构程序设计方法。

3.1　C语句分类概述

C语句可以分为以下5类：

1. 控制语句

控制语句完成一定的控制功能。C语言只有9种控制语句，它们是：

(1) if()～else～　　　　(条件语句)
(2) switch　　　　　　(多分支选择语句)
(3) goto　　　　　　　(转向语句)
(4) while()～　　　　　(循环语句)
(5) do～while()　　　　(循环语句)
(6) for()～　　　　　　(循环语句)
(7) break　　　　　　(中止执行 switch 或循环语句)
(8) continue　　　　　(结束本次循环语句)
(9) return　　　　　　(从函数返回语句)

以上9种语句中的括号()表示其中是一个条件，～表示内嵌的语句。这些语句将在后面的章节中陆续介绍。

2. 变量声明语句

由类型关键字后接变量名(如果有多个变量名,则用逗号分隔)和分号构成的语句,如:“int a,b,c;”。

3. 表达式语句

在任何一个C语言合法表达式的后面加一个分号就构成了相应的表达式语句。表达式语句的一般形式为:

```
表达式;
```

注意:一个语句必须在最后出现分号,分号是语句中不可缺少的一部分。例如:

```
i++;
x+y;
```

在C语言中,最常用的表达式语句是赋值表达式语句和函数调用语句。例如:

```
a=5;                                  /* 赋值表达式语句 */
printf("This is a C statement.");     /* 函数调用语句 */
```

函数调用语句就是在函数调用的后面加一个分号。函数调用语句的一般形式是:

```
函数名(参数列表);
```

C语言有丰富的标准库函数(参见附录Ⅴ),有用于键盘输入和显示器输出的库函数、求数学函数值的库函数、磁盘文件读写的库函数等,这些函数完成预先设定好的任务,用户可直接调用。需要注意的是,调用标准库函数时要在程序的开始处用#include编译预处理命令将所调函数相应的头文件包含到程序中来。如:

```
#include "stdio.h"
#include "math.h"
```

有了#include "stdio.h"在程序中才能调用标准输入/输出函数;有了#include "math.h"在程序中才能调用数学函数。关于头文件和标准库函数将在后续章节中再详细介绍。

要注意表达式语句与表达式在概念上的区别,例如:

```
a=b+5
```

只是一个赋值表达式,而

```
a=b+5;
```

则是一个赋值表达式语句。

4. 空语句

只有一个分号的语句是空语句,其一般形式为:

```
;
```

空语句在语法上占有一个语句的位置，而执行该语句不做任何操作。空语句常用于循环语句中，构成空循环。

5. 复合语句

复合语句是由大括号{}将多条语句括在一起而构成的，在语法上相当于一条语句。复合语句的一般形式为：

```
{[内部数据描述]
    语句 1
     ⋮
    语句 n
}
```

注意：在复合语句的"内部数据描述"中定义的变量，仅在复合语句中有效；复合语句结束的"}"之后，不需再加分号。

例 3.1 复合语句。

```
#include<stdio.h>
main()
{   int x=1;
    printf("x=%d\n",x);             /*输出 x=1*/
    {   int x=2;
        printf("x=%d\n",x);         /*输出 x=2*/
    }
    printf("x=%d\n",x);             /*输出 x=1*/
}
```

运行结果为：

```
x=1
x=2
x=1
```

在本程序中，主函数有 4 条语句，其中的第 3 条语句是复合语句。在复合语句中定义的变量 x 与主函数中定义的变量 x 对应的是不同的内存空间，因此互不影响。从程序的运行结果也可看出这一点。

复合语句常用于流程控制语句中执行多条语句的情况。

3.2 数据的输入/输出

在前面已经介绍过，输入/输出操作是 C 语言顺序结构程序设计中的主要组成部分，下面将介绍与输入/输出有关的函数。

所谓输入/输出是以计算机主机为主体而言的。从计算机内部向计算机外部设备（如磁盘、打印机、显示屏等）输出数据的过程称为"输出"；从计算机外部设备（如磁盘、光盘、键盘、扫描仪等）向计算机内部输入数据的过程称为"输入"。

C语言没有提供输入输出语句，数据的输入输出是通过调用输入输出函数实现的，即在输入输出函数的后面加上“;”，这些函数包含在标准输入输出库中。这样处理，一方面可以使得C语言的内核比较精练，另一方面也为C语言程序的可移植性打下了基础。

在C语言标准函数库中提供了一些输入输出函数，如printf函数和scanf函数，它们不是C语言的关键字，而只是函数的名字。实际上完全可以不用printf和scanf这两个名字，而另外编写两个输入输出函数，用其他的函数名。

在Visual C++6.0环境下，如果要在程序中使用输入输出函数，应首先用编译预处理命令“#include”将头文件“stdio.h”包含到源文件中，因为在该头文件中包含了与输入输出函数有关的信息。因此，在调用标准输入输出库函数时，应在文件开头包含以下预处理命令：

```
#include<stdio.h>或#include"stdio.h"
```

“stdio.h”是standard input&output的缩写，它包含了与标准I/O库有关的变量定义和宏定义。

常用的输入输出函数有putchar(字符输出)、getchar(字符输入)、printf(格式输出)、scanf(格式输入)、puts(字符串输出)以及gets(字符串输入)。本章主要介绍前4个最基本的输入输出函数。

3.2.1 字符输出函数 putchar()

函数原型：

```
int putchar(int);
```

函数功能：向标准输出设备(一般为显示器)输出一个字符，并返回输出字符的ASCII码值。

函数的参数可以是字符常量、字符变量或整型变量，即将一个整型数作为ASCII编码，输出相应的字符。例如：

```
#include "stdio.h"
main()
{    int i=65;
     char ch='A';
     putchar(i);                        /*输出ASCII码值为65所对应的字符'A'*/
     putchar('\n');                     /*输出控制字符,起换行作用*/
     putchar(ch);                       /*输出字符变量ch的值'A'*/
     putchar('\x42');                   /*输出字母B*/
     putchar(0x42);                     /*直接用ASCII码值输出字母B */
}
```

运行结果为：

```
A
ABB
```

3.2.2 字符输入函数 getchar()

函数原型：

```
int getchar(void);
```

函数功能：从标准输入设备(一般为键盘)输入一个字符，函数的返回值是该字符的ASCII码值。这里的void是类型名，表示空类型，即该函数不需要参数。

字符输入函数每调用一次，就从标准输入设备上取一个字符。函数值可以赋给一个字符变量，也可以赋给一个整型变量。例如：

```
#include "stdio.h"
main()
{   char ch;
    int i;
    ch=getchar();                /*从键盘输入一个字符，将该字符的ASCII码值赋给ch */
    i=getchar();                 /*从键盘输入一个字符，将该字符的ASCII码值赋给i*/
    putchar(ch);
    putchar('\n');
    putchar(i);
}
```

运行该程序时，若输入如下

ab↙

则变量ch的值为97，变量i的值为98，输出的结果为：

```
a
b
```

注意：用getchar()输入字符结束后需要按Enter键，程序才会响应输入，继续执行后续语句。

字符输入和字符输出函数使用非常方便，但每一次函数调用只能输入或输出一个字符。

3.2.3 格式输出函数 printf()

1. 格式输出函数的一般形式

函数原型：

```
int printf(char *format[,argument,…]);
```

函数功能：按规定格式向输出设备(一般为显示器)输出数据，并返回实际输出的字符数；若出错，则返回负数。

printf()函数使用的一般形式为：

```
printf("格式控制字符串",输出项表列);
```

例如：

```
int i=97;
printf("i=%d,%c\n", i , i );
        |        |      |
    格式控制 字符串 输出项表列
```

函数调用语句“printf("i=%d,%c\n",i,i);”中的两个输出项都是变量 i,但却以不同的格式输出,一个输出整型数 97,另一个输出的是字符'a',其格式分别由%d 和%c 控制。格式控制字符串中的“i=”是普通字符,它将按原样输出,'\n'是转义字符,它的作用是换行。

2. 格式控制字符串

格式控制字符串必须用英文双引号括起来,它的作用是控制输出项的格式和输出一些提示信息。它一般由三部分组成：转义字符、格式说明和普通字符。

(1) 转义字符。转义字符是以“\”开始的字符,用来指明特定的操作,如'\n'表示换行,'\t'表示水平制表等。转义字符如表 2-2 所示。

(2) 格式说明。由“%”和格式字符组成,用来指定数据的输出格式。

在 C 语言中,应根据输出数据类型的不同选用不同的格式字符来控制输出格式。表 3-1 列出了在 printf()函数中可以使用的格式字符。

例如：

```
printf("%d%o%x",a,b,c);
```

这表示输出项表列 a、b、c 分别按十进制(%d)、八进制(%o)和十六进制(%x)输出。

表 3-1 printf 格式字符

格式字符	说　明
d,i	以带符号的十进制形式输出整数(正数不输出符号)
o	以无符号八进制形式输出整数(不输出前导符 0)
x,X	以无符号十六进制形式输出整数(不输出前导符 0x),用 x 输出十六进制数的 a～f 时以小写形式输出；用 X 时,则以大写形式输出
u	以无符号的十进制形式输出整数
c	输出一个字符
s	输出字符串
f	以十进制小数形式输出单、双精度数,隐含输出 6 位小数,输出的数字并非全部是有效数字,单精度实数的有效位数一般为 7 位,双精度实数的有效位数一般为 16 位
e, E	以指数形式输出单、双精度数。如果用“e”,则输出时指数以小写“e”表示；如果用“E”,则输出时指数以大写“E”表示
g, G	选用%f%e 格式中输出宽度较短的一种格式,不输出无意义的 0。用 G 时,若以指数形式输出,则指数以大写表示
%	输出百分号(%)

在格式控制字符串中的%和格式字符之间还可以插入以下几种附加字符(又称修饰符),如表 3-2 所示。

表 3-2 printf 附加格式说明字符

字　　符	说　　明
字母 l	表示长整型数据，可加在格式字符 d、o、u、x 前面
m(代表一个正整数)	指定输出数据的最小宽度
n(代表一个正整数)	对实数，表示输出 n 位小数；对字符串，表示截取的字符个数
—	输出的数字或字符在域内向左靠

(3) 普通字符。普通字符在输出时，按原样输出，主要用于输出提示信息。

例如：

```
printf("x=%d%%",0x50);
```

由"0x"可知，输出项是十六进制数 50。在格式控制字符串中，"x="按原样输出；"%d"指定将十六进制数 50 按十进制数的形式输出，即输出 80；"%%"是转义字符，表示输出字符"%"。所以，该语句的执行结果是"x=80%"。

3. 输出项表列

输出项表列给出了要输出的各项数据，这些数据可以是常量、变量、表达式、函数返回值等。输出项可以是 0 个、一个或多个，每个输出项之间用逗号","分隔。输出的数据可以是整数、实数、字符和字符串。

4. 使用 printf 函数应注意的问题

(1) 在格式控制字符串中，格式说明和输出项在类型上必须一一对应。

(2) 在格式控制字符串中，格式说明的个数和输出项的个数应该相同，如果不同，则系统做如下处理：

如果格式说明的个数少于输出项数，多余的数据项不输出；如果格式说明的个数多于输出项数，对多余的格式将输出不定值或 0 值。

(3) 为整数指定输出宽度。

在%和格式符之间插入一个整数，用来指定输出的宽度。如果指定的宽度多于数据实际宽度，则输出的数据右对齐，左端用空格补足；而当指定的宽度不足时，则按实际数据位数输出，这时指定的宽度不起作用。

例如：

```
#include<stdio.h>
main()
{int a,b;
  a=123;
  b=12345;
  printf("%4d,%4d",a,b);
}
```

程序中变量 a 按 4 位输出，由于其值为 3 位，因此左边补一个空格。变量 b 本身是 5 位，按指定宽度 4 位输出时宽度不够，因此按实际位数输出。所以执行结果是：

```
_123,12345
```

其中“_”表示空格，下同。

(4) 为实数指定输出宽度。

对于 float 或 double 型数据，在指定数据输出宽度的同时，也可以指定小数位的位数。

指定形式如下：

```
%m.nf
```

表示数据输出总的宽度为 m 位，其中小数部分占 n 位。当数据的小数位多于指定宽度 n 时，截取右边多余的小数，并对截取的第一位小数做四舍五入处理；而当数据的小数位少于指定宽度时，在小数的右边补零。

例如：

```
printf("%5.3f\n",12345.6789);
```

此语句的格式说明为%5.3f，表示输出总宽度为 5 位，小数位为 3 位，这样整数部分只有 1 位，小于实际数据位数，只能按实际位数输出，而小数部分指定输出 3 位，将小数点后的第 4 位四舍五入，所以结果为“12345.679”。

(5) 输出对齐方式。

通过格式字符指定了输出宽度后，如果指定的宽度多于数据的实际宽度，则在输出时数据自动右对齐，左边用空格补足，此时，也可以指定将输出结果左对齐，方法是在宽度前加上“－”符号。

下面就常见的格式控制字符串的使用举例说明。

例 3.2 整型数据的输出。

```
#include<stdio.h>
main()
{   int a=12;
    long b=20040978;
    printf("a=%d,a=%6d,a=%-6d,a=%06d\n",a,a,a,a);
    printf("%d,%o,%x,%u\n",a,a,a,a);
    printf("b=%ld\n",b);
}
```

运行结果为：

```
a=12,a=    12,a=12    ,a=000012
12,14,c,12
b=20040978
```

例 3.3 实型数据的输出。

```
#include<stdio.h>
main()
{   float x=1234.567;
    double y=1234.5678;
    printf("%f,%f\n",x,y);
    printf("%6.3f,%10.3f\n",x,y); /* 指定的宽度不足时，按实际数据输出 */
```

```
    printf("%e\n",x);
}
```

运行结果为：

```
1234.567000,1234.567800
1234.567, 1234.568
1.23457e+03
```

例 3.4 字符数据的输出。

```
#include<stdio.h>
main()
{   char c='B';
    int i=65;
    printf("%c,%d\n",c,c);
    printf("%d,%c\n",i,i);
    printf("%-5c,%5c\n",c,c);
}
```

运行结果为：

```
B,66
65,A
B,B
```

例 3.5 字符串的输出。

```
#include<stdio.h>
main()
{   printf("computer\n");
    printf("%s\n","computer");
    printf("%5s\n","computer");
    /*指定的宽度小于字符串的长度,按原样输出*/
    printf("%10s\n","computer");
    /*输出字符串时,占10个字符宽,右对齐,不足部分左端用空格占位*/
    printf("%-10s\n","computer");
    /*输出字符串时,占10个字符宽,左对齐,不足部分右端用空格占位*/
    printf("%-10.5s\n","computer");
    /*占10个字符宽且只输出前5个字符,左对齐,不足部分右端用空格占位*/
}
```

运行结果为：

```
computer
computer
computer
  computer
computer
compu
```

3.2.4 格式输入函数 scanf()

1. 格式输入函数的一般形式

函数原型：

```
int scanf(char * format[,argument,…]);
```

函数功能：按规定格式从键盘输入若干任何类型的数据给 argument 所指的单元。返回输入并赋给 argument 的数据个数；遇文件结束返回 EOF；出错返回 0。

scanf()函数使用的一般形式为：

```
scanf("格式控制字符串",地址表列);
```

例如：

```
scanf("%d,%c,%x", &a,&b);
       ___________   ______
            |           |
      格式控制字符串   地址表列
```

假设从键盘输入“12，65”，系统会将 12 和 65 转换成十进制数(%d)12 和字符型数(%c)'A'，并赋予变量 a 和 b 所代表的存储空间中。

2. 格式控制字符串

格式控制字符串的作用与 printf()函数中的作用相似，它一般由输入数据格式说明、普通字符组成。

(1) 输入数据格式说明。

输入数据格式说明以%开始，以一个格式字符结束，中间可以插入附加的字符。这里格式说明的作用是控制输入数据的格式。scanf()函数中可以使用的格式字符及附加字符(修饰符)如表 3-3 和表 3-4 所示。

表 3-3 scanf 格式字符

格式字符	说　明
d,i	用来输入有符号的十进制整数
u	用来输入无符号的十进制整数
o	用来输入无符号的八进制整数
x,X	用来输入无符号的十六进制整数(大小写作用相同)
c	用来输入单个字符
s	用来输入一个字符串。在输入时以非空白字符开始，以第一个空白字符结束。字符串以串结束标志'\0'作为其最后一个字符
f	用来输入实数，可以用小数形式或指数形式输入
e, E,g, G	与 f 作用相同，可以互相替换(大小写作用相同)

表 3-4 scanf 附加字符

字 符	说 明
字母 l	用于输入长整数数据(%ld,%lo,%lx,%lu)以及 double 型数据(%lf 或%le)
字母 h	用于输入短整数数据(%hd,%ho,%hx)
m(代表一个正整数)	指定输入数据所占宽度(列数)
*	表示本输入项在读入后不赋给任何变量

(2) 普通字符。

与 printf()函数的普通字符不同,scanf()格式控制字符串中的普通字符是不显示的,而是规定了输入时必须输入的字符。例如:

```
scanf("a=%d",&a);  /*"&"是取地址运算符,作用是得到 a 变量的内存地址*/
```

执行该语句时,若要将 30 输入到 a 变量中,应按下列格式输入:

```
a=30↙
```

这里↙表示按 Enter 键。

若有语句

```
scanf("%d,%f",&a,&x);
```

要将 10 送给 a,2.5 送给 x,则对应的输入格式为:

```
10,2.5↙
```

3. 地址表列

地址表列是由若干个地址组成的列表,可以是变量的地址、字符串的首地址、指针变量等,各地址间用","隔开。

格式输入函数 scanf()是将键盘输入的数据流按格式转换成数据,存入与格式相对应的地址指向的存储单元中。所以下列 scanf()函数的调用是错误的:

```
scanf("%d,%d",a,b);
```

a,b 表示的是变量 a 和 b 的值,不是地址。正确的用法是:

```
scanf("%d,%d",&a,&b);
```

初学者要注意用 scanf()函数和 printf()函数进行数据输入输出时的不同之处。

```
scanf("%d",&a);                /*从键盘输入数据,存入 a 变量的内存地址中*/
printf("%d",a);                /*将变量 a 的值输出*/
```

4. 使用 scanf()函数应注意的问题

(1) 输入多个数据时的分隔处理。

若用一个 scanf()函数输入多个数据,且格式说明之间没有任何普通字符,则输入时,数据之间需要用分隔符,例如语句:

```
scanf("%d%d",&a,&b);
```

执行该语句时，输入的两个数据之间可用一个或多个空格分隔，也可以用 Enter 键分隔。例如：

```
5 10↙
或 5↙
   10↙
```

当 scanf()函数指定输入数据所占的宽度时，将自动按指定宽度来截取数据。例如：

```
scanf("%2d%3d",&a,&b);
```

若输入：

```
123456789↙
```

则函数截取 12 存入地址 &a 中，截取 345 存入地址 &b 中。

（2）输入实型数时不能规定精度。

用 scanf()函数输入实型数时，可以指定宽度，但不能规定精度。例如：

```
scanf("%4f%5f",&x,&y);
```

是正确的，若输入：

```
12.345.6789↙
```

则 12.3 送给变量 x，45.67 送给变量 y。而语句

```
scanf("%10.2f",&x);
```

是错误的。

（3）用"%c"格式如何输入字符。

在用"%c"格式输入字符时，空格字符和转义字符都作有效字符输入。例如：

```
scanf("%c%c%c",&a,&b,&c);
```

若输入：

```
a b c↙
```

则字符'a'送给 a，空格送给 b，字符'b'送给 c，而后面的'c'已无意义。这是因为%c 只要求读入一个字符，后面不需要用空格作为两个字符间的间隔。若将输入改为：

```
abc↙
```

则字符'a'送给 a，字符'b'送给 b，字符'c'送给 c。

"%c"格式与其他格式混合使用时，也存在类似问题。例如：

```
int a,b;
char ch;
scanf("%d%c%d",&a,&ch,&b);
```

若要将 12 存入地址 &a 中，'a'存入地址 &ch 中，34 存入地址 & b 中，则应按如下方法

输入：

12a34↙

（4）附加字符“*”的用法。

格式说明中的附加字符“*”为输入赋值抑制字符，表示该格式说明要求输入数据，但不赋值。例如：

```
scanf("%3d%*2d%f",&a,&x);
```

若输入为：

12345678.9↙

则 123 送给 a，678.9 送给 x，而 45 不赋给任何变量。

（5）从键盘输入数据的个数应该与函数要求的个数相同，当个数不同时系统做如下的处理：

① 如果输入数据少于 scanf 函数要求的个数时，函数将等待输入，直到满足要求或遇到非法字符为止。

② 如果输入数据多于 scanf 函数要求的个数时，多余的数据将留在缓冲区作为下一次输入操作的输入数据。

（6）在输入数据时，遇到以下情况时认为该数据输入过程结束。

① 遇到空格、按 Enter 键或按 Tab 键。

② 按指定的宽度结束，如“%3d”，只取 3 列。

③ 遇到非法输入。

从本节中看出，C 语言的格式输入输出的规定比较烦琐，而输入输出又是程序中最基本的操作，因此关于格式输入输出在本节中做了比较详细的介绍。若想在程序中很好地运用输入/输出函数，还应通过上机编写程序和调试程序来逐步深入而自然地掌握这些函数的用法。

3.3 程序举例

有了以上介绍的输入/输出函数，可以用表达式语句和函数调用语句等编写顺序结构程序。

一个顺序结构程序，一般包括以下两个部分。

1. 编译预处理命令

在程序的编写过程中，若要使用标准库函数，需要用编译预处理命令 #include，将相应的头文件包含进来。若程序中只使用 scanf()函数和 printf()函数，可省略不写 #include "stdio.h"。

2. 主函数

在主函数体中，包含顺序执行的各个语句。它主要有以下几个部分：

(1) 变量类型说明；

(2) 给变量提供数据；

(3) 按题目要求进行运算；

(4) 输出运算结果。

例 3.6 从键盘上输入一个小写字母，输出对应的大写字母。

算法分析：

(1) 定义字符型变量 c；

(2) 输入小写字母存入变量 c；

(3) 转换成大写 c=c−32；

(4) 输出变量 c。

参考程序：

```
#include "stdio.h"
main()
{   char c;
    printf("Input a lowercase letter: ");
    c=getchar();                        /* 也可用 scanf("%c",&c);语句 */
    c=c-32;                             /* 将小写字母转换成对应的大写字母 */
    putchar(c);                         /* 也可用 printf("%c",c);语句 */
}
```

例 3.7 求方程 $ax^2+bx+c=0$ 的实数根。a、b、c 的值由键盘输入。

算法分析：

(1) 定义实型变量 a、b、c、disc、x1、x2，用于存放输入的数据和计算的结果；

(2) 输入三个实型数存入变量 a、b、c 中，要求满足 $a\neq0$ 且 $b^2-4ac>0$；

(3) 求判别式 b^2-4ac 的值存入变量 disc 中；

(4) 调用求平方根函数 sqrt()求方程的根存入变量 x1、x2 中；

(5) 输出 x1,x2。

参考程序：

```
#include<stdio.h>
#include "math.h"
main()
{   float a,b,c,disc,x1,x2;
    printf("Input a,b,c:");
    scanf("%f,%f,%f",&a,&b,&c);           /* 输入方程的三个系数 */
    disc=b*b-4*a*c;                       /* 求判别式的值 */
    x1=(-b+sqrt(disc))/(2*a);             /* 求方程的实数根 */
    x2=(-b-sqrt(disc))/(2*a);             /* 求方程的实数根 */
    printf("\nx1=%6.2f\nx2=%6.2f\n",x1,x2);
}
```

由于程序中使用了数学函数 sqrt()，因此在程序的开头加了一条#include 命令，将头文件“math.h”包含到程序中来。

例 3.8 从键盘输入三角形的三边长，求三角形面积(假设输入的三边长能构成三角形)。

根据数学知识可知求三角形面积的公式为：

$$area = \sqrt{s(s-a)(s-b)(s-c)}$$

算法分析：

(1) 定义实型变量 a,b,c,s,area,用于存放输入的数据和计算的结果；

(2) 输入三个实型数存入变量 a,b,c 中,要求满足 a+b>c,b+c>a,c+a>b;

(3) 求中间值(a+b+c)/2 存入变量 s 中；

(4) 调用求平方根函数 sqrt()求三角形的面积存入变量 area 中；

(5) 输出 area。

参考程序：

```
#include<stdio.h>
#include "math.h"
main()
{   float a,b,c,s,area;
    printf("Input a,b,c:");
    scanf("%f,%f,%f",&a,&b,&c);          /*输入三角形的三边长*/
    s=(a+b+c)/2;                          /*求中间值 s*/
    area=sqrt(s*(s-a)*(s-b)*(s-c));      /*求三角形的面积 area */
    printf("area=%.2f\n",area);
}
```

本章小结

顺序结构是最简单、最基本的程序结构,赋值操作和输入/输出操作是顺序结构中最典型的结构。

1. C 语句

C 语句可以分为以下 5 类：

(1) 控制语句 9 种；

(2) 变量声明语句；

(3) 表达式语句；

(4) 空语句；

(5) 复合语句。

2. 字符输入输出函数

(1) 字符输出函数 putchar()；

(2) 字符输入函数 getchar()；

(3) 格式输出函数 printf()；

printf()函数使用的一般形式为：

```
printf("格式控制字符串",输出项表列);
```

(4) 格式输入函数 scanf()。

scanf()函数使用的一般形式为：

scanf("格式控制字符串",地址表列);

3. 顺序结构程序

顺序结构程序一般包括两个部分。

(1) 编译预处理命令。

在程序的编写过程中,若要使用标准库函数,需要用编译预处理命令＃include,将相应的头文件包含进来。

(2) 主函数。

在主函数体中,包含顺序执行的各个语句。它主要有以下几个部分:

① 变量类型说明;

② 给变量提供数据;

③ 按题目要求进行运算;

④ 输出运算结果。

习　题

一、选择题

1. 以下叙述中错误的是(　　)。

   A) C语句必须以分号结束

   B) 复合语句在语法上被看作一条语句

   C) 空语句出现在任何位置都不会影响程序运行

   D) 赋值表达式末尾加分号就构成赋值语句

2. 以下4个选项中,不能看作一条语句的是(　　)。

   A) {;}　　　　B) a=0,b=0,c=0;

   C) if(a>0);　　　　D) if(b==0)m=1; n=2;

3. 以下叙述中正确的是(　　)。

   A) 调用printf函数时,必须有输出项

   B) 调用putchar函数时,必须在之前包含头文件stdio.h

   C) 在C语言中,整数可以以十二进制、八进制或十六进制的形式输出

   D) 调用getchar函数读入字符时,可以从键盘上输入字符所对应的ASCII码值

4. 数字字符0的ASCII值为48,若有以下程序:

```
#include<stdio.h>
main()
{
  int a=1,b='2';
  printf("%c,",b++);
  printf("%d\n",b-a);
}
```

程序运行后的输出结果是(　　)。

   A) 3,2　　　　B) 50,2　　　　C) 2,2　　　　D) 2,50

5. 有以下程序：

```
#include<stdio.h>
main()
{
  int x=102,y=012;
  printf("%2d,%2d\n",x,y);
}
```

运行后输出结果是(　　)。

A) 10,01　　B) 002,12　　C) 102,10　　D) 02,10

6. 有以下程序：

```
#include<stdio.h>
main()
{
  int m,n,p;
  scanf("m=%dn=%dp=%d",&m,&n,&p);
  printf("%d%d%d\n",m,n,p);
}
```

若想从键盘上输入数据，使变量 m 中的值为 123，n 中的值为 456，p 中的值为 789，则正确的输入是(　　)。

A) m=123n=456p=789　　B) m=123 n=456 p=789

C) m=123,n=456,P=789　　D) 123 456 789

7. 有以下程序：

```
#include<stdio.h>
main()
{
  char a,b,c,d;
  scanf("%c,%c,%d,%d",&a,&b,&c,&d);
  printf("%c,%c,%c,%c\n",a,b,c,d);
}
```

若运行时从键盘上输入：6,5,65,66↙，则输出结果是(　　)。

A) 6,5,A,B　　B) 6,5,65,66　　C) 6,5,6,5　　D) 6,5,6,6

8. 有以下程序：

```
#include<stdio.h>
main()
{
  char c1,c2,c3,c4,c5,c6;
  scanf("%c%c%c%c",&c1,&c2,&c3,&c4);
  c5=getchar(); c6=getchar();
  putchar(c1); putchar(c2);
  printf("%c%c\n",c5,c6);
}
```

程序运行后，若从键盘输入(从第 1 列开始)：

123↙

45678↙

则输出结果是(　　)。

A) 1267　　B) 1256　　C) 1278　　D) 1245

二、填空题

1. 若变量a、b已定义为int类型并赋值21和55,要求用printf函数以a=21,b=55的形式输出,请写出完整的输出语句________。

2. 以下程序运行后的输出结果是________。

```
#include<stdio.h>
main()
{
  int a,b,c;
  a=25;
  b=025;
  c=0x25;
  printf("%d    %d    %d\n",a,b,c);
}
```

3. 有以下程序:

```
#include<stdio.h>
main()
{
  char ch1,ch2;
  int n1,n2;
  ch1=getchar();
  ch2=getchar();
  n1=ch1-'0';
  n2=n1*10+(ch2-'0');
  printf("%d\n",n2);
}
```

程序运行时输入:12↙,则输出结果是________。

三、编程题

1. 已知一个直角三角形的两个直角边分别为a=5,b=8,求直角三角形的面积s。

2. 输入一个字母,输出它的后继字母。如输入'a',则输出'b'。

3. 输入两个整数,输出它们的积。

4. 已知一个圆柱体的半径r=10,高h=15,求圆柱体的底周长c、底面积s、侧面积s1、表面积s2和体积v。

5. 编程输入一个数字字符('0'～'9'),将其转换为相应的整数后显示出来。

6. 输入一个华氏温度,要求输出摄氏温度。公式为:

$$c=5/9*(f-32)$$

输出要有文字说明,取两位小数。

7. 编写程序,实现从键盘输入学生三门课程的成绩,计算输出其总成绩sum和平均成绩ave。

8. 求前驱字符和后继字符。输入一个字符,找出它的前驱字符和后继字符,并按ASCII码值按从小到大的顺序输出这三个字符及其对应的ASCII码值。

第 4 章　选择结构程序设计

教学目标

能够将实际问题抽象为逻辑关系，运用 if 语句和 switch 语句编写出 C 语言选择结构程序，并掌握选择结构程序设计的基本方法。

本章要点

- 关系运算符和关系表达式
- 逻辑运算符和逻辑表达式
- 语句
- switch 语句
- 选择结构程序设计

结构化程序的三种基本结构是顺序结构、选择结构和循环结构。在第 3 章中已介绍了如何编写顺序结构程序。而实际上大多数程序都需要包含选择结构。例如："五一"、"十一"长假出去玩吗？去什么地方？乘坐什么交通工具？总是要做出选择的。用 C 语句编程解决类似的问题，所用到的相应语句便形成选择结构。在 C 语言中，用 if 语句和 switch 语句实现选择结构。

本章主要介绍如何将实际问题抽象为逻辑关系；如何用这逻辑关系作为语句中的条件；在 if 语句和 switch 语句中如何使用条件；如何用 if 语句和 switch 语句控制程序的流程从而设计出具有选择结构的程序。

4.1　关系运算符和关系表达式

关系运算属于逻辑运算，其运算结果是逻辑值。通俗地说，关系运算就是比较运算，即将两个数据进行比较，判定两个数据是否符合给定的关系。若符合给定的关系，结果为真；否则，结果为假。

4.1.1　关系运算符

C 语言提供 6 种关系运算符：

<(小于)、<=(小于等于)、>(大于)、>=(大于等于)、==(等于)、!=(不等于)。这 6 个运算符都是双目运算符，其参加运算的数据可以是数值型数据或字符型数据。关系运算符的优先级低于算术运算符。其中前 4 种<、<=、>、>=运算优先级相同且较高，后两种==、!=运算优先级相同且较低。结合方向均为自左至右。详见附录Ⅲ。

4.1.2 关系表达式

用关系运算符将两个运算量(这里的运算量可以是常量、变量或表达式)连接起来的式子称为关系表达式。关系表达式的值是逻辑值。例如：

```
a>5
```

若变量 a 的值大于 5,则比较的结果为真,在 C 语言中用整型数 1 表示；若变量 a 的值小于等于 5,则比较的结果为假,在 C 语言中用整型数 0 表示。再如：

```
a+b<b+c
```

两个算术表达式进行比较,由于算术运算优先于关系运算,因此先计算两个算术表达式的值,再将计算的结果进行比较。若比较结果为真,关系表达式的值为 1,否则为 0。

两个字符型数据也可以进行比较,比较时用字符的 ASCII 码值来决定字符的大小。例如：

```
'a'<'b'
```

由于'a'的 ASCII 码值为 97,'b'的 ASCII 码值为 98,因此比较的结果为真。

可以将关系表达式的值赋给一个整型变量,则该整型变量的值非 0 即 1。例如：

```
int a,b=3,c=4;
a=b>c;                    /*a的值为0,因为b>c为假*/
```

4.2 逻辑运算符与逻辑表达式

C 语言没有逻辑类型数据,进行逻辑判断时,数据的值为非 0,则认为逻辑真,数据的值为 0,则认为逻辑假；而逻辑表达式的值为真,则用整型数 1 表示,逻辑表达式的值为假,则用整型数 0 表示。

4.2.1 逻辑运算符

C 语言中的逻辑运算符有下列 3 种：

!(逻辑非)、&&(逻辑与)、||(逻辑或)

由于 C 语言依据数据是否为非 0 和 0 来判断逻辑真和逻辑假,所以进行逻辑运算的数据类型可以是字符型、整型或实型。

对于逻辑与(&&),若其左右两个操作数均为非 0(真),则运算结果为 1(真),否则结果为 0(假)；对于逻辑或(||),只要它左右两边的操作数有一个为非 0(真),则运算结果为 1(真),否则结果为 0(假)；对于逻辑非(!),若操作数为非 0(真),则运算结果为 0(假),否则结果为 1(真)。

逻辑运算举例如下：

a&&b 若 a、b 为真(即非 0),则 a&&b 为真。
a‖b 若 a、b 之一为真(即非 0),则 a‖b 为真。
!a 若 a 为真(即非 0),则!a 为假。

逻辑运算的优先顺序为:!→&&→‖。即“!”为三者之中优先级最高的。逻辑运算符中的“&&”和“‖”的优先级低于关系运算符,“!”高于算术运算符。详见附录Ⅲ。

4.2.2 逻辑表达式

用逻辑运算符将两个运算量(这里的运算量可以是常量、变量或表达式)连接起来的式子就构成了逻辑表达式。

例如,若有定义:int a=3,b=2,c=1,x=5,y=6;则逻辑表达式

```
(a>b)&&(a>c)
```

的值为真。而逻辑表达式

```
(a==b)||(x==y)
```

的值为假。

在 C 语言中,&& 和‖是短路运算符号。即在一个或多个 && 连接的逻辑表达式中,只要有一个操作数为 0(逻辑假),则停止做后面的 && 运算。因为此时已经可以断定逻辑表达式结果为假。而由一个或多个‖连接而成的表达式中,只要碰到第一个不为 0 的操作数(逻辑真),则停止做后面的‖运算。因为此时已经可以断定逻辑表达式结果为真。因此,如果有下面的逻辑表达式:

```
(m=a>b)&&(n=c>d)
```

当 a=1,b=2,c=3,d=4,m=1,n=1 时,由于“a>b”的值为 0(逻辑假),因此 m=0,这时 && 后面的(n=c>d)不再进行计算,这样 n 便保持原值为 1。

熟练掌握 C 语言的关系运算符和逻辑运算符后,可以用一个逻辑表达式表示所要处理问题的条件。如判断三边长 a,b,c 是否构成三角形,可表示为:

```
(a+b>c)&&(b+c>a)&&(c+a>b)
```

在进行程序设计时,如何用逻辑表达式表示条件,需要对所处理的问题进行认真的分析。

4.3 if 语句

首先讨论下面问题,计算分段函数:

$$y=\begin{cases}2x+1 & x>0\\ 5-x^2 & x<=0\end{cases}$$

求解该分段函数的算法如下:

(1) 输入 x。

（2）对 x 值进行判断，如果 x>0，则 y=2x+1；否则 $y=5-x^2$。

（3）输出 y 的值。

显然如何计算 y 的值是由 x 的值决定的。这类程序结构称为选择程序结构，又称为分支结构。选择的依据是根据某个变量或表达式的值做出判定，以决定执行哪些语句和跳过哪些语句。在 C 语言中，选择程序可以用 if 语句实现。对于上面的计算分段函数问题，可写出如下程序：

```
#include<stdio.h>
main()
{   int x,y;
    printf("请输入 x 的值：");
    scanf("%d",&x);
    if(x>0)
        y=2*x+1;
    else
        y=5-x*x;
    printf("当 x=%d 时，y=%d\n",x,y);
}
```

4.3.1 if 语句的一般形式

if 语句的一般形式为：

```
if(表达式)
    语句 1;
else
    语句 2;
```

该语句执行过程为：若表达式的值为"真"，则执行语句 1；否则，执行语句 2。语句执行过程如图 4-1 所示。

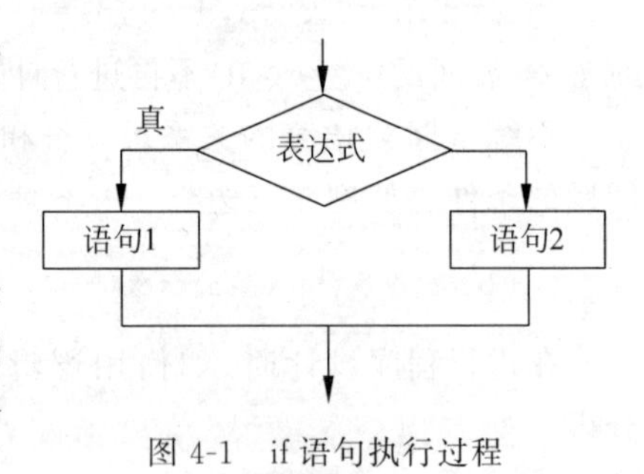

图 4-1 if 语句执行过程

说明：

（1）表达式部分用来描述判断的条件，它可以是 C 语言中任何合法的表达式。表达式结果为"0"，则表示"假"；结果为"非 0"，则表示"真"。表达式部分最常用的形式是一个逻辑表达式或条件表达式。

（2）语句 1 和语句 2 部分都只能是一条语句，这条语句可以是一个复合语句，或是空语句。

（3）为了养成良好的编程习惯，一般采用缩进对齐的格式书写，即将语句 1 和语句 2 缩进对齐，将关键字 if 和 else 对齐。这样可以增加程序的可读性和可维护性，不过要说明的是，若不采用缩进对齐的格式书写也不会影响程序的执行，也就是说，缩进对齐并不是语法上的要求。

例 4.1 输入两个数，比较其大小，将较大者输出。

算法分析：

（1）输入两个数存入变量 a，b 中；

(2) 对 a,b 的值进行比较,若 a>b 输出 a 值,否则输出 b 值。

参考程序如下:

```
#include<stdio.h>
main()
{
    float a,b;
    printf("Input a,b:");
    scanf("%f,%f",&a,&b);
    if(a>b)
        printf("max=%f\n",a);
    else
        printf("max=%f\n",b);
}
```

程序运行时,屏幕显示提示信息"Input a,b:",在提示信息后输入任意两个数后按 Enter 键,将输出这两个数中的较大数。例如:

```
Input a,b:5,8↙
max=8.000000
```

再如:

```
Input a,b:15.6,13.5↙
max=15.600000
```

例 4.2 设某公司的业务员工资计算办法为:工资=基本工资+提成。其中提成办法为:当销售额在 5000 元以下时,只发基本工资 800 元,当销售额在 5000 元以上时,超出部分可按 3%提成。编程实现输入一个业务员的销售额,计算并输出该业务员工资。

这个问题在程序实现时要考虑变量的类型,由于可能有些业务员的销售业绩非常好,考虑数据的表示范围,可将表示销售额的变量 m 和表示工资总额的变量 s 定义为单精度实型。

参考程序如下:

```
#include<stdio.h>
main()
{
  float m,s;
  scanf("%f",&m);
  if(m<5000)
    s=800;
  else
    s=800+(m-5000)*0.03;
  printf("s=%.2f\n",s);
}
```

4.3.2 缺省 else 结构的 if 语句

在基本的 if 语句结构中,若在条件不成立时什么也不用做,即 else 后面的语句应该是一个空语句时,可以使用 C 语言中缺省 else 结构的 if 语句,即:

```
if(表达式)
语句;
```

缺省 else 结构的 if 语句的执行过程为：

若表达式的值为“真”，则执行语句；否则，执行下一条语句。语句执行过程如图 4-2 所示。

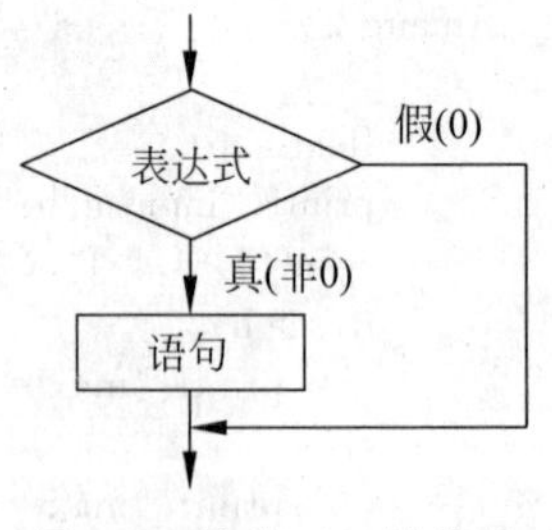

图 4-2　缺省 else 结构的 if 语句执行过程

例 4.3　输入 3 个数 a、b、c，要求按由小到大的顺序输出。

算法分析：

(1) 输入 3 个数存入变量 a、b、c 中；

(2) 对 a、b 的值进行比较，将较小值放在 a 中，较大值放在 b 中；

(3) 再对 a、c 的值进行比较，将较小值放在 a 中，较大值放在 c 中；

(4) 最后对 b、c 的值进行比较，将较小值放在 b 中，较大值放在 c 中；

(5) 输出 a、b、c 的值，即由小到大有序。

参考程序如下：

```
#include<stdio.h>
main()
{
    float a,b,c,t;                    /* t为中间变量,用于两个变量的交换 */
    scanf("%f,%f,%f",&a,&b,&c);
    if(a>b)
       {t=a;a=b;b=t;}
    if(a>c)
       {t=a;a=c;c=t;}
    if(b>c)
       {t=b;b=c;c=t;}
    printf("%.2f,%.2f,%.2f\n",a,b,c);
}
```

程序运行结果如下：

```
3.5,6,2↙
2.00,3.50,6.00
```

4.3.3　if 语句的嵌套

在一个 if 语句中又包含一个或多个 if 语句，称为 if 语句的嵌套。一般形式如下：

```
if(表达式 1)
    if(表达式 2) 语句 1;
    else 语句 2;
else
    if(表达式 3) 语句 3;
    else 语句 4;
```

由于 else 是 if 语句中的可缺少项，因此在嵌套结构的 if 语句中 else 的个数小于等于 if 的个数。所以，在 if 语句嵌套的结构中一定要注意 else 与 if 之间的对应关系。在 C 语言中规定的对应原则是：else 总是与它前面最近的一个未匹配的 if 相匹配。

一般在书写程序时应注意将对应的 if 和 else 对齐，将内嵌的语句缩进，这样可增加程序的可读性和维护性，但要特别注意的是 C 语言的编译系统并不是按缩进的格式来找 else 与 if 之间的对应关系的，它只是按"else 总是与它前面最近的一个未匹配的 if 相匹配"这一基本原则来找 else 与 if 之间的对应关系的。

例 4.4 有一函数：

$$y=\begin{cases}1 & x>0\\0 & x=0\\-1 & x<0\end{cases}$$

编写一程序，输入一个 x 值，输出 y 值。

算法分析：

(1) 输入 x。

(2) 若 x>0，y=1。

(3) 否则，若 x=0，y=0；否则 y=-1。

(4) 输出 y。

程序流程图如图 4-3 所示。

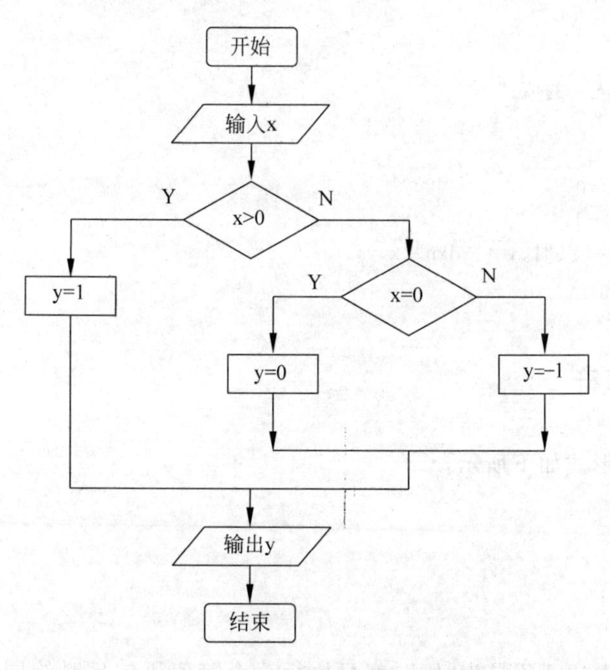

图 4-3 例 4.4 的程序流程图

参考程序如下：

```
#include<stdio.h>
main()
```

```
{int x,y;
    printf("请输入 x 的值:");
    scanf("%d",&x);
    if(x>0)
        y=1;
    else
        if(x==0)
            y=0;
        else
            y=-1;
    printf("当 x=%d 时,y=%d\n",x,y);
}
```

本题也可用非嵌套的 if 语句来编写程序，例如：

算法分析：

(1) 输入 x。

(2) 若 x>0，则 y=1。

(3) 若 x=0，则 y=0。

(4) 若 x<0，则 y=-1。

(5) 输出 y。

参考程序如下：

```
#include<stdio.h>
main()
{   int x,y;
    printf("请输入 x 的值:");
    scanf("%d",&x);
    if(x>0) y=1;
    if(x==0) y=0;
    if(x<0) y=-1;
    printf("当 x=%d 时,y=%d\n",x,y);
}
```

4.3.4 条件运算符

如果 if 语句的形式如下所示：

```
if(表达式 1)
    x=表达式 2;
else
    x=表达式 3;
```

无论表达式 1 为“真”还是为“假”，都只执行一个赋值语句且赋给同一个变量。这时可以利用条件运算符，将这种 if 语句用如下语句来表示。

```
x=(表达式 1)?表达式 2:表达式 3;
```

其中“(表达式 1)? 表达式 2:表达式 3”是由条件运算符构成的条件表达式，即当表达式 1 的值为“真”时，将表达式 2 的值赋给变量 x；当表达式 1 的值为“假”时，将表达式 3 的值赋给变量 x。

条件表达式的一般形式为：

```
表达式 1?表达式 2:表达式 3
```

条件表达式的取值如图 4-4 所示。

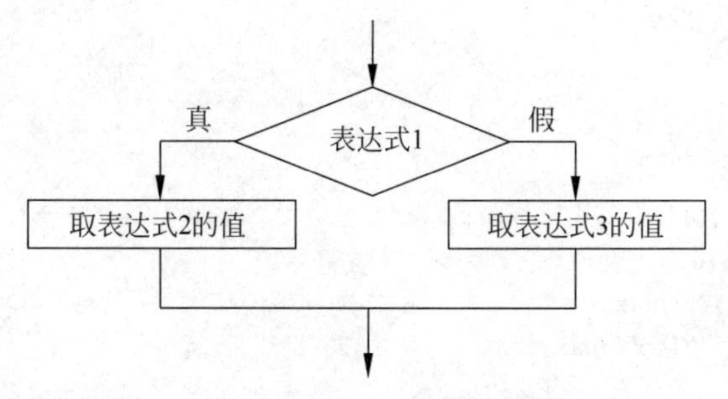

图 4-4 条件表达式的取值

条件运算符是 C 语言中唯一的一个三目运算符，它要求有 3 个操作对象。条件运算符的优先级低于关系运算符和算术运算符，高于赋值运算符。

例如，条件表达式

```
max=(a>b)?a:b;
```

也可写成

```
max=a>b?a:b;
```

条件运算符的结合方向为从右至左。

例如，条件表达式

```
a>b?a:c>d?e:d
```

相当于

```
a>b?a:(c>d?e:d)
```

例 4.5 输入 3 个数 a、b、c，要求输出其中最大的数。

方法一：用 if 语句实现。

参考程序如下：

```
#include<stdio.h>
main()
{
    float a,b,c,max;
    scanf("%f,%f,%f",&a,&b,&c);
    if(a>b)
        max=a;
    else
        max=b;
```

```
    if(c>max)
        max=c;
    printf("max=%.2f\n",max);
}
```

方法二：用条件表达式实现。

参考程序如下：

```
#include<stdio.h>
main()
{
    float a,b,c,max;
    scanf("%f,%f,%f",&a,&b,&c);
    max=(a>b)?a:b;
    max=(c>max)?c:max;
    printf("max=%.2f\n",max);
}
```

本程序也可用嵌套结构的 if 语句实现，请读者自己动手完成。

4.4 switch 语句

if 语句只有两个分支可供选择，而实际问题常常需要进行多分支的选择，尽管可以通过 if 语句的嵌套形式来实现多分支选择，但这样做的结果使得 if 语句的嵌套层次太多，降低了程序的可读性。当然也可以用多个非嵌套的 if 语句来解决多分支选择的问题，但程序显得不够简洁。在 C 语言中，switch 语句是专门用来实现多分支选择的语句。

switch 语句的一般形式：

```
switch(表达式)
{
    case 常量表达式 1:语句序列 1
    case 常量表达式 2:语句序列 2
        ⋮
    case 常量表达式 n:语句序列 n
    [default:语句序列 n+1]
}
```

其中方括号中的“[default：语句序列 n+1]”是可选项，而每个语句序列都可以是零到多条语句。

switch 语句的执行过程是：首先计算 switch 后面大括号内表达式的值，若此值等于某个 case 后面的常量表达式的值，则转向该 case 后面的语句去执行；若表达式的值不等于任何 case 后面的常量表达式的值，则转向 default 后面的语句去执行。如果没有 default 部分，则不执行 switch 语句中的任何语句，而直接转到 switch 语句后面的语句去执行。

说明：

(1) switch 后面圆括号内的表达式允许为任何类型，但是 case 后面的常量表达式的值都必须是整型或字符型，不允许是其他类型。

(2) 同一个 switch 语句中的所有 case 后面的常量表达式的值都必须互不相同。

(3) switch 语句中的 case 和 default 的出现次序是任意的，也就是说 default 也可以位于 case 的前面，且 case 的次序也不要求按常量表达式的大小顺序排列。

(4) 由于 switch 语句中的“case 常量表达式”部分只起语句标号的作用，而不进行条件判断，所以，在执行完某个 case 后面的语句序列后，将自动去执行后面其他的语句序列，直到遇到 switch 语句的右小括号或“break”语句为止。

例如：

```
switch(n)
{
    case 1:x=1;
    case 2:x=2;
}
```

当 n=1 时，将连续执行下面两个语句：

```
x=1;
x=2;
```

如果希望在执行完一个 case 分支后，跳出 switch 语句，转去执行 switch 语句的后续语句，可在该 case 的语句序列后加上一个 break 语句，当执行到该 break 语句时，将立即跳出 switch 语句。

例如：

```
switch(n)
{
    case 1:x=1;break;
    case 2:x=2;break;
}
```

对于上面的 switch 语句，由于在“case 1:”的语句序列后有 break 语句，因此当 n=1 时，只执行语句“x=1;”而不再执行语句“x=2;”。

例 4.6 从键盘输入一个百分制成绩，要求输出成绩等级'A'、'B'、'C'、'D'、'E'。其中，90 分以上为'A'，80～89 分为'B'，70～79 分为'C'，60～69 分为'D'，60 分以下为'E'。

算法分析：

(1) 输入一个百分制成绩，放入整型变量 score 中；

(2) 对 score 进行除 10 的运算，即 score/10；

(3) 列出 score/10 可能产生的各个值；

(4) 将各个值对应的成绩等级放入变量 grade 中；

(5) 输出 grade。

参考程序如下：

```
#include<stdio.h>
main()
{   int score;char grade;
    scanf("%d",&score);
    switch(score/10)
```

```
    {   case 1:
        case 2:
        case 3:
        case 4:
        case 5: grade='E';break;
        case 6: grade='D';break;
        case 7: grade='C';break;
        case 8: grade='B';break;
        case 9:
        case 10: grade='A';break;
        default: grade='*';
    }
    if(grade=='*') printf("成绩输入错误!\n");
    else printf("%d 分的成绩等级为%c\n",score,grade);
}
```

以上程序表面上看，当成绩输入错误时会给出相应的提示，事实上并非所有的错误输入都能检查出来，如输入 105 时输出的是'A'，而 105 已超出百分制的范围。以下是改进后的程序：

```
#include<stdio.h>
main()
{   int score;char grade;
    scanf("%d",&score);
    if(score<0||score>100)
      printf("成绩输入错误!\n");
    else
      {   switch(score/10)
          {   case 1:
              case 2:
              case 3:
              case 4:
              case 5: grade='E';break;
              case 6: grade='D';break;
              case 7: grade='C';break;
              case 8: grade='B';break;
              case 9:
              case 10: grade='A';
          }
          printf("%d 分的成绩等级为%c\n",score,grade);
      }
}
```

4.5 程序举例

例 4.7 解方程 $ax^2+bx+c=0$。程序流程图如图 4-5 所示。

从代数知识可以知道：

(1) 若 $b^2-4ac>0$，有两个不等的实根；

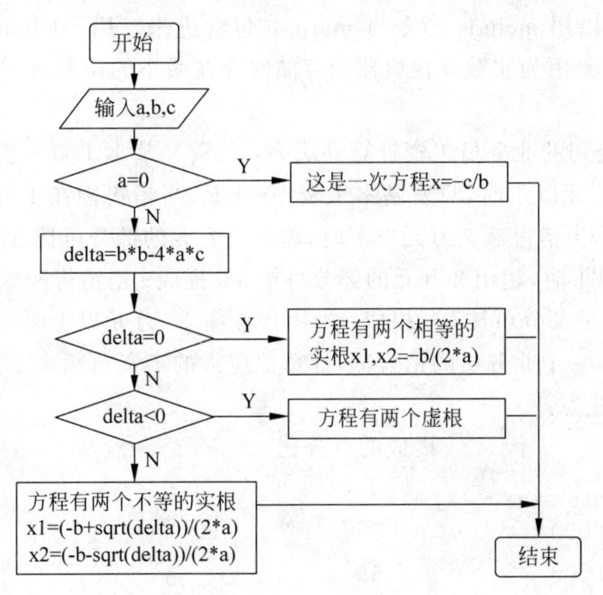

图 4-5　例 4.7 的程序流程图

(2) 若 $b^2-4ac=0$,有两个相等的实根;

(3) 若 $b^2-4ac<0$,有两个虚根。

参考程序如下:

```
#include "math.h"
main()
{   float a,b,c,delta,x1,x2,real,image;
printf("请输入 a,b,c:");
scanf("%f,%f,%f",&a,&b,&c);
if(fabs(a)<=1e-6)
    printf("这是一次方程 x=%f\n",-c/b);
else
    {   delta=b*b-4*a*c;
        if(fabs(delta)<=1e-6)
            printf("x1,x2=%-8.4f\n",-b/(2*a));
        else
            if(delta>1e-6)
            {   x1=(-b+sqrt(delta))/(2*a);
                x2=(-b-sqrt(delta))/(2*a);
                printf("x1=%-8.4f,x2=%-8.4f\n",x1,x2);
            }
            else
            {   real=-b/(2*a);
                image=sqrt(-delta)/(2*a);
                printf("有两个虚根:");
                printf("%8.4f+%-8.4fi\n",real,image);
                printf("%8.4f-%-8.4fi\n",real,image);
            }
        }
    }
```

本例中,用到了标准库函数 fabs()求绝对值,sqrt()求平方根,它们的函数原型都在头文件 math.h 中，所以用 include 命令将 math.h 包含进来。用 fabs(delta)<=1e－6 判别 delta 的值是否为 0，是因为实数 0 在机器内存储时存在微小的误差，往往是以一个非常接近 0 的实数存放。

例 4.8 设某公司的业务员工资计算办法为：工资＝基本工资＋提成。其中提成办法为：当销售额在 1 万元以下时，只发基本工资 1000 元，当销售额在 1 万元以上才可以拿提成。提成的比例为：当销售额 2 万元以下时，超出 1 万元的部分可按 5％提成；当销售额在 2 万元以上 5 万元以下时，超出 2 万元的部分可按 6％提成；当销售额在 5 万元以上 10 万元以下时，超出 5 万元的部分可按 7％提成；当销售额在 10 万元以上时，超出 10 万元的部分可按 8％提成。输入一个业务员的销售额，计算他应得的工资总额。

分析提成的标准为：

销售额 m(元)	提成的百分比
m≤10 000	0
10 000＜m≤20 000	5％
20 000＜m≤50 000	6％
50 000＜m≤100 000	7％
m＞100 000	8％

例如，某业务员的销售额为 85 000 元，则他应得的工资总额包括：

(1) 销售额在 1 万元以下的部分，提成为 0 元；

(2) 销售额在 1 万元以上 2 万元以下的部分，提成为 10 000×5％＝500 元；

(3) 销售额在 2 万元以上 5 万元以下的部分，提成为 30 000×6％＝1800 元；

(4) 销售额在 5 万元以上的部分，提成为 35 000×7％＝2450 元。

他应发的工资总额为：

基本工资(1000 元)＋提成(500＋1800＋2450＝4750 元)，即

工资总额＝1000＋4750＝5750 元

计算提成时，switch 语句可采用分段计算的方法。为了使 case 后面的常量表达式的值能与 switch 后面的表达式的值相对应，将销售额除以 10 000 与相应的提成等级相对应。

```
#include<stdio.h>
main()
{
 long m;
 float s;
 scanf("%ld",&m);
 if(m>=0)
 {
   switch(m/10000)
   {
       case 0:s=1000;break;
       case 1:s=1000+(m-10000)*0.05;break;
       case 2:
       case 3:
       case 4:s=1000+500+(m-20000)*0.06;break;
       case 5:
       case 6:
```

```
        case 7:
        case 8:
        case 9:s=1000+500+1800+(m-50000)*0.07;break;
        default:s=1000+500+1800+3500+(m-100000)*0.08;
    }
    printf("s=%.2f\n",s);
  }
  else
    printf("input error!\n");
}
```

例 4.9 大学里对不同性质的学生听课收费不同。某校是这样规定的：本校全日制学生不收费；本校夜大学生选课 12 学分及以下付 200 元，然后每增加一个学分付 20 元；对外校学生选课 12 学分及以下付 600 元，然后每增加一个学分付 60 元。输入某个学生的编号，选课学分以及学生类型，编程计算该学生应付的学费。

分析：学分——n，收费——x，编号——number，学生的类别——p。根据题意，分以下 3 种情况考虑：

(1) 本校全日制：x=0；

(2) 本校夜大：n≤12，x=200；

n>12，x=200+(n-12)×20；

(3) 外校：n≤12，x=600；

n>12，x=600+(n-12)×60；

参考程序如下：

```
#include<stdio.h>
main()
{   int n,x,number,p;
    printf("\t学生收费管理\n");
    printf("\t==============\n");
    printf("\t1——本校全日制学生\n\t2——本校夜大学生\n\t3——外校学生\n");
    printf("\t请输入学生的类别(1~3):");
    scanf("%d",&p);
    printf("\t请输入学生的编号和学分:");
    scanf("%d,%d",&number,&n);
    if(p==1)
        x=0;
    else
        if(p==2)
            if(n<=12)
                x=200;
            else
                x=200+(n-12)*20;
    else
        if(n<=12)
            x=600;
        else
            x=600+(n-12)*60;
    printf("\t学生%4d应交费%4d元.\n",number,x);
}
```

运行结果为：

```
        学生收费管理
    ==============
    1——本校全日制学生
    2——本校夜大学生
    3——外校学生
    请输入学生的类别(1～3):2↙
    请输入学生的编号和学分:1001,34↙
    学生1001应交费640元。
```

按照输入，类别是2，编号是1001，学分是34。

本章小结

1. 本章详细介绍了关系运算符和关系表达式，逻辑运算符和逻辑表达式。读者应掌握这些运算符的运算规则、优先级，掌握用这些关系表达式或逻辑表达式来描述日常生活中的判断条件。

2. 本章详细介绍了用if语句来实现选择结构程序设计的方法，用if语句的嵌套实现多分支结构的程序设计方法。其中if语句的嵌套是本章学习的难点。

3. 本章还介绍了用switch语句实现多分支结构程序设计的方法。应注意在switch语句中通常配合使用break语句。

习　　题

一、选择题

1. 当把以下4个表达式用作if语句的控制表达式时，有一个选项与其他3个选项含义不同，这个选项是(　　)。

A) k%2　　B) k%2==1　　C) (k%2)!=0　　D) !k%2==1

2. 有定义：int k=1,m=2; float f=7;，则以下选项中错误的表达式是(　　)。

A) k=k>=k　　B) -k++　　C) k%int(f)　　D) k>=f>=m

3. 设有定义：int a=2,b=3,c=4，则以下选项中值为0的表达式是(　　)。

A) (!a==1)&&(!b==0)　　B) (a<b)&&!c||1

C) a&&b　　D) a||(b+b)&&(c-a)

4. 若x和y代表整型数，以下表达式中不能正确表示数学关系|x-y|<10的是(　　)。

A) abs(x-y)<10　　B) x-y>-10&&x-y<10

C) !(x-y)<-10||!(y—x)>10　　D) (x-y)*(x-y)<100

5. 有以下程序段：

```
int  k=0,a=1,b=2,c=3;
k=a<b?b:a;      k=k>c?c:k;
```

执行该程序段后，k 的值是(　　)。

A) 3　　B) 2　　C) 1　　D) 0

6. 若整型变量 a、b、c、d 中的值依次为 1、4、3、2。则条件表达式 a<b?a: c<d? c: d 的值(　　)。

A) 1　　B) 2　　C) 3　　D) 4

7. 以下程序段中与语句 k=a>b?(b>c?1:0): 0; 功能等价的是(　　)。

A) if((a>b)&&(b>c))k=1;
   else k=0;

B) if((a>b)||(b>c))k=1;
   else k=0;

C) if(a<=b) k=0;
   else if(b<=c)k=1;

D) if(a>b)k=1;
   else if()(b<=c)k=1;
   else k=0;

8. 有以下程序：

```
# include<stdio.h>
main()
{
  int a=0,b=0,c=0,d=0;
  if(a=1){b=1;c=2;}
  else d=3;
  printf("%d,%d,%d,%d\n",a,b,c,d);
}
```

运行后程序输出(　　)。

A) 0,0,0,0　　B) 1,1,2,3　　C) 1,1,2,0　　D) 0,0,0,3

9. 有以下程序：

```
# include<stdio.h>
main()
{
  int i=1,j=2,k=3;
  if(i++==1&&(++j==3||k++==3))
  printf("%d %d %d\n",i,j,k);
}
```

程序运行后的输出结果是(　　)。

A) 1 2 3　　B) 2 3 4　　C) 2 2 3　　D) 2 3 3

10. 若有定义：float x=1.5; int a=1,b=3,c=2;,则正确的 switch 语句是(　　)。

A)
```
switch(x)
  {case 1.0: printf("*\n");
   case 2.0: printf("* *\n") ; }
```

B)
```
switch((int)x);
  {case 1: printf("*\n");
   case 2: printf("* *\n") ; }
```

C)
```
switch(a+b)
  {case 1: printf("*\n");
```

```
        case 2+1: printf("*  *\n") ; }
    D) switch(a+b)
        {case 1: printf("*\n");
         case c: printf("*  *\n") ; }
```

二、填空题

1. 以下程序运行后的输出结果是________。

```
#include<stdio.h>
main()
{
  int a=3,b=4,c=5,t=99;
  if(b<a&&a<c) t=a;a=c;c=t;
  if(a<c&&b<c) t=b;b=a;a=t;
  printf("%d%d%d\n",a,b,c);
}
```

2. 以下程序用于判断 a、b、c 能否构成三角形,若能,输出 YES,否则输出 NO。当输入三角形 3 条边长 a、b、c 时,要判断 a、b、c 能否构成三角形,构成三角形应同时满足三个条件:a+b>c,a+c>b,b+c>a。请填空。

```
#include<stdio.h>
main()
{float a,b,c;
 scanf("%f%f%f",&a,&b,&c);
 if(________)printf("YES\n");
   else printf("NO\n");
}
```

3. 以下程序运行后的输出结果________。

```
#include<stdio.h>
main()
{int a=1,b=2,c=3;
 if(c=a)printf("%d\n",c);
   else printf("%d\n",b);
}
```

4. 以下程序运行后的输出结果是________。

```
#include<stdio.h>
main()
{int x=1,y=0,a=0,b=0;
 switch(x)
{case 1:switch(y)
     {case 0:a++;break;
      case 1:b++;break;}
      case 2:a++;b++; break;}
   printf("%d %d\n",a,b);
}
```

5. 写出下面程序的运行结果是________。

```
#include<stdio.h>
main()
{   int a=-1,b=4,k;
    k=(++a<0)&&!(b--<0);
    printf("%d%d%d\n",k,a,b);
}
```

6. 写出下面程序的运行结果是________。

```
#include<stdio.h>
main()
{   int a=3,b=7;
    printf("%d\n",(a++)+(++b));
    printf("%d\n",b%a);
    printf("%d\n",!a>b);
    printf("%d\n",a+b);
    printf("%d\n", a&&b);
}
```

三、编程题

1. 由键盘输入三个整数 a、b、c,用条件运算符编程,求出其中最大值和最小值。

2. 从键盘上输入星期号,显示对应的英文星期名字。

3. 某市不同车牌的出租车 3 千米的起步价和计费分别为:夏利 7 元,3 千米以外 2.1 元/千米;富康 8 元,3 千米以外 2.4 元/千米;桑塔纳 9 元,3 千米以外 2.7 元/千米。编程:从键盘输入乘车的车型及行车千米数,输出应付车资。

第5章 循环结构程序设计

教学目标

掌握 while 语句、do-while 语句和 for 语句的格式和执行过程,能够运用这些语句编写出循环结构程序,并掌握循环结构程序设计的基本方法。

本章要点

- while 语句
- do-while 语句
- for 语句
- continue 及 break 语句
- 循环结构程序设计

人们在处理事务过程中,常常需要完成重复性、规律性的操作,例如求若干数的和、求一个数的阶乘值等,这些都需要用到循环语句。几乎所有的实用程序都包含循环。循环结构是结构化程序设计的基本结构之一,它和顺序结构、选择结构共同作为各种复杂程序的基本构造单元。因此熟练掌握选择结构和循环结构的概念及使用是程序设计的最基本的要求。

在 C 语言中有三种循环语句：while 语句,do-while 语句和 for 语句。另外,用 goto 语句和 if 语句也可以构成循环。

5.1 while 语句

while 语句是通过判断循环控制条件是否满足来决定是否执行循环。其一般形式如下：

```
while(表达式)
    循环体语句
```

这里,表达式为循环控制条件,当表达式的值为非 0 值(表示循环条件满足),就执行 while 中的循环体语句；当表达式的值为 0 值(表示循环条件不满足),就转去执行 while 语句的下一句。while 语句的控制流程如图 5-1 所示。

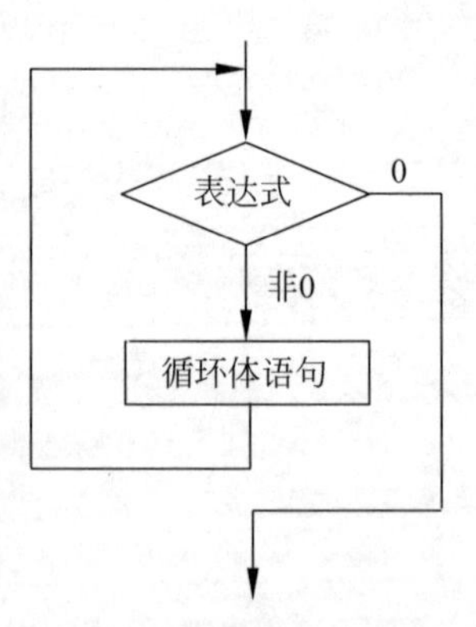

图 5-1 while 语句控制流程

从图 5-1 中看出,当程序执行到 while 语句时,首先计算表达式,如果表达式的值为非 0,就执行循环体语句,然后自动回到表达式处再进行表达式的计算,若表达式的值还为非 0 值,再执行循环体语句,如此反复直到表达式的值为 0,才结束循环,转去执行程序中 while 语句的下一句。对于 while 语句,若表达式的值一开始就为 0,则循环体语句一次都不被执行。

C语言规定，循环体语句只能是一条语句，如果由多条语句构成一个循环体，应该用大括号括起来构成一条复合语句。

例5.1 写一个程序，输入10个学生的成绩，求平均成绩。

算法分析：

(1) 人数从0计。

(2) 当"人数<10"时，做以下操作：

① 输入一个分数；

② 累计总分；

③ 人数加1。

(3) 重复第(2)步操作，直到"人数为10"结束。

参考程序如下：

```
#include<stdio.h>
main()
{   int n=0;                              /*n用来存放学生数，初值为0*/
    float score,average=0;                /* average用来存放平均成绩，初值为0*/
    while(n<10)                           /*当没有输入完10个学生成绩时继续循环*/
    {   scanf("%f",&score);               /*输入一个学生的分数*/
        average+=score;                   /*累计总分*/
        n++;                              /*学生数加1*/
    }
    average/=n;                           /*求平均成绩average*/
    printf("%6.2f\n",average);            /*输出average，保留两位小数*/
}
```

5.2 do-while语句

do-while语句是先执行循环体语句，再通过判断表达式的值来决定是否继续循环。其一般形式如下：

```
do
    循环体语句
while(表达式);
```

do后面是循环体语句，while后面的"表达式"为循环控制条件。

do-while语句的执行过程是：先执行一次循环体语句，然后计算表达式的值，当表达式的值为非0("真")时，便重复执行一次循环体语句。如此反复，直到表达式的值为0时，结束循环。do-while语句控制流程如图5-2所示。

do-while中的循环体语句至少要被执行一次，因为它是先执行循环体语句，再判断表达式。当循环体部分由多条语句组成时，也必须用大括号括起来，使其构成一条复合语句。

对于例5.1用do-while语句编写程序如下：

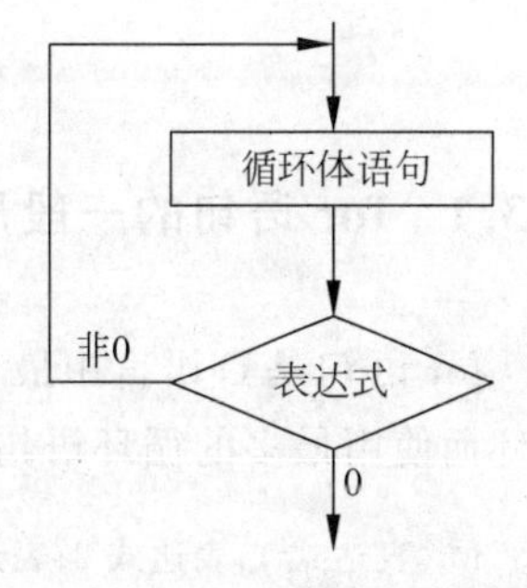

图5-2 do-while语句控制流程

```
#include<stdio.h>
main()
{   int n=0;                          /*n用来存放学生数,初值为0*/
    float score,average=0;            /*average用来存放平均成绩,初值为0*/
    do
    {   scanf("%f",&score);           /*输入一个学生的分数*/
        average+=score;               /*累计总分*/
        n++;                          /*学生数加1*/
    } while(n<10);                    /*当没有输入完10个学生成绩时继续循环*/
    average/=n;                       /*求平均成绩average*/
    printf("%6.2f\n",average);        /*输出average,保留两位小数*/
}
```

注意：在使用 while 语句和 do-while 语句时，循环控制表达式中的变量值，必须在循环体内有所改变，否则会造成死循环。例如：

```
i=1;
while(i<=10)
    printf("%3d\n",i);
    i++;
```

这个循环永远不会结束，是一个死循环，不断输出“1”这个值。因为语句“i++;”不属于循环体中的语句，循环控制表达式中的i值没有在循环体内被改变。应该改为：

```
i=1;
while(i<=10)
{   printf("%3d\n",i);
    i++;
}
```

这条循环语句执行的结果是：以每个数占3个字符宽输出1～10的10个数。也可以将它改成 do-while 语句：

```
i=1;
do
{   printf("%3d\n",i);
    i++;
}while(i<=10);
```

5.3 for 语句

5.3.1 for 语句的一般形式

for 语句是C语言中最有特色的循环语句，使用最为灵活方便，因此是程序中为了实现循环而使用最多的循环语句。for 语句的一般形式为：

```
for(表达式1;表达式2;表达式3)
    循环体语句
```

其控制流程如图 5-3 所示。

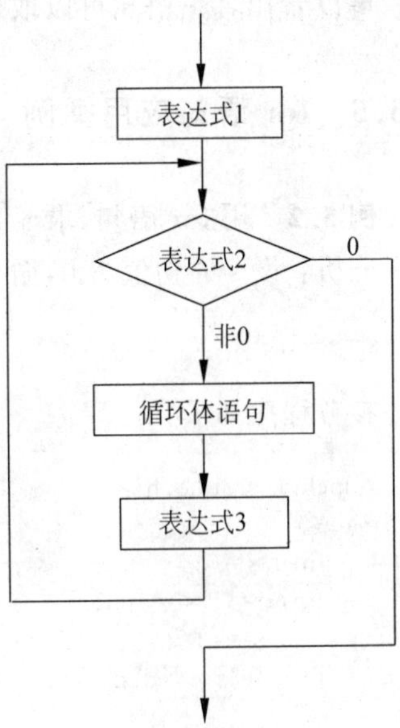

5.3.2 for 语句中的各部分含义

表达式 1：初值表达式，用于循环开始前，为循环变量设置初始值。

表达式 2：循环控制表达式，它控制循环执行的条件，决定循环次数。

表达式 3：修改循环控制变量值表达式。

循环体语句：被重复执行的语句。

图 5-3 C 程序设计的一般步骤

5.3.3 for 语句的执行过程

for 语句的执行过程如下：

(1) 计算表达式 1 的值；

(2) 计算表达式 2 的值，若表达式 2 的值为 0（“假”），则结束 for 循环；

(3) 执行循环体语句；

(4) 计算表达式 3，然后转向步骤(2)。

for 语句中循环体部分由多条语句组成时，也必须用大括号括起来，使其构成一条复合语句。

对于例 5.1 用 for 语句编写程序如下：

```
#include<stdio.h>
main()
{    int n;
     float score,average=0;
     for(n=1;n<=10;n++)                /*从第一个学生到最后一个学生*/
     {    scanf("%f",&score);
          average+=score;
     }
     average/=10;                      /*求平均成绩*/
     printf("%6.2f\n",average);
}
```

思考：这里求平均成绩的语句是“average/=10;”，而不是例 5.1 中的“average/=n;”，为什么要做这样的改变？

5.3.4 for 语句与 while 语句的比较

for 语句等价于下列语句序列：

```
表达式1;
while(表达式2)
{    循环体语句
     表达式3;
}
```

可以看出，for 语句可以取代 while 语句，而 for 语句结构显得整齐、紧凑、清晰。

5.3.5 for 语句应用举例

例 5.2 用 for 语句，求 s=1+2+3+…+100 的值。

分析：设 s 的初值为 0，循环控制变量 i 从 1 增加到 100，循环体为：

```
s=s+i;                        /* i=1,2,…,100 */
```

参考程序如下：

```
#include<stdio.h>
main()
{   int i,s=0;
    for(i=1;i<=100;i++)
        s=s+i;
    printf("s=%d\n",s);
}
```

例 5.3 用 for 语句求 n!。

分析：对于 i(1≤i≤n)，i! 可以表示成：i! =i*(i−1)!，如果用变量 fact 存放 i!，则 fact 的初值应为 1。

参考程序如下：

```
#include<stdio.h>
main()
{   int i,n;
    long fact=1;              /* 阶乘的值增加很快，为防止溢出，还可定义为 float 型 */
    scanf("%d",&n);
    for(i=1;i<=n;i++)
        fact=fact*i;
    printf("%d!=%ld\n",n,fact);
}
```

运行该程序，若输入 10 ↙，则输出结果为：

```
10!=3628800
```

5.3.6 for 语句的变形

1. 表达式的省略

for 语句中的三个表达式，可以根据情况省略其中一个或两个，也可全都省略。当表达式被省略时，其后的分号不可省略。

对于例 5.2，其循环语句可以写成如下几种形式：

(1) 省略表达式 1。

```
i=1;                          /* 在 for 语句之前给循环变量赋初值 */
```

```
for(;i<=100;i++)              /* 此处省略了表达式1 */
    s=s+i;
```

(2) 省略表达式3。

```
for(i=1;i<=100;)              /* 此处省略了表达式3 */
{   s=s+i;
    i++;                      /* 修改循环控制变量 */
}
```

(3) 省略表达式1和表达式3。

```
i=1;
for(;i<=100;)
{   s=s+i;
    i++;
}
```

(4) 将三个表达式全都省略。

如果将三个表达式全都省略,则for语句就没有了循环控制条件,循环将无限进行下去,此时可在循环体中利用break语句来终止循环。例如:

```
i=1;
for(;;)                       /* 此处省略了三个表达式 */
{   s=s+i;
    i++;
    if(i>100) break;          /* 如果i>100,则退出循环 */
}
```

2. for语句中的逗号表达式

逗号表达式的主要应用就是在for语句中。for语句中的表达式1和表达式3可以是逗号表达式。例如:

```
for(s=0,i=1;i<=100;i++)  /* 此处表达式1为逗号表达式 */
    s=s+i;
```

3. 循环体为空语句

对for语句,循环体为空语句的一般形式为:

```
for(表达式1;表达式2;表达式3)
    ;
```

例如:求 s=1+2+3+…+100 可以用如下循环语句完成:

```
for(s=0,i=1;i<=100;s=s+i,i++);
```

上述for语句的循环体为空语句,不做任何操作。实际上是把求累加和的运算放入表达式3中了。

循环体语句为空语句的情况在while语句和do-while语句中也经常被使用。这是C

语言的一个特点。例如：

```
while(putchar(getchar())!='#');
```

这个循环语句的作用是在显示器上复制输入的字符，当输入的字符为'#'时，结束循环。这里循环体是空语句。

5.4 break 语句、continue 语句和 goto 语句

这三条语句的功能是改变程序的执行顺序，使程序的执行从其所在的位置转向另一处。

5.4.1 break 语句

break 语句的形式为：

```
break;
```

break 语句是限定转向语句，它使流程跳出所在的循环结构，把流程转向所在结构之后。前面已经在 switch 语句中使用过 break 语句，目的是使流程跳出 switch 结构。break 语句在循环结构中的作用是跳出所在的循环结构，转向执行该循环结构后面的语句。例如：

```
#include<stdio.h>
main()
{   int i=1,s=0;
    for(;;)
    {   s=s+i;
        i++;
        if(i>100) break;      /*如果 i>100,则退出循环*/
    }
    printf("s=%d\n",s);
}
```

在本程序执行中，当 i>100 时，强行终止 for 循环（从循环体中跳出），继续执行 for 语句的下一条语句，即输出 s 的值。

例 5.4 求圆的面积。

参考程序如下：

```
#include<stdio.h>
#define PI 3.1415926
main()
{   int r;
    float s;
    for(r=1;r<=10;r++)
    {   s=PI*r*r;
        if(s>100) break;      /*如果 s>100,则退出循环*/
        printf("s=%.2f\n",s);
    }
}
```

本程序在执行时,半径从1到10变化,对于每一个半径值,求出相应的圆面积值s。如果s>100,则退出循环,否则输出s。从程序中看出for循环有两种结束方式,一是当r>10时,二是当s>100时。

break语句不能用于循环语句和switch语句之外的任何其他语句。如果在多重(层)嵌套的结构中使用break语句,则break仅仅退出所在的那层结构,即break语句不能使程序控制退出一层以上的结构。

5.4.2 continue语句

continue语句的形式为:

```
continue;
```

continue语句被称为继续语句。该语句的功能是使本次循环提前结束,即跳过循环体中continue语句后面尚未执行的循环体语句,继续进行下一次循环的条件判断。continue语句只能出现在循环体语句中,不能用在其他的地方。

例5.5 显示输入的字符,如果按Esc键,则退出循环;如果按Enter键,则不做任何处理,继续输入下一个字符。

```
#include<stdio.h>
#include "conio.h"
main()
{  char ch;
   for(;;)
   {   ch=getch();              /*将输入的字符放入ch中*/
       if(ch==27) break;        /*Esc键的ASCII码为27*/
       if(ch==13) continue;     /*Enter键的ASCII码为13*/
       putch(ch);               /*显示输入的字符*/
   }
   getch();                     /*程序暂停,按任意键继续,目的是查看程序的运行情况*/
}
```

说明:

getch()和putch()的作用与getchar()和putchar()相似。不同的是:

(1) getch()不显示键盘输入的字符。

(2) getchar()输入字符时要按Enter键,计算机才会响应,而用getch()时,输入字符不需要按Enter键。

(3) 需要的头文件不同。使用getch()和putch()时,所需的头文件是“conio.h”,而使用getchar()和putchar()时,所需的头文件是“stdio.h”。

在实际编程中,continue语句很少使用。实际上,例5.5中的循环体语句

```
if(ch==13) continue;
putch(ch);
```

改为

```
if(ch!=13) putch(ch);
```

程序的功能是一样的。

5.4.3 goto 语句

goto 语句被称为无条件转移语句，它的一般形式为：

```
goto 标号;
```

执行 goto 语句使程序流程转移到相应标号所在的语句，并从该语句继续执行。语句标号用标识符表示。带标号语句的形式是：

```
标号:语句
```

即标号和语句之间用冒号隔开。

下面的程序是用 goto 语句来求 s=1+2+3+…+100 的值。

```
#include<stdio.h>
main()
{         int i=1,s=0;
   loop: s=s+i;
         i++;
         if(i<=100)
              goto loop;
         printf("s=%d\n",s);
}
```

goto 语句只能使流程在函数内转移，不得转移到该函数外。当需要从多重嵌套的结构中转移到最外层时，可以使用 goto 语句。

大量使用 goto 语句会打乱各种有效的控制语句，导致程序结构不清晰，程序的可读性变差，再加上 goto 语句可以用别的语句代替，因此要尽量避免使用 goto 语句。

5.5 循环的嵌套

在循环体语句中又包含另一个完整的循环结构的形式，称为循环的嵌套。嵌套在循环体内的循环结构称为内循环，外面的循环结构称为外循环。如果内循环体中又有嵌套的循环语句，则构成多重循环。while、do-while 和 for 三种循环可以互相嵌套。

例 5.6 编写程序输出如下图形。

```
*
* *
* * *
* * * *
* * * * *
```

算法分析：

(1) 用循环控制变量 i(1≤i≤5)控制图形的行数：

```
for(i=1;i<=5;i++)
    输出第 i 行;
```

（2）每行上'*'的个数随着控制变量 i 值的变化而变化。

i=1 时，执行 1 次 putchar('*');
i=2 时，执行 2 次 putchar('*');
⋮
i=5 时，执行 5 次 putchar('*');

如果用循环控制变量 j(1≤j≤i)来控制图形中每行'*'的个数，则内循环体语句应该如下：

```
for(j=1;j<=i;j++)
    putchar('*');
```

完整的程序为：

```
#include<stdio.h>
main()
{   int i,j;
    for(i=1;i<=5;i++)
    {   for(j=1;j<=i;j++)
            putchar('*');     /*或 printf("*");*/
        putchar('\n');        /*或 printf("\n");*/
    }
}
```

本例中是两重 for 循环嵌套。其实三种循环语句可以互相嵌套。例如：

```
(1) while()
    {   …
        for(;;)
    {   …   }
    …
    }
```

```
(2) do
    {   …
        while()
        {   …   }
        …
    }while();
```

```
(3) for(;;)
    {   …
        while()
        {   …   }
        …
    }
```

循环嵌套的程序中，要求内循环必须被包含在外层循环的循环体中，不允许出现内外层循环体交叉的情况。例如：

```
do
  {   …
```

```
while()
    {  …
}while();
    …
    }
```

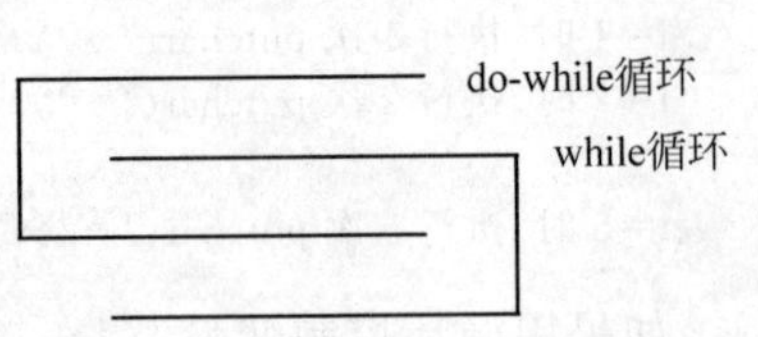

图 5-4　循环交叉为非法结构

在 do-while 循环体内开始 while 循环，但是 do-while 循环结束在 while 循环体内，它们相互交叉，这是非法的结构，如图 5-4 所示。

5.6 程序举例

例 5.7　输出 1～20 中能被 3 整除的数，并求出它们的和。

```
#include<stdio.h>
main()
{   int n,s=0;
    for(n=1;n<=20;n++)
        if(n%3==0)
        {   printf("%4d",n);
            s=s+n;
        }
    printf("\ns=%d\n",s);
}
```

例 5.8　求 3～100 间的全部素数。

算法分析：

(1) 素数是只能被 1 和本身整除的自然数(1 除外)。例如 2,3,5,7 是素数。1,4,6,8,10 不是素数。

(2) 判断某数 i 是否为素数的简单办法是：用 2,3,4,…,i−1 这些数据逐个去除 i，只要被其中的一个数整除了，则 i 就不是素数。数学上已证明，对于自然数 i 只需用 2,3,4,…,$i^{1/2}$ 测试，即从 2 开始到 i 的平方根的值即可。

程序如下：

```
#include<stdio.h>
#include "math.h"
main()
{   int i,m,n=0,k;
    for(m=3;m<=100;m+=2)            /* m+=2 是将其中的偶数直接跳过 */
    {   k=sqrt(m);
        for(i=2;i<=k;i++)
            if(m%i==0) break;       /* m 不是素数,结束内循环 */
        if(i>k)                     /* 区分内循环是正常结束的还是执行 break 结束的 */
        {   printf("%5d",m);
            n++;
            if(n%10==0) printf("\n");/* 控制每行输出 10 个数据 */
        }
    }
    printf("\n");
}
```

例 5.9 用 $\pi/4 \approx 1-1/3+1/5-1/7+\cdots$ 公式求得近似值，直到最后一项的绝对值小于 10^{-6} 为止。

参考程序如下：

```
#include<stdio.h>
#include "math.h"
main()
{   int s;
    float n,t,pi;
    t=1;pi=0;n=1.0;s=1;
    while(fabs(t)>=1e-6)
    {   pi=pi+t;
        n=n+2;
        s=-s;
        t=s/n;
    }
    pi=pi*4;
    printf("pi=%10.6f\n",pi);
}
```

运行结果为：

```
pi=3.141594
```

例 5.10 求 Fibonacci 数列：1,1,2,3,5,8,…前 20 个数。

算法分析：

$f_1=1 \quad (n=1)$

$f_2=1 \quad (n=2)$

$f_n=f_{n-1}+f_{n-2} \quad (n>=3)$

参考程序如下：

```
#include<stdio.h>
main()
{   int f1,f2,i;
    f1=1;f2=1;
    for(i=1;i<=10;i++)
    {   printf("%8d%8d",f1,f2);          /*一次输出数列的两项值*/
        if(i%2==0) printf("\n");         /*控制每行输出 4 项值*/
        f1=f1+f2;                        /*产生下一项值*/
        f2=f2+f1;                        /*产生再下一项值*/
    }
}
```

例 5.11 打印出“九九乘法表”。

```
*   1   2   3   4   5   6   7   8   9
1   1
2   2   4
3   3   6   9
```

```
4    4    8    12   16
5    5    10   15   20   25
6    6    12   18   24   30   36
7    7    14   21   28   35   42   49
8    8    16   24   32   40   48   56   64
9    9    18   27   36   45   54   63   72   81
```

分析：观察输出的结果可以发现，第1行输出的是表头，它确定了各列输出的位置，可用一个循环语句实现1～9列中列号的输出。从第2行开始输出表的内容，即各行的行号i和i个数的乘积，可用二重循环实现，外循环控制输出1～9行，内循环控制输出第i行的1～i个乘积。输出时要注意格式控制，让各列对齐。

参考程序如下：

```
#include<stdio.h>
main()
{
   int i,j;
   printf("%c",'*');                          /*输出第1行的乘号*/
   for(i=1;i<=9;i++)
     printf("%4d",i);                         /*输出第1行的被乘数*/
   printf("\n");
   for(i=1;i<=9;i++)                          /*外循环,控制输出9行*/
   {
      printf("%d",i);                         /*输出第i行的乘数*/
      for(j=1;j<=i;j++)                       /*内循环,控制输出第i行的i列乘积*/
         printf("%4d",i*j);
      printf("\n");
   }
}
```

例5.12 用穷举法解决搬砖问题：36块砖，36人搬，男搬4块，女搬3块，两个小孩抬1砖，要求一次搬完，问需要男、女、小孩各多少人？

穷举法的基本思想是对问题的所有可能的状态一一测试，直到找到解或将全部的可能状态都测试过为止。

对于搬砖问题，可设3个变量m、w和c，分别表示男人、女人和小孩的人数，根据题意可列出以下两个方程：

$$\begin{cases} m + w + c = 36 & ① \\ 4 \times m + 3 \times w + c/2 = 36 & ② \end{cases}$$

这个问题可列两个方程，但是却有3个变量，是不能通过解方程的方法求解的，但是由于3个变量m、w和c都应该是整型变量，可以将各种可能的取值一一列举出来进行测试，从而找到这个问题的解。具体方法是：

首先，确定各变量的取值范围，依题意可知：

$$\begin{cases} 1 \leqslant m < 9 \\ 1 \leqslant w < 12 \end{cases}$$

由于当变量 m 和 w 的值一旦确定，即可根据方程①确定变量 c 的值为 c=36−m−w。所以不用确定变量 c 的取值范围。

然后，将变量 m、w、c 的各种可能的取值代入方程②中，若等式成立，则这时变量 m、w 和 c 的值即是该问题的解。

参考程序如下：

```
#include<stdio.h>
main()
{
int m,w,c;
  printf("%10s%10s%10s\n","men","women","children");
  for(m=1;m<9;m++)
    for(w=1;w<12;w++)
      {
       c=36-m-w;
       if(m*4+w*3+c/2.0==36) /*或写成 if((c%2==0)&&(m*4+w*3+c/2==36))*/
        printf("%10d%10d%10d\n",m,w,c);
      }
}
```

运行结果为：

```
men      women    children
  3        3        30
```

若将程序中的语句“if(m*4+w*3+c/2.0==36) printf(“%10d%10d%10d\\n”, m,w,c);”中的 c/2.0 写成 c/2，则运行结果为：

```
men       women     children
  1         6         29
  3         3         30
```

显然这时的第一个结果并不符合题意，这是由于在 C 语言中 c/2.0 和 c/2 是有区别的，而在数学上它们是没有区别的。

例 5.13 译密码。为了使电文保密，往往按一定规律将其转换成密码，收报人再按约定的规律将其译回原文。已知电文加密规律为：将字母变成其后面的第 4 个字母，其他字符保持不变。例如 A→E，B−F，a→e 等，将“china!”转换为“glmre!”。

```
#include<stdio.h>
main()
{    char c;
     while((c=getchar())!='\n')
     {    if((c>='a'&&c<='z')||(c>='A'&&c<='Z'))
          {    c=c+4;
               if(c>'Z'&&c<='Z'+4||c>'z')
                    c=c-26;
          }
          printf("%c",c);
     }
}
```

运行结果为：

china!↙
glmre!

本章小结

1. 本章主要介绍了3种构成循环的语句：while、do…while和for语句，读者首先应熟练掌握语句的一般形式和语句的执行过程。对于用if和goto语句构成的循环结构，只要做一般性的了解即可。

2. 本章还介绍了循环结构中常用到的两个语句：break语句和continue语句，读者要注意两者的区别：break语句是结束整个循环，continue语句只是结束本次循环。

3. 在介绍循环程序设计方法的同时，本章还介绍了循环嵌套的概念，读者应重点掌握用for语句构成的二重循环的应用，对于多重循环只要求做一般性的了解。

习　　题

一、选择题

1. 在以下给出的表达式中，与while(E)中的(E)不等价的表达式是(　　)。

A) (!E==0)　　B) (E>0||E<0)　　C) (E==0)　　D) (E!=0)

2. 要求通过while循环不断读入字符，当读入字母N时结束循环。若变量已正确定义，以下程序段正确的是(　　)。

A) while((ch=getchar())!='N')printf("%c",ch);

B) while(ch=getchar()!='N')printf("%c",ch);

C) while(ch=getchar()=='N')printf("%c",ch);

D) while((ch=getchar()=='N')printf("%d",ch);

3. 设变量已正确定义，则以下能正确计算f=n! 的程序段是(　　)。

A) f=0;
for(i=1; i<=n; i++)f*=i;

B) f=1;
for(i=1; i<n; i++) f*=i;

C) f=1;
for(i=n; i>1; i++} f*=i;

D) f=1;
for(i=n; i>=2; i--) f*=i;

4. 有以下程序段：

```
#include<stdio.h>
main()
{int i=0,s=0;
  for(;;)
    {
     if(i==3||i==5)continue;
     if(i==6)break;
     i++;
```

```
        s+=i;
    };
  printf("%d\n",s);
  }
```

程序运行后的输出结果是(　　)。

A) 10　　B) 13

C) 21　　D) 程序进入死循环

5. 有以下程序:

```
#include<stdio.h>
main()
{
    int x=0,y=5,z=3;
    while(z-->0&&++x<5)  y=y-1;
    printf("%d,%d,%d\n",x,y,z);
}
```

程序执行后的输出结果是(　　)。

A) 3,2,0　　B) 3,2,-1　　C) 4,3,-1　　D) 5,-2,-5

6. 有以下程序:

```
#include<stdio.h>
main()
{ int n,t=1,s=0;
    scanf("%d",&n);
    do{s=s+t;t=t-2;}
    while(t!=n);
}
```

为使此程序不陷入死循环,从键盘输入的数据应该是(　　)。

A) 任意正奇数　　B) 任意负偶数　　C) 任意正偶数　　D) 任意负奇数

7. 若变量已正确定义,要求程序段完成求5!的计算,不能完成此操作的程序段是(　　)。

A) for(i=1,p=1; i<=5; i++)p *=i;

B) for(i=1; i<=5; i++){p=l; P *=i; }

C) i=l; p=1; while(i<=5){p *=i; i++; }

D) i=1; p=1; do{p *=i; i++; }while(i<=5);

8. 有以下程序:

```
#include<stdio.h>
main()
{
    int i,n=0;
    for(i=2;i<5;i++)
    {
        do{if(i%3) continue;
        n++;
```

```
    }while(!i);
  n++;
  }
  printf("n=%d\n",n);
}
```

程序执行后的输出结果是(　　)。

A）n=5　　B）n=2　　C）n=3　　D）n=4

二、填空题

1. 以下程序的功能是：输出100以内(不含100)能被3整除且个位数为6的所有整数,请填空。

```
#include<stdio.h>
main()
{
  int i,j;
  for(i=0;________;i++)
  {j=i*10+6;
  if(________)continue;
  printf("%d ",j);
  }
}
```

2. 以下程序的功能是计算：s=1+12+123+1234+12345,请填空。

```
#include<stdio.h>
main()
{
  int t=0,s=0,i;
  for(i=1;i<=5;i++)
  {t=i+________;s=s+t;}
  printf("s=%d\n",s);
}
```

三、编程题

1. 求 s=1+2+4+8+…+64 的值。

2. 求 s=1+1/2+1/3+…+1/100 的值。

3. 求 T=1!+2!+3!+…+10! 的值。

4. 编程实现100依次减去1,2,3,…,x,直到其结果第一次变负时,输出相应的x值。

5. 打印出所有的“水仙花数”。所谓“水仙花数”是指一个3位数,其中各位数字的立方和等于该数本身。例如 $153=1^3+5^3+3^3$。

6. 以下面的格式,输出九九乘法表。

```
1*1=1
1*2=2 2*2=4
1*3=3 2*3=6 3*3=9
    ⋮
1*9=9 2*9=18 3*9=27 … 9*9=81
```

7. 打印如下图形。

```
* * * * *
  * * * * *
    * * * * *
      * * * * *
        * * * * *
```

8. 求出前100个素数(第一个素数是2)。

9. 输入10个整数,统计出其中正数、负数和零的个数。

10. 输入一串整数,直到输入为0结束。求出其中正数之和及负数之和。

11. 输入10个学生的成绩,统计出其中成绩在60分以下、60~90分以及90分以上的学生人数。

第6章　函数与编译预处理

教学目标

掌握函数的概念、函数的定义和函数的调用。能够运用模块化思想将问题分解为若干个函数来考虑，从而完成带自定义函数的程序设计。掌握递归思想及算法实现。掌握变量在内存中的存储类型和方式及特性，在应用时，可以根据程序中对变量影响范围的要求，合理地预先规定某些变量的存储类型，以便于在各函数间方便地进行数据交换和传递，实现程序执行的高效率。通过对宏定义、文件包含、条件编译的理解和应用，使用C语言设计的程序源代码更加清晰，体现模块化和结构化，提高程序的可读性和易修改性，实现编程的高效率和通用性。

本章要点

- 函数的概念
- 函数的定义
- 函数的声明、调用和返回
- 函数的递归调用
- 全局变量、局部变量和外部变量及作用范围
- 静态变量、动态变量
- 宏的定义和使用
- 文件包含的意义及使用
- 条件编译指令及使用

6.1　模块化程序设计与函数

在前5章中所出现的程序都只有一个main函数，当开发和维护大型程序时，程序往往很大，用一个main函数编写的程序会很长，不利于多人合作开发大型程序或软件，也不利于程序的阅读和调试。在这种情况下提出了一种好的办法，就是把一个解决大问题的程序，分解成多个解决小问题的小程序块(即模块)，从组成上看，各个功能模块彼此有一定的联系，功能上各自独立，从开发过程上看，不同的模块可以由不同的程序员开发，然后将各模块组合成求解原问题的程序。这就是“自顶向下”的模块化设计方法。由功能模块组成的程序结构如图6-1所示。

在C语言中，用函数实现功能模块的定义，一个文件中可以包含多个函数，每个函数均可完成一定的功能，根据一定的规则调用这些函数，才可组成解决某个特定问题的程序。因此，C语言程序设计符合结构化程序设计的思想。

在结构化程序设计中，主要采用功能分解法进行模块划分。功能分解是一个自顶向下、逐步求精的过程。

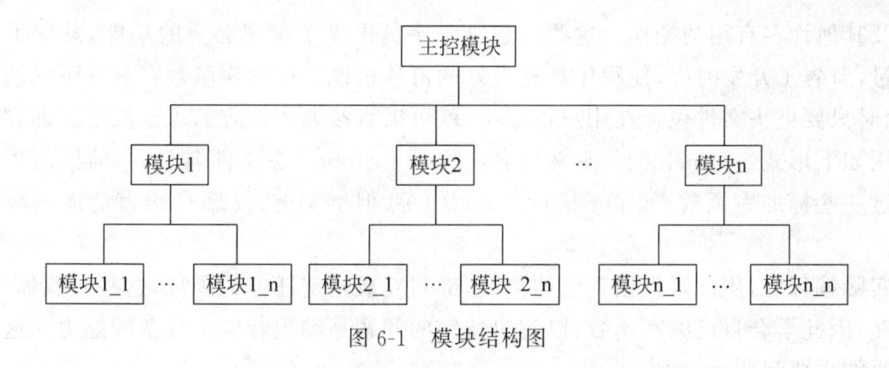

图 6-1 模块结构图

模块划分的基本原则是高聚合、低耦合。具体地说,模块划分应该遵循以下几条主要原则。

1. 模块独立

模块的独立性表现在模块能完成独立的功能,和其他模块间的关系简单,各模块可以单独调试。修改某一模块,不会造成整个程序的混乱。要做到模块的独立性应注意以下几点。

(1) 每个模块完成一个相对独立的特定子功能。若一些模块完成相似的子任务,可以把它们综合起来考虑,找出它们的共性,把它们做成一个完成特定任务的单独模块。

(2) 模块之间的关系力求简单。模块之间最好只通过数据传递发生联系。

(3) 数据的局部化。数据的局部化就是模块内使用的数据也具有独立性。即一个模块内的数据只属于这个模块,不允许其他模块使用,同时也不影响其他模块中的数据。C 语言的局部变量,就是数据局部化的需要。

2. 模块规模适当

模块不能太大,但也不能太小。如果模块的功能复杂,可读性就不好,可以考虑再进行分解。而如果模块太小,也会增加程序的复杂度。对于初学者可能觉得不好理解,我们记住这条原则,在今后的实践中会积累出经验。

3. 分解模块要注意层次

对于一个较复杂的问题,不要直接把它分解成许多模块,而应按层次进行分解,这就是要注意对问题进行抽象化。不要一开始就注意细节,要做到逐步细化求精。

下面来看这样一个例子——设计处理银行的储蓄业务的程序。通过分析,储蓄任务可分解成存款、取款、算利息、查账 4 个模块,这 4 个模块在功能上都是独立的。分别对各模块进行分析,发现它们都有一个核对密码的任务,可以把核对密码设计成一个单独模块,它仅与调用它的模块发生联系,并且联系很简单,只是返回一个密码对或错的逻辑值。如果银行要对密码的核对处理做改动,也只需要改动这一个子模块,不会牵扯到其他模块。而其他模块的改动也不会影响这个子模块。

6.2 函数的定义与调用

C 语言的程序通常是用程序员编写的新函数和 C 标准库中的函数组成的。C 标准库中提供了丰富的函数集,这些函数能够完成常用的数学计算、字符串操作、字符操作、输入/

输出以及其他许多有用的操作。这些函数给程序员提供了很多必要的功能，减少了程序员的工作量，节省了开发时间，使程序具有更好的可移植性。标准库函数存放在不同的头文件中，使用时只要把头文件包含在用户程序中，就可以直接调用相应的库函数了。即在程序开始部分用如下形式：# include <头文件名> 或 # include "头文件名"。在前面的程序中已经使用过一些标准库函数，如 getchar()、sqrt()等，但事实上，仅靠 C 语言的库函数往往是不够的。

在实际编程时，用户可根据自己的需要，编写完成指定任务的函数，这些函数称为"自定义函数"。因此学会自己编写函数，以解决特定的问题是编程者应该具备的能力。这就是本章要解决的主要问题。

函数是 C 语言源程序的基本组成单位。一个 C 程序可由一个主函数和若干个函数构成。由主函数调用其他函数，其他函数之间也可以互相调用。

从用户使用函数的角度来看，函数有两种：①标准库函数；②用户自定义函数。

从函数定义形式的角度来看，函数有两种：①有参函数；②无参函数。

6.2.1 函数的定义

函数的定义就是编写函数的程序以实现函数的功能。下面举一个函数定义及调用的例子。

例 6.1 编写程序，求长方形的面积。

参考程序如下：

```
#include<stdio.h>
main()
{
  float x,y,s;
  float area(float x,float y);                    /*对调用函数的声明*/
  scanf("%f%f",&x,&y);
  s=area(x,y);                                    /*调用函数*/
  printf("The area is:%.2f\n",s);
}
float area(float x,float y)                       /*定义 area()函数*/
{
   float z;
   z=x*y;
   return z;                                      /*返回函数值*/
}
5 8↙
```

运行结果为：

```
The area is:40.00
```

上面的程序由两个函数组成，一个是 main()函数，一个是自定义函数 area()。area()函数有两个参数 x 和 y。area()函数的功能是计算 x 和 y 的乘积，并将其值返回到主函数。通过这个程序可以看出函数定义的形式。

1. 有参函数的定义

有参函数定义的一般形式为：

```
类型名 函数名(形式参数类型说明列表)
{  局部变量说明
   语句序列
}
```

按照函数的定义形式,可以将求两个数中较大者的任务写成以下函数：

```
int max(int a,int b)                    /*函数定义和形式参数类型说明*/
{    int t;                             /*局部变量说明*/
     if(a>b) t=a;                       /*求较大者*/
     else t=b;
     return t;                          /*返回较大者*/
}
```

2. 无参函数的定义

无参函数定义的一般形式为：

```
类型名 函数名( )
{  局部变量说明
   语句序列
}
```

例如：

```
void fun()
{  printf("###"); }
```

由上可知,一个函数分为函数说明和函数体两大部分。

(1) 函数说明。

函数说明部分包括类型名、函数名、参数表及参数类型的说明,即函数定义的第一行。函数说明部分也称为函数的原型。

① 类型名是指函数的类型,用来说明该函数返回值的类型,如果没有返回值,则其类型说明符应为 void,即空类型。例如,例 6.1 中的 area()函数是一个 float 类型的函数,其返回的函数值是一个实数。如果函数的返回值是整型,可以省略,因此也可以说函数类型默认时,其类型为 int 型。

② 函数名必须是一个合法的标识符,与变量的命名规则相同,且不能与其他函数或变量重名。

③ 形式参数是各种类型的变量,形式参数可有可无。如果有,各参数之间用逗号间隔,且形式参数的值是由主调函数在调用时传送过来的,其一般形式为：类型名 参数,类型名 参数,……；如果无,则此函数为无参函数。

(2) 函数体。

函数定义的大括号“{}”中的部分是函数体。函数体一般由两部分组成，一部分是变量定义，用来定义在函数体中使用的变量；另一部分是函数功能的实现，通常由可执行语句构成。

如果函数有返回值，则在函数体中需要使用返回语句 return。return 语句的一般形式是：

```
return(表达式);或 return 表达式;
```

在执行 return 语句时，先计算出表达式的值，再将该值返回给主调函数。如果函数的类型与 return 语句的表达式的类型不一致，则以函数的类型为准，系统将自动进行数据类型转换。

如果没有 return 语句，或 return 语句不带表达式并不表示没有返回值，而是返回一个不确定的值。若不希望有返回值，则必须在定义函数时说明函数类型为 void 型。

6.2.2 函数的调用

定义一个函数，目的是使用，因此只有在程序中调用该函数时才能执行它的功能。C 语言的函数调用遵循先定义、后调用的原则。即只有定义了一个函数后，才可以调用这个函数。如果对某函数的调用出现在该函数定义之前，还必须用说明语句先对函数进行声明，再对函数进行调用。

1. 函数的声明

在调用某一已经定义了的函数时，一般还应在主调函数中对被调用函数进行声明（说明）。函数声明的作用是告知编译程序本函数将要调用某个函数。

用函数的原型进行函数的声明，即函数声明的形式是：

```
类型名　函数名(形式参数类型说明列表);
```

其中，参数类型说明列表中可以省略参数名，但参数类型名和数目必须与定义函数时一致。例如：“float power(float,int);”与“float power(float x,int n);”意义相同，都是对 power()函数进行声明。

对于以下情况，Turbo C 允许省略函数声明：

(1) 函数定义出现在主调函数之前，即定义在先调用在后。

(2) 函数的类型为 int 型。

而在 Visual C++环境下，只有函数定义出现在主调函数之前，才允许省略函数声明。

2. 函数的调用

根据函数有参数和无参数两种不同形式，函数调用也分有参和无参两种。

有参函数调用的一般形式为：

```
函数名(实际参数列表);
```

无参函数调用的一般形式为：

函数名();

根据程序的需要，函数的调用可用一条独立的语句实现，即函数调用语句，也可以在表达式中进行函数的调用。

3. 形参与实参

定义有参函数时，函数名后小括号里的参数称为形式参数，简称形参。形参一般为变量名。调用函数时，函数名后小括号里的参数表达式称为实际参数，简称实参。实参可以是常量也可以是变量或表达式。对于一个具体的函数来说，实参与形参必须一一对应，即个数相同，类型一致。

4. 参数的传递

当主调函数调用被调函数，且被调函数是一个有参数的函数时，其数据传递是通过实际参数和形式参数结合完成的，即主调函数将实参的值传给形参。被调函数运行时，系统根据形式参数的类型为其分配内存单元，并将实际参数传递来的值放入形参内存单元中，调用结束后形参所占内存单元立即被释放。

例 6.2 输入两个数，输出其中较大的数。

参考程序如下：

```
#include<stdio.h>
main()
{   int a,b,c;
    int max(int,int);                       /*对函数 max()的声明*/
    scanf("%d,%d",&a,&b);
    c=max(a,b);                             /*调用函数 max(),a 和 b 已有具体的值*/
    printf("max=%d\n",c);
}
int max(int x,int y)
{   int z;
    if(x>y) z=x;
    else z=y;
    return z;
}
```

例如运行时输入：

2,5↙

输出为：

max=5

当调用 max()函数时，按顺序把实参 a 的值传给形参 x，把实参 b 的值传给形参 y。实参 a 和形参 x，实参 b 和形参 y 之间数据传递情况如图 6-2 所示。

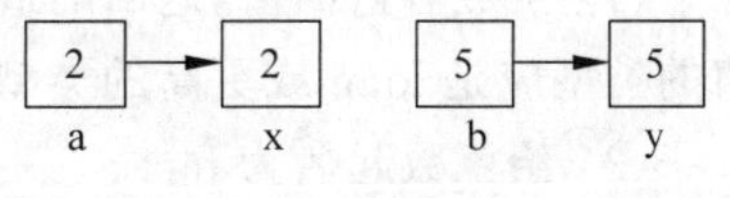

图 6-2 实参与形参之间数据传递

关于形式参数和实际参数说明如下：

(1) 形参是变量，它在函数被调用时才被分配内存。当函数执行完毕返回时，形式参数占用的内存空间便被释放。

(2) 实参可以是变量、常量和表达式，但实参必须有确定的值。

(3) 形参和实参的类型必须一致。

(4) 对应的实参和形参是两个独立实体，因为它们分别占据不同的内存空间，它们之间只有单向的值的传递，即将实参的值传递给形参。若形参的值在函数中被改变了，其改变不会影响到对应的实参。

5. 函数的嵌套调用

C 语言函数定义是独立的、相互平行的，即函数不允许嵌套定义，但允许嵌套调用。若在某函数体中调用了另一个函数，则在该函数被调用的过程中将发生另一次函数调用。这种调用现象称为函数的嵌套调用。

例如：

```
int f1()                              /* 定义函数 f1() */
{
    ...
}
int f2()                              /* 定义函数 f2() */
{
    ...
    f1();                             /* f2()中调用函数 f1() */
    ...
}
main()
{
    ...
    f2();                             /* main()函数中调用函数 f2() */
    ...
}
```

函数的嵌套调用如图 6-3 所示。

在调用一个函数时，其实参又是一个函数调用，也称为函数的嵌套调用。如：max(max(a,b),c)，这里是相同函数的嵌套调用，根据需要也可以是不同函数的嵌套调用。

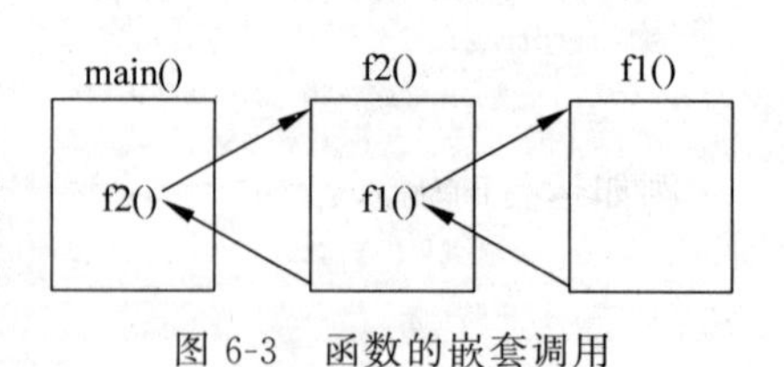

图 6-3　函数的嵌套调用

例 6.3　编写一个函数，求 n!。即 1×2×3×…×n。

分析：

(1) 函数有返回值，返回的值应是求出的 n!，考虑到 n! 会是一个较大的数，因此函数值的类型应是 long 或更高的类型。

(2) 给函数起名为 fact。

(3) 函数需要一个形参,该形参用来接收实参传来的具体的 n 值。

函数定义如下:

```
#include<stdio.h>
long fact(int n)
{   int i;
    long t=1;
    for(i=1;i<=n;i++)
        t=t*i;
    return t;
}
```

可以编写一个 main()函数调用上面的 fact()函数,以验证 fact()函数的正确性。

```
main()
{
    long b;
    b=fact(5);
    printf("5!=%ld\n",b);
}
```

6.3 函数的递归调用

函数在执行过程中直接或间接调用自身,称为函数的递归调用。一个函数在其函数体内直接调用其自身,称为直接递归。一个函数调用其他函数,而其他函数又调用了该函数,这一过程称为间接递归。直接递归和间接递归的形式如下所示。

(1) 直接递归。

```
void a()
{   …
    a();                          /*函数 a()中调用函数 a(),直接递归*/
    …
}
```

(2) 间接递归。

```
void a()
{   …
    b();                          /*函数 a()中调用函数 b()*/
    …
}
void b()
{   …
    a();                          /*函数 b()中调用函数 a(),间接递归*/
    …
}
```

在递归调用中,直接递归调用较为常见。递归在解决某些问题时,是一个十分有用的方法。第一,有的问题本身就是递归定义的;第二,递归可以使某些看起来不易解决的问题变得容易解决和容易描述,使一个蕴含递归关系且结构复杂的程序变得简洁精练,可读性好。

例 6.4 用递归方法计算 n!。

分析：其实 n! 本身就可以用递归的形式进行定义。即

$$n!=\begin{cases}1 & (n=0,1)\\ n(n-1)! & (n>1)\end{cases}$$

要想求 n!，应先求(n－1)!；而求(n－1)!，又需要先求(n－2)!；求(n－2)!，又可以变成求(n－3)!，如此继续，直到最后变成求 1! 的问题，而根据公式有 1!＝1。再反过来依次求出 2!，3!，…，直到最后求出 n!。

设求 n! 的函数为 fact(n)，则函数可采用直接递归的方式求出 n!。

参考程序如下：

```
#include<stdio.h>
long fact(int n)                              /*定义函数fact(),求n!*/
{
    if(n==0||n==1)
        return 1;
    else
        return n*fact(n-1);                   /*递归调用,求(n-1)!*/
}
main()
{   int n;
    long m;
    scanf("%d",&n);
    m=fact(n);                                /*调用fact(n)求n!*/
    printf("%d!=%ld\n",n,m);
}
```

程序运行时如果输入：

3↙

程序运行结果为：

3!＝6

程序运行过程分析：主函数中语句 m＝fact(n)；引起第 1 次对函数 fact()的调用。进入函数后，因形参 n＝3，应执行计算表达式：

3*fact(2)

为了计算 fact(2)，又引起对函数 fact()的第 2 次调用（递归调用），重新进入函数 fact()，形参 n＝2，应执行计算表达式：

2*fact(1)

为了计算 fact(1)，第 3 次调用函数 fact()，再次进入函数 fact()，形参 n＝1，此时执行：return 1，返回到调用处（即回到第 2 次调用层）。

计算 2*fact(1)＝2*1＝2，完成第 2 次调用，return 2，返回到第 1 次调用层。

计算 3*fact(2)＝3*2＝6，完成第 1 次调用，return 6，返回到主程序。

求 fact(3)的递归调用及返回的过程如图 6-4 所示。

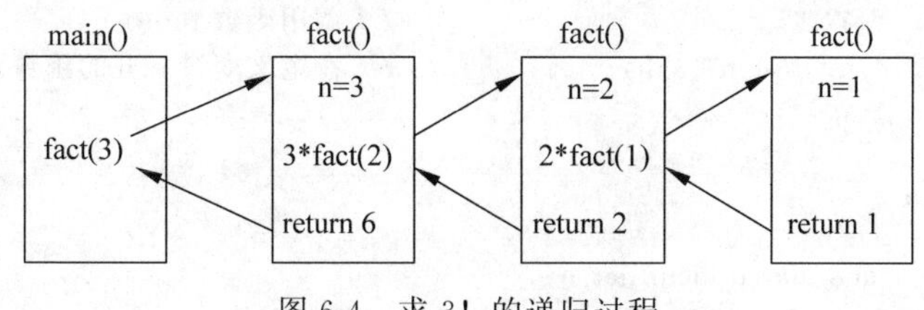

图 6-4 求 3! 的递归过程

从求 n! 的递归程序中可以看出,递归定义有两个要素:

(1) 递归边界条件。也就是所描述问题的最简单情况,它本身不再使用递归的定义,即程序必须终止。如例 6.4,当 n=1 时,fact(n)=1。

(2) 递归定义使问题向边界条件转化的规则。递归定义必须能使问题越来越简单,即参数越来越小。如例 6.4 中,n! 由(n-1)! 定义,越来越靠近 1,即越来越靠近边界条件。

6.4 变量作用域与存储方式

实际上,C 语言定义变量时给出了变量的三方面信息:变量存储类别、变量类型和变量名。变量类型我们已熟悉,变量存储类别似乎比较陌生,这是因为前面章节中变量的存储类别都为默认,系统根据上下文自动确认其默认值。C 语言中,变量的存储类型共有 4 种:自动型(auto)、外部型(extern)、静态型 (static)和寄存器型(register),而正是因为变量的存储类别决定了变量的作用域和生命期。

C 语言中变量的定义有 3 个基本位置:函数内部的声明部分、复合语句中的声明部分、所有函数的外部。变量定义的位置不同,作用域也不同,即变量的有效范围不同。按变量的作用域范围可分为两种,即局部变量和全局变量。

众所周知,国家有统一的法律和法令,各省还可以根据需要制定地方的法律和法令。在甲省,国家统一的法律法令和甲省的法律法令都是有效的,在乙省,则国家统一的法律法令和乙省的法律法令也是有效的。而甲省的法律法令在乙省是无效的。甲省或乙省的法律法令就相当于局部变量,国家统一的法律法令就相当于全局变量。

6.4.1 局部变量

局部变量是在函数内定义的变量。其作用域仅限于函数内,在函数内才能引用它们。在作用域以外,使用它们是非法的。

例如:

```
#include<stdio.h>
void fun()
{
    printf("a=%d\n",a);                    /*引用 main()中的变量 a,是非法的*/
    printf("b=%d\n",b);                    /*引用 main()中的变量 b,也是非法的*/
}
main()
{   int a=1,b=2;                           /*定义 main()的局部变量 a,b*/
```

```
    fun();                                 /* 调用函数 fun() */
    printf("a=%d,b=%d\n",a,b);             /* 在定义变量 a,b 的函数内引用 a,b,合法 */
}
```

编译提示出错：

```
error C2065: 'a' : undeclared identifier
error C2065: 'b' : undeclared identifier
```

说明 main()中定义的 a 和 b 在 fun()中不能使用。

由于局部变量只在定义它的函数中有效，因此在不同的函数中局部变量可以同名。

例如：

```
#include<stdio.h>
void fun()
{   int a=3,b=4;                           /* 定义 fun()的局部变量 a,b */
    printf("a=%d,b=%d\n",a,b);             /* 输出 fun()中的 a 和 b */
}
main()
{   int a=1,b=2;                           /* 定义 main()的局部变量 a,b */
    fun();                                 /* 调用函数 fun() */
    printf("a=%d,b=%d\n",a,b);             /* 输出 main()中的 a 和 b */
}
```

输出结果为：

```
a=3,b=4
a=1,b=2
```

在函数 main()和 fun()中都定义了变量 a 和 b，但它们代表不同的内存空间，是相互独立的，main()中 a、b 的值不会因为 fun()的调用而改变。

对于局部变量有以下几点说明：

(1) 主函数的变量只能用于主函数中，不能在其他函数中使用。同时，主函数中也不能使用其他函数中定义的变量。因为主函数也是一个函数，它与其他函数是平行关系。这一点是与其他语言不同的，应予以注意。

(2) 局部变量可以同名。也就是说，允许在不同的函数中使用相同的变量名，它们代表不同的对象，分配不同的单元，互不干扰，也不会发生混淆。形式参数和实际参数的变量同名也是允许的。

(3) 形式参数与实际参数范围不同，形式参数变量是属于被调函数的局部变量，实际参数变量是属于主调函数的局部变量。

(4) 在一个函数内部，可以在复合语句内定义变量，这些变量只在本复合语句内有效。

6.4.2 全局变量

全局变量又称外部变量，是定义在函数之外的变量，它的作用域是从定义它的位置开始，到它所在文件的结束。即从它定义之处起，它可以在本文件其后面的所有函数中使用。

例如：

```
#include<stdio.h>
int a,b;                                    /*定义全局变量a,b*/
void f1()
{   int c;                                  /*定义f1()的局部变量c*/
    c=a*b;                                  /*使用全局变量在main()中赋的值*/
    a=b;                                    /*改变全局变量a的值*/
    b=c;                                    /*改变全局变量b的值*/
    printf("c=%d\n",c);                     /*输出f1()中的变量c*/
}
main()
{   a=3;b=4;                                /*给全局变量a,b赋值*/
    f1();                                   /*调用函数f1()*/
    printf("a=%d,b=%d\n",a,b);              /*输出全局变量a和b*/
}
```

输出结果为：

```
c=12
a=4,b=12                                    /*fl()对全局变量a,b的操作影响保留下来了*/
```

对于全局变量有以下几点说明：

(1) 全局变量的定义：全局变量就是外部变量，只能定义一次，定义的位置在所有函数之外，系统根据全局变量的定义分配存储单元。对全局变量的初始化只能在定义时进行。

完整的定义形式是：

```
extern 类型说明符 变量名,变量名…
```

这里extern可以省略。例如：

```
int a,b;
```

等效于

```
extern int a,b;
```

(2) 全局变量的声明：从全局变量声明与外部变量声明来看，两者也是相同的。外部变量的说明用于说明该变量是一个已在外部定义过的变量，现要在本函数中使用这个变量。

C语言中，用extern声明一个外部变量的格式如下：

```
extern 类型说明符 外部变量名;
```

① 在一个文件内声明外部变量。

在定义点之后的函数引用外部变量，可以不用声明，直接引用；在定义点之前的函数想引用外部变量，应该在引用之前用关键字extern对该变量做声明，表示该变量是一个已经定义的外部变量。有了此声明，才可以合法地使用该外部变量。全局变量定义只能有一次，全局变量声明可以在多个函数中出现。因此，只有在考虑变量的作用域时，才区分全局变量与外部变量。

例 6.5 全局变量的定义和声明。

```
#include<stdio.h>
int a;                                  /*定义全局变量 a*/
int fun(int x,int y)                    /*定义函数 fun(),x、y 是形参,局部变量*/
{   extern int c;                       /*外部变量声明*/
    int d;
    d=x*y*c;
    return d;
}
main()
{   extern int b;                       /*外部变量声明*/
    a=2;
    printf("%d\n",fun(a,b));
}
int b=3,c=4;                            /*定义全局变量 b,c*/
```

本例程序中，全局变量 b、c 在最后定义，因此在前面函数中要使用变量 b 和 c 必须进行声明。程序的运行结果为：24

② 在多个文件的程序中声明外部变量。

一个 C 程序可以由一个或多个源程序文件组成。如果一个程序包含两个文件，在两个文件中都要使用同一个外部变量，此时不能在两个文件中各自定义相同名称的外部变量，否则就会出错。正确的做法是：在其中一个文件中定义一个外部变量，而在另一个文件中用 extern 进行声明。

例如：假如文件 file1.c 中定义了全局变量"int a;"，如果在另一个文件 file2.c 的函数 fun1()中，需要使用这个 a 变量，则应做如下处理：

```
fun1()
{   extern int a;
    …
}
```

这里，"extern int a;"是外部变量声明。这样，通过外部变量声明，全局变量 a 的作用域便扩展到文件 file2.c 的 fun1()中。需要注意的是，对外部变量的声明只是扩展该变量的作用域而不再为该变量分配内存。如果外部变量声明写在文件的头部，就可在该文件的任何函数内对该变量进行操作。

```
extern int a;
fun1()
{   a=1;…}
fun2()
{   a++;…}
```

在 fun1()和 fun2()中都引用了外部变量 a。

(3) 同一源文件中，允许全局变量和局部变量同名。在局部变量的作用域内全局变量不起作用(程序对变量的引用遵守最小作用域原则)。

例 6.6 写出下列程序的运行结果。

```
#include<stdio.h>
int d=1;                                /*定义全局变量d*/
void fun(int p)                         /*p是形参,局部变量*/
{   int d=5;                            /*定义局部变量d*/
    d+=p++;
    printf("%d\n",d);
}
main()
{   int a=3;
    fun(a);
    d+=a++;
    printf("%d\n",d);
}
```

程序的运行结果为:

```
8
4
```

(4) 由于全局变量可在多个函数中使用,因而降低了函数的独立性。从模块化程序设计的观点来看这是不利的,因此尽量不要使用全局变量。

6.4.3 动态存储与静态存储

从变量的生存周期来分,可以将数据的存储类别分为静态存储方式和动态存储方式。

当定义了一个变量以后,C编译系统就要根据该变量的类型分配相应字节的存储单元,用来存放该变量的值。计算机中的寄存器和内存单元都可以存放数据,而内存中用来存放数据的数据区又分为静态存储和动态存储。

(1) 静态存储变量通常是在变量定义时就分配存储单元并一直保持不变,直至整个程序结束。前面介绍的全局变量属于此类存储方式。

(2) 动态存储变量是在程序执行过程中,使用它时才分配存储单元,使用完毕立即释放。典型的例子是函数的形式参数,在函数定义时并不给形参分配存储单元,只是在函数被调用时,才予以分配,函数调用完毕立即释放。如果一个函数被多次调用,则会多次分配、多次释放形参变量的存储单元。

从以上分析可知,静态存储变量是一直存在的,而动态存储变量则时而存在时而消失。

因此,在定义变量时,用户应根据变量在程序中的作用考虑变量的数据类型、变量的存储类别等属性。

变量定义的一般形式为:

存储类型　数据类型 变量名,变量名…

在C语言中,对变量的存储类型说明有以下4种:

(1) auto(自动的)。

(2) register(寄存器的)。

（3）static(静态的)。

（4）extern(外部的)。

6.4.4 自动变量

自动变量的存储类别说明符为auto。自动变量是动态存储方式。自动变量是C语言程序中使用最广泛的一种存储类别。

C语言规定,函数内凡未加存储类别说明的变量均视为自动变量,也就是说自动变量可省去说明符auto。在前面各章的程序中所定义的变量都是自动变量。

例如:

```
{    int a,b;
     char c;
     …
}
```

等价于

```
{    auto int a,b;
     auto char c;
     …
}
```

自动变量具有以下特点:

(1)自动变量的作用域仅限于定义该变量的结构内。在函数中定义的自动变量只在该函数内有效。在复合语句中定义的自动变量只在该复合语句中有效。

例如:

```
int fun(int x,int y)
{
     auto int a;
     {auto char c;
         …                                        /*c的作用域*/
     }
     …                                            /*a,x,y的作用域*/
}
```

(2)自动变量属于动态存储方式,只有定义该变量的函数被调用时才给它分配存储单元,开始它的生存期。函数调用结束,释放存储单元,结束生存期。因此函数调用结束之后,自动变量的值不能保留。在复合语句中定义的自动变量,在退出复合语句后也不能再使用,否则将引起错误。例如,以下程序就会出现此类错误。

```
#include<stdio.h>
main()
{    auto int a=1,b;
     if(a>0)
     {    auto int c;                             /*在复合语句内定义变量c*/
          c=a;
```

```
        b=c*a;
    }
    printf("c=%d b=%d\n",c,b);          /*在复合语句外引用c,是非法的*/
}
```

c是在复合语句内定义的自动变量,只在该复合语句内有效。而程序却在退出复合语句之后用printf()函数输出c、b的值,这显然会引起错误。

(3) 由于自动变量的作用域和生存期都局限于定义它的个体内(函数或复合语句内),因此不同的个体中允许使用同名的变量而不会混淆。即使在函数内定义的自动变量也可与该函数内部的复合语句中定义的自动变量同名。例如下列程序。

```
#include<stdio.h>
main()
{   auto int a=5,b=2;
    if(a>b)
    {   auto int b;
        b=a*a;                          /*引用main()中a的值*/
        printf("b=%d\n",b);             /*输出的是复合语句中b的值*/
    }
    printf("a=%d b=%d\n",a,b);          /*输出的是main()中a,b的值*/
}
```

运行情况:

```
b=25
a=5 b=2
```

本程序在main()函数中和复合语句内两次定义了变量b。按照C语言的规定,在复合语句内,应由复合语句中定义的b起作用,故b的值应为a*a。退出复合语句后的b应为main()函数所定义的b,其值在初始化时给定,值为2。从输出结果可以分析出两个b变量虽然变量名相同,但却是两个不同的变量。

6.4.5 寄存器变量

前面介绍的变量都是内存变量。它们都是由编译程序在内存中分配单元。静态变量被分配在内存的静态存储区,动态变量被分配在内存的动态存储区。C语言还允许程序员使用CPU中的寄存器存放数据,即可以通过变量访问寄存器。这种变量的值存放在CPU的寄存器中,使用时,不需要访问内存,而直接从寄存器中读写,从而提高了效率。寄存器变量用关键字register定义。

```
register int d;
register char c;
```

对于反复使用的变量均可定义为寄存器变量。寄存器是CPU中的一个很小的临时存储器,其存取速度比主存快。寄存器变量只限于整型、字符型和指针型的局部变量。寄存器变量是动态变量,而且数目有限,一般仅允许说明两个寄存器变量。

例 6.7 编写程序计算 s=1+2+3+4+…+100。

```
#include<stdio.h>
main()
{    register int i,s=0;
     for(i=1;i<=100;i++)
          s+=i;
     printf("s=%d\n",s);
}
```

运行结果为：

```
s=5050
```

6.4.6 静态变量

静态变量的存储单元被分配在内存的静态存储区中，属于静态存储方式，但是属于静态存储方式的变量不一定就是静态变量。例如外部变量虽属于静态存储方式，但不一定是静态变量。

静态变量的存储类别说明符是 static。定义静态变量的一般形式为：

```
static 类型名 变量名,变量名…
```

局部变量和全局变量都可以说明为 static 类型。

1. 局部静态变量

在局部变量的类型说明前加上 static 说明符就可以构成局部静态变量。局部静态变量的生存期与全局变量相同，作用域与局部变量相同。

例如：

```
{   static int a, b;
    static float x;
    …
}
```

局部静态变量属于静态存储方式，它具有以下特点：

(1) 局部静态变量在函数内定义，但它的生存期为整个程序的运行期间。也就是说，局部静态变量的作用域虽在函数内，但它的值在整个程序运行期间一直保持，直到程序运行结束。

(2) 局部静态变量的生存期虽然为整个程序过程，但其作用域仍与自动变量相同，即只能在定义该变量的函数内使用该变量。退出该函数后，尽管该变量的值还继续存在，但不能使用它。

(3) 对于局部自动变量来说，如果定义时不赋初值则其值是一个不确定的值。而对于局部静态变量来说，若在定义时不赋初值，编译时系统自动赋初值 0(对数值型变量)或空字符(对于字符型变量)。

(4) 对局部静态变量是在编译时赋初值的,即只赋初值一次,那么在程序运行时它已有初值。以后每次调用函数时不再重新赋初值而只是保留上次函数调用结束时的值。因此,当多次调用一个函数且要求在调用之间保留某些变量的值时,可将这些变量定义成局部静态变量。而对自动变量赋初值,不是在编译时进行的,而是在函数调用时进行,每调用一次函数重新赋一次初值,相当于执行一次赋值语句。

例 6.8 运行下列程序。

程序一:

```
#include<stdio.h>
void f(int a)                                    /*函数定义*/
{    int j=0;
     ++j;
     j=a+j;
     printf("%d\n",j);
}
main()
{    int i;
     for(i=1;i<=3;i++)
          f(i);                                  /*函数调用*/
}
```

运行结果为:

```
2
3
4
```

程序二:

```
#include<stdio.h>
void f(int a)
{    static int j=0;
     ++j;
     j=a+j;
     printf("%d\n",j);
}
main()
{    int i;
     for(i=1;i<=3;i++)
          f(i);
}
```

运行结果为:

```
2
5
9
```

请读者分析程序的运行结果。

2. 全局静态变量

在全局变量的类型说明之前加上 static,就构成了全局静态变量。全局变量本身就是静态存储方式,全局静态变量当然也是静态存储方式。这两者的区别在于作用域的扩展上。非静态全局变量的作用域可以扩展到构成该程序的其他源程序文件中,而全局静态变量的作用域则限制在定义它的源文件内,只能为该源文件内的函数公用。因此,若不希望其他源文件引用本文件中定义的全局变量,可在定义全局变量时加上 static。

例如,在 file1.c 中定义了全局静态变量:

```
static int a;
```

在 file2.c 中就不能进行下面的外部变量说明:

```
extern int a;
```

从以上分析可以看出,把局部变量改变为局部静态变量后是改变了它的存储方式,改变了它的生存期。把全局变量改变为全局静态变量后是限制了它的作用域。因此 static 说明符在不同的地方所起的作用是不同的。

外部变量(extern) 的定义、声明及使用前面已经叙述过。

6.5 内部函数和外部函数

函数本质上是全局的,因为一个函数要被另外的函数调用,但是,也可以指定函数不能被其他源文件调用。

6.5.1 内部函数

如果一个函数只能被本文件中其他函数所调用,称为内部函数。在定义内部函数时,在函数类型的前面加 static。即

```
static 类型标识符 函数名(形参表)
```

例如:

```
static int fun(int x,int y)
```

在不同的文件中可以有同名的内部函数,互不干扰。

6.5.2 外部函数

外部函数就是允许其他文件调用的函数。在定义函数时,如果在函数类型的前面加 extern,则表示此函数是外部函数。即

```
extern 类型标识符 函数名(形参表)
```

C 语言规定,如果在定义函数时省略 extern,则隐含为外部函数。本书前面所用的函数

都是外部函数。

6.6 编译预处理

C语言中的编译预处理扩充了C语言的功能。编译预处理包括宏定义、文件包含、条件编译等。在C语言程序中，用以“#”开头的行作为与编译预处理通信的标志。合理地使用预处理功能，可使编写的程序便于阅读、修改、移植和调试，也有利于模块化程序设计。

6.6.1 宏定义

宏定义又称宏替换，是用一个标识符来表示一个字符串，标识符称为“宏名”。在编译预处理时，对程序中所有出现的“宏名”，都用宏定义中的字符串去代换，这称为“宏代换”。在C语言中，“宏”分为有参数和无参数两种。

1. 不带参数的宏定义

不带参数的宏定义的一般形式为：

```
#define 标识符  字符串
```

“#”表示这是一条预处理命令，“define”为宏定义命令，“标识符”为所定义的宏名。“字符串”可以是常数、表达式、格式串等。符号常量的定义就是一种不带参数的宏定义。对程序中多处使用的表达式进行宏定义，将给程序书写带来很大的方便。例如：

```
#define L (x*x+2*x*y+y*y)
```

在编写源程序时，所有的(x*x+2*x*y+y*y)都可由L代替，对源程序做编译时，将先由预处理程序进行宏代换，即用表达式(x*x+2*x*y+y*y)置换所有的宏名L，然后再进行编译。

为了与程序中的变量相区分，宏名一般用大写字母表示。

对于宏定义的几点说明：

(1) 宏定义是用宏名来表示一个字符串，在宏代换时以该字符串取代宏名，只是一种简单的代换。

(2) 宏定义不是类型说明或语句，在行末不加分号。

(3) 宏定义必须写在函数之外，其作用域为从宏定义命令起到源程序结束。

如要终止宏定义的作用域可使用#undef命令，例如：

```
#define PI 3.14159
main()
{
...
}
#undef PI                                    /*终止PI的作用域*/
f1()
{
```

```
    ...
}
```

表示 PI 只在 main()函数中有效，在 f1()中无效。

（4）程序中出现的用引号括起来的宏名，预处理程序不对其做宏代换。例如：

```
#include<stdio.h>
#define BOOK 50
main()
{    printf("BOOK");
}
```

程序的运行结果是输出“BOOK”这个字符串，而不是 50。

（5）已经定义的宏名可以出现在后续宏定义的字符串中，即宏定义允许嵌套。在宏展开时由预处理程序层层代换。例如：

```
#define PI 3.14159
#define S PI*r*r
```

对“printf("%f",S);”做宏代换，变为“printf("%f",3.14159*r*r);”。

2. 带参数的宏定义

带参数的宏定义的一般形式为：

```
#define 宏名(形参表) 字符串
```

对带参数的宏，在调用时，不仅要宏展开，而且要用实参代换形参。

带参数宏调用的一般形式为：

```
宏名(实参表);
```

请看下面的程序：

```
#include<stdio.h>
#define MAX(x,y) x>y?x:y
main()
{    int a,b,max;
     scanf("%d%d",&a,&b);
     max=MAX(a,b);
     printf("max=%d\n",max);
}
```

语句“max=MAX(a,b);”为宏调用，实参 a、b 将代换形参 x、y。宏展开后该语句为：

```
max=a>b?a:b;
```

对于带参数的宏定义有以下几点需要说明：

（1）宏定义中，宏名和形参表之间不能有空格出现。否则系统认为是一个不带参数的宏定义，并把形参表理解为是字符串的一部分。

（2）带参数宏定义中的形式参数不同于函数中的形参，在宏调用时只是用实参的符号代换形参，即只是符号代换，不存在值传递的问题。

(3) 宏定义中的形参是标识符,宏调用中的实参可以是表达式。

(4) 对宏定义中字符串里的形参最好用括号括起来,以避免代换时出错。例如:

```
#include< stdio.h>
#define SQR(y) (y) * (y)
main()
{    int i;
     for(i=1;i<=3;i++)
          printf("%5d\n",SQR(i+1));
}
```

运行结果为:

```
 4
 9
16
```

若将上例宏定义中的字符串"(y) * (y)"改为"y * y",即去掉形参两端的括号,程序的运行结果将变为:

```
3
5
7
```

请读者分析程序的运行结果。

(5) 带参数的宏定义可由函数来实现。由于程序中每使用一次宏调用都要进行一次代换操作,所以,如果在程序中多次使用宏,程序的目标代码可能比使用函数要长一些。一般用宏表示一些简单的表达式。

6.6.2 文件包含

文件包含是C预处理程序的另一个重要功能。所谓"文件包含"是指一个源文件可以将另外一个源文件的全部内容包含进来,即将另外的文件包含到本文件之中。文件包含命令的一般形式为:

```
#include"文件名"
```

或

```
#include <文件名>
```

在程序设计中,许多公用的符号常量或宏定义等可单独组成一个文件,在其他文件的开头用包含命令包含该文件即可使用。这样,可避免在每个文件开头都去书写那些公用量,从而节省时间,并减少出错。

命令中的文件名可以用双引号括起来,也可以用尖括号括起来。但是这两种形式是有区别的:若用双引号,则系统先在使用此命令的文件所在的目录中查找,若找不到,再按系统指定的标准方式在其他目录中寻找;而用尖括号则仅查找按系统指定的标准方式指定的目录。

一个include命令只能指定一个被包含文件，若有多个文件要包含，则需要用多个include命令。

文件包含允许嵌套，即在一个被包含的文件中又可以包含另一个文件。

6.6.3 条件编译

一般情况下，源程序中所有的行都参加编译。但有时希望对其中一部分内容只在满足一定条件时才进行编译，这就是"条件编译"。预处理程序提供了条件编译的功能。

条件编译有以下3种形式。

1. 第一种形式

```
#ifdef 标识符
程序段1
[#else
程序段2]
#endif
```

它的功能是：如果标识符已被#define命令定义过，则对程序段1进行编译；否则若有#else部分的话，则对程序段2进行编译。

例如，在调试程序时，常常希望输出一些所需的信息，而在调试完成后不再输出这些信息，可在源程序中插入以下的条件编译段：

```
#ifdef DEBUG
    printf("x=%d,y=%d,z=%d\n",x,y,z);
#endif
```

若在它前面有#define　DEBUG，则在程序运行时输出x,y,z的值，调试完成后只需将这个#define删除即可。

2. 第二种形式

```
#ifndef 标识符
程序段1
[#else
程序段2]
#endif
```

第二种将"ifdef"改为"ifndef"，与第一种形式的功能正相反：如果标识符未被#define命令定义过，则对程序段1进行编译；否则若有#else部分的话，则对程序段2进行编译。

3. 第三种形式

```
#if 常量表达式
程序段1
[#else
程序段2]
#endif
```

这种形式的条件编译的功能是：如果常量表达式的值为真（非0），则对程序段1进行编译；否则若有# else部分的话，则对程序段2进行编译。

6.7 程序举例

前面已经介绍过，解决复杂问题的程序是由许多功能模块组成的，功能模块又由多个函数实现。因此设计函数是编写C程序最基本的工作。在本节中，通过举例，介绍函数的功能确定和函数的接口设计。

例6.9 计算 $s=1^k+2^k+3^k+\cdots+n^k(0\leqslant k\leqslant 5)$。

分析：为了便于计算s，可以定义两个函数p (int i,int k)和f(int n,int k)。p(int i,int k)用来计算 i^k。f(int n,int k)用来计算 $1^k+2^k+3^k+\cdots+n^k$。

程序如下：

```
#include<stdio.h>
long p(int i,int k)                     /*定义函数,用于计算ik */
{   long t=1;int j;
    for(j=1;j<=k;j++)
        t*=i;                           /*将k个i值累乘到t中*/
    return t;
}
long f(int n,int k)                     /*定义函数,用于计算1~n的k次方之累加和*/
{   long s=0;int i;
    for(i=1;i<=n;i++)
        s+=p(i,k);
    return s;
}
main()
{   int n,k;
    printf("input n k:");
    scanf("%d%d",&n,&k);
    printf("%ld\n",f(n,k));
}
```

程序运行输入：

3 3↙

输出结果：

36

例6.10 输入一个正整数，要求以相反的顺序输出该数。用递归方法实现。

尽管本例中要处理的是“数”，但仍然可以按照非数值问题进行分析，并建立相应的递归算法。首先进行例题分析：

第1步：先将问题进行简化。假设要输出的正整数只有一位，则该问题就简化为“反向”输出一位正整数。对一位整数实际上无所谓“正”与“反”，问题简化为输出一位整数。这样简化后的问题可以很容易实现。

第 2 步：对于一个大于等于 10 的正整数，在逻辑上可以将它分为两部分：个位上数字和个位以前的全部数字。

第 3 步：将个位以前的全部数字看成一个整体，则为了反向输出这个大于等于 10 的正整数，可以按如下步骤进行操作：

（1）输出个位上数字；

（2）反向输出个位以前的全部数字。

这就是将原来的问题分解后，用较小的问题来解决原来大问题的算法。其中操作(2)中的问题"反向输出个位以前的全部数字"只是对原问题在规模上进行了缩小。这样描述的操作步骤实际上就是一个递归操作步骤。

整理上述分析结果，把第 1 步化简问题的条件作为递归结束条件，将第 3 步分析得到的算法作为递归算法，可以写出如下完整的递归算法描述。

若要输出的整数只有一位，则输出该数。否则输出该整数的个位数字，反向输出个位以前的全部数字，结束。

注意：本题中的分析思路具有广泛的适用性，可以有效地针对一般的非数值问题找到简单的递归算法。

按照上面的递归算法可以编写如下程序：

```
#include<stdio.h>
main()
{    int num;
     void printn(int);
     printf("Enter number:");
     scanf("%d",&num);
     printn(num);
     printf("\n");
}
void printn(int n)                      /*反向输出整数 n*/
{    if(n>=0&&n<=9)                     /*若 n 为一位整数*/
         printf("%d",n);                /*输出整数 n*/
     else
         {   printf("%d",n%10);         /*输出 n 的个位数字*/
             printn(n/10);              /*递归调用，反向输出个位以前的全部数字*/
         }
}
```

本章小结

1. C 程序是由函数构成的，C 语言虽然提供了丰富的库函数给编程者使用，但对于具体的问题常常还无法得到满足，因此学会自己定义函数对 C 程序设计来说是重要的。在自己定义函数时，首先应明确要定义的函数完成什么功能，接下来主要应考虑以下几个方面：

(1) 函数是否需要返回一个值，如果需要，该返回值应该是什么类型的；如果函数不需要返回一个值，则应将函数的类型定义为 void 类型。

(2) 给函数起一个适当的名字。

(3) 函数是否需要形参，需要几个形参，每个形参应是什么类型的。

(4) 按照函数应完成的功能，编写函数体部分。函数如果有参数，应考虑在函数体中如何使用该参数。

2. 函数定义的一般形式为：

```
函数类型 函数名(形式参数列表)
{
变量说明部分
执行部分
}
```

3. 函数的声明：

```
函数类型说明符   被调函数名(参数类型 1,参数类型 2,…);
函数类型说明符   被调函数名(参数类型 1   形参 1,参数类型 2   形参 2…);
```

4. 函数的实参、形参是函数间传递数据的通道，两者应类型一致，个数相同。在函数中调用另一个函数时，实参的值传递到形参中，实现了参数的传递。

5. 变量的存储类别有 4 种：自动型(auto)、静态型(static)、寄存器型(register)和外部型(extern)，变量的存储类别决定了其作用域和生存期。变量未说明存储类别时，则默认为自动型。

6. 局部变量又称内部变量，其作用域限制在所定义的函数中。局部自动变量是用得最多的一种变量。静态局部变量具有一定的特殊性，它在程序运行的整个过程中都占用内存单元，但只在定义它的函数中才可以被使用，函数调用结束后，该变量虽然仍在内存中，但是不可以被使用，即它的作用域和生存期不一致。

7. 全局变量的作用域是从全局变量定义到该源文件结束。通过用 extern 做引用说明，全局变量的作用域可以扩大到整个程序的所有文件，但全局变量增加了程序的不稳定性。

8. 内部函数与外部函数。

9. 预处理命令是在源程序正式编译之前要处理的命令。

10. 不带参数宏定义的格式是：

```
#define 宏名 字符串
```

带参数宏定义的格式是：

```
#define 宏名(参数列表) 字符串
```

11. 文件包含预处理的格式是：

```
#include"文件名"
#include<文件名>
```

习　题

一、选择题

1. 以下叙述中错误的是(　　)。

A) C程序必须由一个或一个以上的函数组成

B) 函数调用可以作为一个独立的语句存在

C) 若函数有返回值,必须通过 return 语句返回

D) 函数形参的值也可以传回给对应的实参

2. 有以下程序:

```
#include<stdio.h>
int fun1(double a)
{
  return a*=a;
}
int fun2(double x,double y)
{
  double a=0,b=0;
  a=fun1(x);b=fun1(y); return(int)(a+b);
}
main()
{
  double w;
  w=fun2(1.1,2.0);
  printf("%.1f\n",w);
}
```

程序执行后变量 w 中的值是(　　)。

A) 5.21　　B) 5　　C) 5.0　　D) 0.0

3. 以下关于函数的叙述中正确的是(　　)。

A) 每个函数都可以被其他函数调用(包括 main 函数)

B) 每个函数都可以被单独编译

C) 每个函数都可以单独运行

D) 在一个函数内部可以定义另一个函数

4. 设函数 fun 的定义形式为:

```
void fun(char ch,float x){…}
```

则以下对函数 fun 的调用语句中,正确的是(　　)。

A) fun('abc',2.0);　　B) t=fun('D',16.2);

C) fun('65',2.1);　　D) fun(32,32) ;

5. 在函数调用过程中，如果函数 fun A 调用了函数 fun B，函数 fun B 又调用了函数 fun A，则(　　)。

A) 称为函数的直接递归调用　　B) 称为函数的间接递归调用

C) 称为函数的循环调用　　D) C 语言中不允许这样的递归调用

6. 有以下程序：

```
#include<stdio.h>
void f(int v,int w)
{
  int t;
  t=v;v=w;w=t;
}
main()
{int x=1,y=3,z=2;
  if(x>y)f(x,y);
   else if(y>z)f(y,z);
     else f(x,z);
  printf("%d,%d,%d\n",x,y,z);
}
```

执行后输出结果是(　　)。

A) 1,2,3　　B) 3,1,2　　C) 1,3,2　　D) 2,3,1

7. 有以下程序：

```
#include<stdio.h>
char fun(char x,char y)
{
  if(x<y)return x;
  return y;
}
main()
{
  int a='9',b='8',c='7';
  printf("%c\n",fun(fun(a,b),fun(b,c)));
}
```

程序的执行结果是(　　)。

A) 函数调用出错　　B) 8　　C) 9　　D) 7

8. 若程序中定义了以下函数：

```
double myadd(double a,double b)
{return(a+b);}
```

并将其放在调用语句之后，则在调用之前应该对该函数进行说明，以下选项中错误的说明是(　　)。

A) double myadd(double a,b);　　B) double myadd(double,double);

C) double myadd(double b,double a);　　D) double myadd(double x,double y);

9. 以下叙述中正确的是（　　）。

A）局部变量说明为 static 存储类，其生存期将得到延长

B）全局变量说明为 static 存储类，其作用域将被扩大

C）任何存储类的变量在未赋初值时，其值都是不确定的

D）形参可以使用的存储类说明符与局部变量完全相同

10. 以下叙述中正确的是（　　）。

A）预处理命令行必须位于C源程序的起始位置

B）在C语言中，预处理命令行都以“#”开头

C）每个C程序必须在开头包含预处理命令行：#include<stdio.h>

D）C语言的预处理不能实现宏定义和条件编译的功能

11. 以下叙述中正确的是（　　）。

A）预处理命令行必须位于源文件的开头

B）在源文件的一行上可以有多条预处理命令

C）宏名必须用大写字母表示

D）宏替换不占用程序的运行时间

12. 有以下程序：

```
#include<stdio.h>
#define f(x) (x*x)
main()
{
  int i1,i2;
  i1=f(8)/f(4);
  i2=f(4+4)/f(2+2);
  printf("%d,%d\n",i1,i2);
}
```

程序运行后的输出结果是（　　）。

A）64,28　　B）4,4　　C）4,3　　D）64,64

二、填空题

1. 以下程序运行后的输出结果是________。

```
#include<stdio.h>
void swap(int x,int y)
{
  int t;
  t=x;x=y;y=t;
  printf("%d %d ",x,y);
}
main()
{
  int a=3,b=4;
  swap(a,b);
  printf("%d %d\n",a,b);
}
```

2. 有以下程序：

```
#include<stdio.h>
int sub(int n)
{
  return(n/10+n%10);
}
main()
{
  int x,y;
  scanf("%d",&x);
  y=sub(sub(sub(x)));
  printf("%d\n",y);
}
```

若运行时输入：1234↙，程序的输出结果是________。

3. 以下程序运行后的输出结果是________。

```
#include<stdio.h>
fun(int a)
{
  int b=0;
  static int c=3;
  b++;
  c++;
  return(a+b+c);
}
main()
{
  int i,a=5;
  for(i=0;i<3;i++)
  printf("%d %d\n",i,fun(a));
}
```

4. 以下程序中，for循环体执行的次数是________。

```
#include<stdio.h>
#define N 2
#define M N+1
#define K M+1*M/2
main()
{
  int i;
  for(i=1;i<=k;i++)
  printf("%d",i);
}
```

三、编程题

1. 编写两个函数，分别求两个整数的最大公约数和最小公倍数，用主函数调用这两个函数，并输出结果，两个整数由键盘输入。

2. 求方程 $ax^2+bx+c=0$ 的根，用 3 个函数分别求当 b^2-4ac 大于 0，等于 0 和小于 0 时的根并输出结果。从主函数输入 a、b、c 的值。

3. 编写一个判素数的函数，在主函数输入一个整数，输出是否是素数的信息。

4. 编写求 1+2+3+…+n 的函数。在 main 函数中调用该函数。调试并运行编写的程序。

5. 采用递归方法计算 x 的 n 次方。

6. 编写一个函数，重复打印给定的字符 n 次。

第 7 章 数　　组

教学目标

掌握数组的概念、定义和初始化。掌握如何用字符数组处理字符串。掌握用数组作为函数的参数去调用函数。能够在程序设计中正确运用数组。

本章要点

- 一维、二维数组的定义及初始化
- 字符数组与字符串
- 数组作为函数的参数
- 数组的应用

迄今为止,我们程序中使用的数据都是属于基本类型(整型、字符型、实型),它们通常用于解决一些简单的问题,输入和输出的数据也是少量的。而在实际编程时经常要处理大量类型相同的数据,如在数学问题中有一个 10 行 10 列的矩阵,该怎样存储?有 50 个字符串又该如何处理?为了解决这样的复杂问题,可以用 C 语言中提供的数组解决。

数组是一种构造数据类型,是有序并具有相同类型的数据的集合。当要处理大量的、同类型的数据时,利用数组是很方便的。在使用数组时,也必须先定义,后使用。本章介绍在 C 语言中如何定义和使用数组。

7.1 一维数组的定义和引用

7.1.1 一维数组的定义

C 语言规定使用数组前必须先定义数组。一维数组定义的一般形式为:

类型说明符 数组名[常量表达式];

功能:定义一个一维数组,其中常量表达式的值,是数组元素的个数。例如:

```
int a[10];                              /*定义具有 10 个元素的一维整型数组 a*/
```

说明:

(1) 用标识符命名数组。

(2) 数组元素的下标从 0 开始。若有如下定义:

```
int a[10];
```

则 a 数组的 10 个元素分别为 a[0],a[1],a[2],…,a[9]。

(3) 常量表达式中可以有常量和符号常量,但不能有变量,C 语言不允许用变量对数组的大小进行定义,即使变量已有值也不可以。例如,下面 a 数组的定义是错误的。

```
int n=5;
int a[n];
```

7.1.2 一维数组元素的引用

所谓数组元素的引用就是对数组元素进行赋值、运算及输出等。C语言规定只能逐个引用数组元素，不能一次引用整个数组。

数组元素的表示形式为：

数组名[下标]

其中下标可以是整型常量或整型表达式。例如：

a[0],a[i],a[i+j]

注意：表示下标的整型常量或整型表达式的值必须在下标的取值范围内。

7.1.3 一维数组的初始化

可以在定义数组的同时给数组元素赋予初值，这一过程称为数组的初始化，其一般形式为：

类型说明符 数组名[常量表达式]={常量列表};

可用以下几种方式对数组进行初始化：

(1) 给全部数组元素均赋予初值。例如：

```
int a[10]={0,1,2,3,4,5,6,7,8,9};
```

此时可写成：

```
int a[ ]={0,1,2,3,4,5,6,7,8,9};
```

即可以不指定数组长度。

(2) 只给前面部分元素赋初值。

```
int a[10]={1,2,3,4,5};
```

将1～5这5个数赋给a[0]～a[4]这5个元素，此时C语言默认其余元素a[5]～a[9]值为0。因此若使一个数组中全部元素值为0，可以写成：

```
int a[10]={0};
```

注意：若只是定义数组，而不对其进行初始化，则数组中每个元素的值都是不确定的。这与变量的情况是相同的，即一个变量定义后，若不给它赋初值，则该变量的值是一个不确定的值。

7.1.4 一维数组应用举例

例 7.1 从键盘输入 10 个整数,然后按逆序输出。

```
# include “stdio.h”
void main()
{    int i,a[10];
     for(i=0;i<10;i++)
         scanf("%d",&a[i]);
     for(i=9;i>=0;i--)                          /*注意,这里 i 是从 9 到 0*/
         printf("%3d",a[i]);
}
```

例 7.2 用数组求 Fibonacci 数列的前 20 项并输出。

```
# include “stdio.h”
void main()
{    int i,f[20]={1,1};
     for(i=2;i<20;i++)
         f[i]=f[i-2]+f[i-1];
     for(i=0;i<20;i++)
     {   if(i%4==0)
             printf("\n");
         printf("%d\t",f[i]);
     }
}
```

运行结果如下:

```
1       1       2       3
5       8       13      21
34      55      89      144
233     377     610     987
1597    2584    4181    6765
```

例 7.3 用冒泡法(起泡法)对 10 个数按由小到大排序。

排序是程序设计中常见的问题,实现排序的方法(算法)有多种,冒泡法是较为常见的一种。冒泡法的算法思想是将相邻两个数比较,将小的调到前头,具体可描述如下:

第 1 遍:在数组 a 的 n 个数据中,从前往后(或从后往前)每相邻两数据两两进行比较,并且每比较一次都形成“小者在前,大者在后;如若不是,则交换之”;因而,经过这样 n-1 次比较后,总可以使数组 a 的第 n 个(即最后一个)数据为第 1 大(即最大)。

第 2 遍:在数组 a 的前 n-1 个数据(即除已选出的最大者外的各数据)中,经过类似的 n-2 次比较后,总可以使数组 a 的第 n-1 个(即次后一个)数据为第 2 大(即次大)。

⋮

第 i 遍.在数组 a 的前 n-i+1 个数据中,经过类似的 n-i 次比较后,总可以使数组 a 的第 n-i+1 个数据为第 i 大。

⋮

第 n－1 遍：在数组 a 的前两个数据中，经过类似的一次比较后，总可以使数组 a 的第 2 个数据为第 n－1 大（即次小），而第 1 个数据为第 n 大（即最小）。

若将参加排序的 10 个数赋给 a[0]～a[9]，可写出如下程序：

```
#include "stdio.h"
void main()
{    int i,j,t,a[10];
     for(i=0;i<10;i++)
          scanf("%d",&a[i]);
     for(i=0;i<10-1;i++)
          for(j=0;j<10-i;j++)
               if(a[j]>a[j+1])
               {    t=a[j];a[j]=a[j+1];a[j+1]=t;}
     for(i=0;i<10;i++)
          printf("%d ",a[i]);
}
```

7.2　二维数组的定义和引用

7.2.1　二维数组的定义

二维数组定义的一般形式为：

类型说明符 数组名[常量表达式 1][常量表达式 2]；

功能：定义一个二维数组。常量表达式 1 是数组的行数，常量表达式 2 是数组的列数。例如：

```
float a[3][4],b[5][10];
```

定义 a 为 3×4（3 行 4 列）的数组，b 为 5×10（5 行 10 列）的数组。二维数组的行下标和列下标均从 0 开始。

可以把二维数组看作是一种特殊的一维数组，它的元素是一个一维数组。例如，a[3][4]，可以把 a 看作是一个特殊的一维数组，它有 3 个元素：a[0]、a[1]、a[2]，每个元素又是一个包含 4 个元素的一维数组。可以把 a[0]、a[1]、a[2]看作是三个一维数组的名字。C 语言的这种处理方法在数组初始化和用指针表示时显得很方便，这在以后章节中会体会到。

在 C 语言中，二维数组元素在内存中是按行的顺序存放的，即在内存中先顺序存放第一行的元素，再存放第二行的元素。

除二维数组外，多维数组一般很少用到，其原因一是很少有这方面的应用要求，二是多维数组往往需要占用大量的内存空间，而对多维数组的访问效率也很低。所以我们重点讨论二维数组。

7.2.2　二维数组元素的引用

二维数组元素的表示形式为：

数组名[下标][下标]

下标的使用规则与一维数组情况相同。例如：

```
int a[3][4];
```

定义 a 为 3×4 的数组，数组 a 有 12 个元素，分别是：

```
a[0][0],a[0][1],a[0][2],a[0][3]
a[1][0],a[1][1],a[1][2],a[1][3]
a[2][0],a[2][1],a[2][2],a[2][3]
```

数组 a 可用的行下标最大值为 2，列下标最大值为 3，即 a[2][3]。

7.2.3 二维数组的初始化

也可以在定义二维数组的同时对数组元素赋以初值。一般形式为：

类型说明符 数组名[常量表达式 1][常量表达式 2]={常量列表};

可用以下几种方式对二维数组进行初始化：

(1) 给全部数组元素均赋以初值。例如：

```
int a[3][4]={{0,1,2,3},{4,5,6,7},{8,9,10,11}};
```

此时可省略里层的大括号，写成如下形式：

```
int a[3][4]={0,1,2,3,4,5,6,7,8,9,10,11};
```

亦可以省略常量表达式 1，而表示列数的常量表达式 2 不可省略。如上例可写成：

```
int a[][4]={ 0,1,2,3, 4,5,6,7, 8,9,10,11};
```

(2) 只给一部分元素赋初值。例如：

```
int a[3][4]={{1},{2},{3}};
```

将 1 赋给 a[0][0]，2 赋给 a[1][0]，3 赋给 a[2][0]，而其余的元素值默认为 0。若将里层大括号去掉，即：

```
int a[3][4]={1,2,3};
```

则 1,2,3 分别赋给 a[0][0]，a[0][1]，a[0][2]，而其余的元素值默认为 0。

若要使一个二维数组中全部元素值为 0，可以写成：

```
int a[5][5]={0};
```

7.2.4 二维数组应用举例

例 7.4 求一个 3×3 矩阵主对角线元素之和。

```
#include "stdio.h"
```

```
void main()
{   int a[3][3]={1,2,3,4,5,6,7,8,9};
    int i,sum=0;
    for(i=0;i<3;i++)
        sum=sum+a[i][i];
    printf("sum=%d\n",sum);
}
```

运行结果为：

```
sum=15
```

例 7.5 有一个 3×4 的矩阵，求出其中最大值，并指出它所在的行和列。

```
#include "stdio.h"
void main()
{   int a[3][4]={18,21,7,35,14,6,59,60,5,68,37,49};
    int i,j,max,r,c;
    max=a[0][0];r=0;c=0;
    for(i=0;i<3;i++)
        for(j=0;j<4;j++)
            if(a[i][j]>max)
            {   max=a[i][j];r=i;c=j;}
    printf("max=%d,r=%d,c=%d\n",max,r,c);
}
```

运行结果为：

```
max=68,r=2,c=1
```

例 7.6 矩阵转置。即将一个二维数组行和列元素互换，存到另一个二维数组中。例如：

$$a=\begin{bmatrix}1 & 2 & 3\\4 & 5 & 6\end{bmatrix} \quad b=\begin{bmatrix}1 & 2\\2 & 5\\3 & 6\end{bmatrix}$$

程序如下：

```
#include "stdio.h"
void main()
{
    int a[2][3]={{1,2,3},{4,5,6}};
    int b[3][2],i,j;
    printf("array a:\n");
    for(i=0;i<=1;i++)
    {
        for(j=0;j<=2;j++)
        {
            printf("%5d",a[i][j]);
            b[j][i]=a[i][j];
        }
        printf("\n");
```

```
    }
    printf("array b:\n");
    for(i=0;i<=2;i++)
    {
        for(j=0;j<=1;j++)
            printf("%5d",b[i][j]);
        printf("\n");
    }
}
```

运行结果如下：

```
array a:
1    2    3
4    5    6
array b:
1    4
2    5
3    6
```

7.3 字符数组与字符串

字符数组就是各元素类型为 char 的数组，同其他类型的数组一样，字符数组既可以是一维的，也可以是多维的。由于字符数组与字符串有密切关系，因此本节单独讨论字符数组与字符串。

7.3.1 字符数组

用来存放字符数据的数组是字符数组。字符数组中的每一个元素存放一个字符。

1. 字符数组的定义

一维字符数组的定义形式为：

```
char 数组名[常量表达式];
```

二维字符数组的定义形式为：

```
char 数组名[常量表达式1][常量表达式2];
```

例如：

```
char c1[10],c2[10][20];
```

c1 为一维字符数组，c2 为二维字符数组。

2. 字符数组的初始化

对字符数组初始化，最容易理解的方式是逐个字符赋给数组中各元素。例如：

```
char c[5]={ 'a', 'b', 'c', 'd', 'e'};
```

把'a'，'b'，'c'，'d'，'e'这 5 个字符常量分别赋给 c[0]～c[4]的 5 个元素。

说明：

(1) 如果大括号中提供的初值个数(即字符个数)大于数组长度，则做语法错误处理。

(2) 如果初值个数小于数组长度，则只将这些字符赋给数组中前面那些元素，其余元素自动定为空字符('\0')。

例如：

```
char [10]={ 'a', 'b', 'c', 'd', 'e'};
```

数组 c 的存储状态如图 7-1 所示。

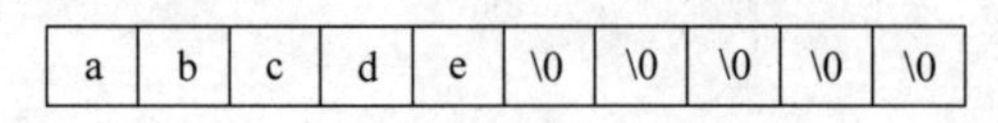

a	b	c	d	e	\0	\0	\0	\0	\0

图 7-1　数组 c 的存储状态

(3) 如果提供的初值个数与预定的数组长度相同，在定义时可以省略数组长度，系统会自动根据初值个数确定数组长度。

例如：

```
char c[ ]={'a', 'b', 'c', 'd', 'e'};
```

数组 c 的长度定义为 5。

同样可以定义和初始化二维数组，例如：

```
char c[2][3]={{ 'a', 'b', 'c'},{'d', 'e', 'f'}};
```

也可写成：

```
char c[2][3]={ 'a', 'b', 'c', 'd', 'e', 'f'};
```

3. 字符数组的引用

例 7.7　输出一串已知的字符。

```
#include "stdio.h"
main()
{     char c[10]={ 'I', ' ', 'a', 'm', ' ', 'a', ' ', 'b', 'o', 'y'};
      int i;
      for(i=0;i<10;i++)
           printf("%c",c[i]);
      printf("\n");
}
```

运行结果为：

```
I am a boy
```

7.3.2 字符串的概念及存储

1. 字符串和字符串结束标志

字符串即字符串常量，是用双引号括起来的一串字符，实际上也被隐含处理成一个无名的字符型数组。C语言约定用'\0'作为字符串的结束标志，它占一个字节的内存空间，但不计入字符串的长度。'\0'代表ASCII码为0的字符，从ASCII码表中可以查到，ASCII码为0的字符不是一个可以显示的字符，而是一个“空操作符”，即它什么也不干。用它作为字符串结束标志不会产生附加的操作或增加有效的字符，只是一个供识别的标志。

在C语言中，字符串可以存放在字符型一维数组中，故可以用字符型一维数组处理字符串。

2. 用字符串常量给字符数组赋初值（初始化）

在7.3.1中，我们是用字符常量给字符数组赋初值，其实也可以用字符串常量给字符数组赋初值。

例如：

```
char c[6]={"abcde"};
```

也可写成：

```
char c[6]="abcde";
```

说明：

(1) 如果字符串常量所包含的字符个数大于数组长度，系统报错；

(2) 如果字符串常量所包含的字符个数小于数组长度，则在最后一个字符后系统自动添加'\0'作为字符串结束标志。

3. 通过赋初值隐含确定数组长度

例如：

```
char c[]="China";
```

在内存中数组c的状态如图7-2所示。

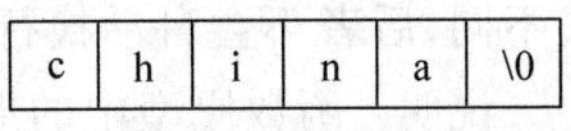

c	h	i	n	a	\0

图7-2 内存中数组c的状态

从图7-2中看出，用字符串常量对字符数组初始化，系统自动在最后添加'\0'，所以数组c的长度为6。因此对有确定大小的字符数组用字符串初始化时，数组长度应大于字符串长度。

例如：

```
char s[7]="program";
```

由于数组长度不够，结束标志符'\0'未能存入s中，而是存在s数组之后的一个单元中，这可能会破坏其他数据，应特别注意。它可以改为：

```
char s[8]="program";
```

7.3.3 字符串的输入和输出

1. 字符串的输出方法

(1) 用 printf()函数输出字符串。

可以用 printf()函数的“%c”或“%s”格式来输出字符串。前一种格式像一般数组输出一样使用循环一个元素一个元素地输出。后一种格式为整体输出字符串。

例 7.8 字符串输出示例。

```
# include "stdio.h"
main()
{   char str[20]="How are you?";
    int i;
    printf("%s\n",str);                    /* 输出字符数组 str 中的字符串 */
    for(i=0;str[i]!='\0';i++)
        printf("%c",str[i]);               /* 一个一个字符地输出 */
    printf("\n");
}
```

运行结果如下：

```
How are you?
How are you?
```

本例中使用了两种方法输出 str 的内容。第一种方法使用了 printf()函数的“%s”格式符来输出字符串,实现时从数组的第一个字符开始逐个字符输出,直到遇到第一个'\0'为止(其后即使还有字符也不输出)。第二种方法是用“%c”格式,按一般数组的输出方法,即用循环实现每个元素的输出。

(2) 用 puts()函数输出字符串。

函数原型：int puts(char * str)；

调用格式：puts(str)；

函数功能：将字符数组 str 中包含的字符串或 str 所代表的字符串输出,同时将字符串结束标志'\0'转换成'\n',即换行符。

因此,用 puts()输出一行字符串时,不必另加换行符'\n',这一点与 printf()函数的“%s”格式不同,后者不会自动换行。

说明：函数原型中的形参形式为 char * str,这是下章将要讨论的指针变量的形式,现在不必深究。这种形式的形参在这一章中都可以用数组作实参,在后面 7.3.4 中介绍的字符串函数的参数做同样的处理。

例 7.9 字符串输出示例。

```
# include<stdio.h>
main()
{  char str[20]="How are you?";
   puts(str);                         /* 输出 str 中的字符串 */
   puts("Fine.Thank you.");           /* 用 puts()函数输出字符串常量 */
}
```

输出结果为：

```
How are you?
Fine. Thank you.
```

字符串的输出可以使用 printf()与 puts()两个函数，要注意它们的差别，根据需要选用。前者可以同时输出多个字符串，而后者一次只能输出一个字符串。若有定义：

```
char s1[]="C++",s2[]="Turbo C";
```

则语句

```
puts(s1,s2);
```

是错误的。而语句

```
printf("%s,%s",s1,s2);
```

是正确的。

2. 字符串的输入方法

(1) 使用 scanf()函数输入字符串。

若有如下定义：

```
char s[14];
```

则可以使用语句 scanf("%s",s);来输入字符串到数组 s 中。

其中“%s”是字符串格式符，在用 scanf()函数输入字符串时，输入项直接用数组名，而不要加取地址符 &，因为数组名就代表了该字符数组的起始地址。在具体输入时，直接在键盘上输入字符串，最后以 Enter 或空格作为结束输入。系统将输入的字符串的各个字符按顺序赋给字符数组的各元素，直到遇到 Enter 或空格为止，并自动在字符串末尾加上字符串结束标志符'\0'。由于在这种字符串输入方式中，空格和 Enter 都是输入结束符，因此无法将包含有空格的字符串输入到字符数组中。

若按如下方法输入：

How do you do?↙

则数组 s 的内容如图 7-3 所示。

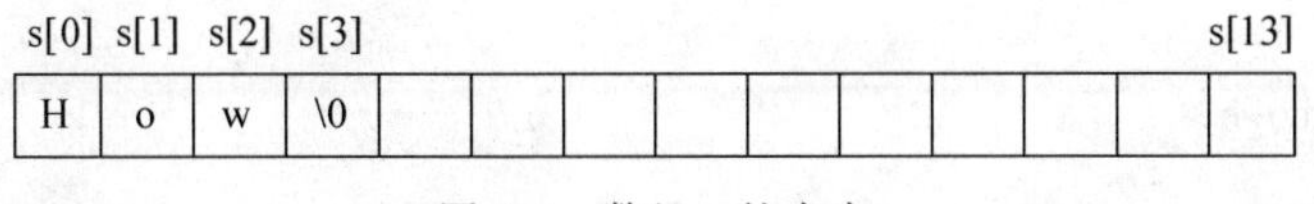

图 7-3 数组 s 的内容

(2) 使用函数 gets()输入字符串。

函数原型：char * gets(char * str);

调用格式：gcts(str),

函数功能：从键盘输入一个字符串到 str 中，并自动在末尾加字符串结束标志符'\0'。str 是一个字符数组(或者是第 8 章将介绍的指针)。gets()的原型在 stdio.h 中说明。用

gets()函数输入字符串时以Enter结束输入，因此可以用gets()函数输入含空格符的字符串。

例如：

```
char s[15];
gets(s);
```

若输入的字符串为：

How do you do?↙

则数组s的内容如图7-4所示。

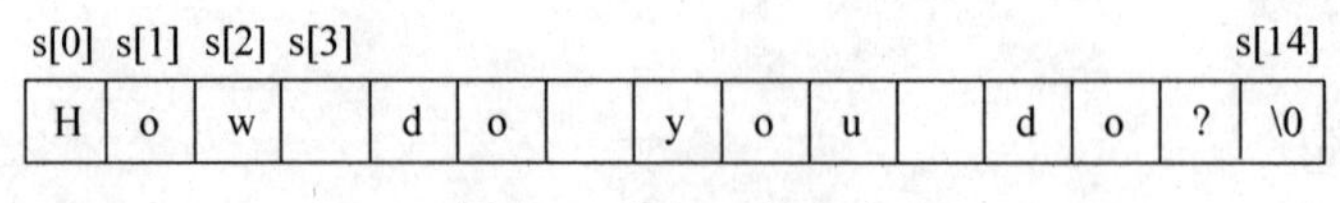

s[0]	s[1]	s[2]	s[3]											s[14]
H	o	w		d	o		y	o	u		d	o	?	\0

图7-4 数组s的内容

例7.10 字符串输入示例。

```
#include<stdio.h>                        /*方法一*/
main()
{  char s1[20];
   scanf("%s",s1);
   printf("%s\n",s1);
}
```

程序运行结果为：

```
How do you do?↙
How
```

```
#include<stdio.h>                        /*方法二*/
main()
{  char s1[20],s2[20];
   scanf("%s%s",s1,s2);
   printf("s1=%s,s2=%s\n",s1,s2);
}
```

程序运行结果为：

```
How do you do?↙
s1=How,s2=do
```

```
#include<stdio.h>                        /*方法三*/
main()
{  char s1[20];
   gets(s1);
   puts(s1);
}
```

程序运行结果为：

```
How do you do?↙
How do you do?
```

本例中使用了 scanf()与 gets()两个函数来实现字符串的输入,要注意它们的差别,根据需要选用。scanf()输入的字符串不能含空格,如方法一中 scanf(),虽然输入为“How do you do?”,但由于“How”后是空格,所以 s 中只接收了“How”。scanf()可以同时输入多个字符串到不同的字符数组中,如方法二中 scanf()。函数 gets()一次只能输入一个字符串,但输入的字符串中可以包含空格。

7.3.4 字符串处理函数

由于字符串应用广泛,为方便用户对字符串的处理,C 语言编译系统中,提供了很多有关字符串处理的库函数,其函数原型说明在 string.h 中。下面介绍几个常用的字符串处理函数。

1. 字符串连接函数 strcat()

函数原型:char * strcat(char * str1,char * str2);

调用格式:strcat(str1,str2);

函数功能:把字符串 str2 连接到字符串 str1 的最后一个非'\0'字符后面。连接后的新字符串在 str1 中,字符串 str2 的值不变。函数调用后得到一个函数值,即 str1 的地址。

例如:

```
char c1[13]="China ",c2[7]="people";
strcat(c1,c2);
```

连接前后 c1 与 c2 的内容如图 7-5 所示。

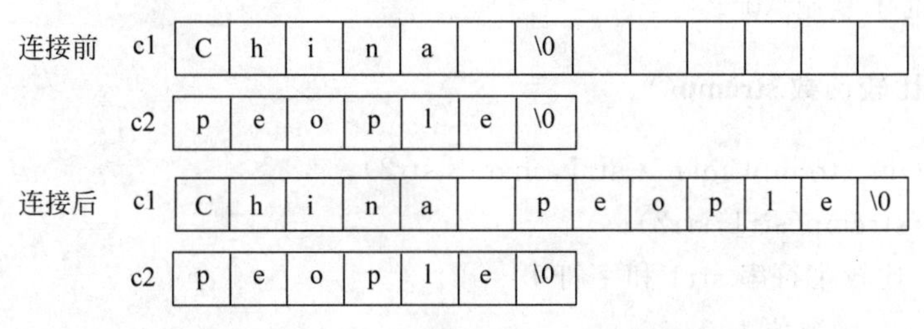

图 7-5 连接前后 c1 和 c2 的内容

需要注意的是在进行字符串连接时,字符串 1 必须足够大,以便能容纳连接后的新字符串。

2. 字符串拷贝函数 strcpy()

函数原型:char * strcpy(char * str1,char * str2);

调用格式:strcpy(str1,str2);

函数功能:将字符串 str2 复制到字符数组 str1 中,str2 的值不变。

例如:

```
char c1[7]="China",c2[7]= "people";
strcpy(c1,c2);
```

复制前后 c1 与 c2 的内容如图 7-6 所示。

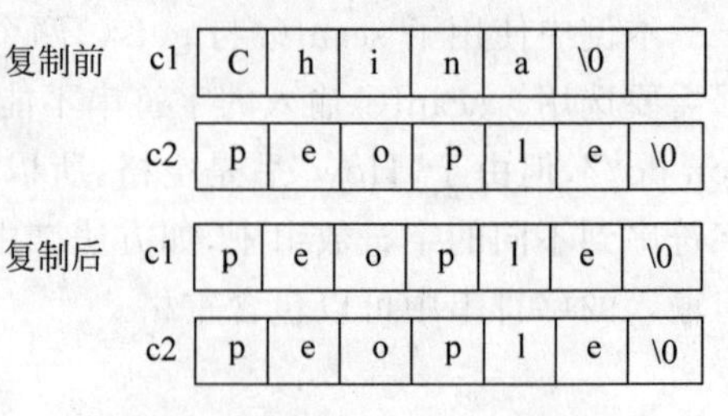

图 7-6　复制前后 c1 和 c2 的内容

说明：

(1) 字符数组 str1 必须足够大，以便能容纳被复制的字符串。

(2) 复制时连同字符串后面的'\0'一起复制到字符数组中。

(3) str1 应写成数组名形式，而 str2 可以是字符串常量，亦可以是字符数组名形式。

例如：

```
char c[10];
strcpy(c,"people");
```

(4) 由于数组不能进行整体赋值，所以不能用赋值语句实现字符串的复制，而只能使用 strcpy()函数进行字符串复制。下面两个赋值语句是不合法的：

```
char str1[10],str2[10]="abcd";
str1=str2;
str1="abcd";
```

(5) 可以用 strncpy()函数将字符串前面若干个字符复制到字符数组中去。

例如：

```
strncpy(str1,str2,2);
```

作用：将 str2 中前面两个字符复制到 str1 中去，取代 str1 中最前面两个字符。注意用 strncpy()函数时不复制'\0'。

3. 字符串比较函数 strcmp()

函数原型：int strcmp(char * str1,char * str2);
调用格式：strcmp(str1,str2);
函数功能：比较字符串 str1 和字符串 str2。
若 str1=str2，函数值为 0；
若 str1 > str2，函数值为正整数；
若 str1 < str2，函数值为负整数。

应注意的是，在进行两个字符串的比较时，不是比字符串长短，而是按 ASCII 码值大小进行比较。具体比较规则是：将两个字符串自左至右逐个字符相比，直到出现不同的字符或到'\0'为止。如果全部字符都相同，则认为相等，函数返回值为 0。如果出现不相同的字符，则以第一个不相同字符的 ASCII 码大者为大，并将这两个字符的 ASCII 码之差作为比较结果由函数值带回。

比较两个字符串是否相等，一般用下面的语句形式：

```
if(strcmp(str1,str2)==0) {…}
```

而不能直接判断，即以下形式是错误的：

```
if(str1==str2) {…}
```

4. 求字符串长度函数 strlen()

函数原型：unsigned int strlen(char *str)；

调用格式：strlen(str)；

函数功能：求字符串实际长度(不包括'\0')，由函数值返回。

例如：

```
char str[10]="china";
int m,n;
m=strlen("good");
n=strlen(str);
```

m 的值为 4，n 的值为 5.

例 7.11 从键盘上输入两个字符串，若不相等，将短的字符串连接到长的字符串的末尾并输出。

```
#include<stdio.h>
#include<string.h>
main()
{   char s1[80],s2[80];
    gets(s1);
    gets(s2);
    if(strcmp(s1,s2)!=0)
        if(strlen(s1)>strlen(s2))
        {   strcat(s1,s2);
            puts(s1);
        }
     else
        {   strcat(s2,s1);
            puts(s2);
        }
     else
        puts("Two strings are equaled");
}
```

输入：

```
you↙
Thank↙
```

输出：

```
Thank you
```

与字符串有关的库函数还有很多，例如：

```
strlwr(str);
```

将字符串 str 中大写字母转换成小写字母。

```
strupr(str);
```

将字符串 str 中小写字母转换成大写字母。

需要注意的是，在使用字符串处理函数时需要将头文件 string. h 包含到程序中来。

7.4 数组作为函数的参数

数组作为函数的参数应用非常广泛。数组作为函数的参数主要有两种情况，一种是数组元素作为函数的实参，这种情况与普通变量作实参一样，是将数组元素的值传给形参。形参的变化不会影响到实参数组元素，人们称这种参数传递方式为"值传递"。另一种是数组名作实参，此时要求函数形参是相同类型的数组或指针(参见第 8 章)，这种方式是把实参数组的起始地址传给形参数组或指针，人们称这种参数传递方式为"地址传递"。由于形参数组接收的是实参数组传来的实参数组的首地址，所以对形参数组元素值的改变也就是对实参数组元素值的改变。

1. 数组元素作函数的实参

数组元素的使用与变量相同，因此，其作为函数实参亦与变量相同，仍是单向的值传递。

例 7.12 输出数组元素的奇偶性。

```
#include "stdio.h"
int fun(int x)
{    if(x%2)return 1;
     else return 0;
}
main()
{    int a[10]={5,8,4,9,7,12,1,27,6,3};
     int i;
     for(i=0;i<10;i++)
          printf("%d,",fun(a[i]));
     printf("\n");
}
```

程序结果为：

```
1,0,0,1,1,0,1,1,0,1,
```

2. 用数组名作函数参数

用数组名作函数参数要求形参与实参都使用数组名，此时形参数组与实参数组的类型应相同，维数应一致。由于在 C 语言中数组名代表数组的起始地址，因此用数组名作函数参数在进行参数传递时是"地址传递"。此时，系统不为形参数组另行分配存储空间，而是将实参数组的首地址传给形参数组，使形参数组与实参数组共同对应同一片内存区域。由此得知，形参数组中各元素的值如果发生变化会使实参数组元素的值同时发生变化。

例 7.13 输入 10 个学生的成绩，求出平均成绩。

程序如下：

```
#include <stdio.h>
main()
{    int i;
     float score[10],aver;
     float average(float array[10]);
     printf("input 10 scores:\n");
     for(i=0;i<10;i++)
          scanf("%f",&score[i]);
     aver=average(score);
     printf("average score is %5.2f\n",aver);
}
float average(float array[10])
{    int i;
     float aver,sum=array[0];
     for(i=1;i<10;i++)
          sum=sum+array[i];
     aver=sum/10;
     return(aver);
}
```

程序在被调用函数 average()中声明了形参数组 array 的大小为 10，但在实际上，指定其大小是不起任何作用的，因为 C 编译对形参数组大小不做检查，只是将实参数组的首地址传给形参数组。因此，形参数组可以不指定大小，而为了在被调用函数中处理数组元素的需要，可以另设一个参数，用来传递需要处理的数组元素的个数。

这样例 7.13 中的 average()函数可以改写为如下形式：

```
float average(float array[],int n)
{    int i;
     float aver,sum=array[0];
     for(i=1;i<n;i++)
          sum=sum+array[i];
     aver=sum/n;
     return(aver);
}
```

相应地，在 main()中的函数声明和调用语句应改为：

```
float average(float array[],int n);
aver=average(score,10);
```

例 7.14 求出 M×N 的二维数组周边元素的平均值。

这里将求二维数组周边元素平均值的任务交给一个函数去完成，主函数 main()负责输入数组数据，调函数和输出结果。

```
#include <stdio.h>
#define M 4
#define N 5
```

```
double fun ( int w[M][N] )
{    double s=0;
     int i,j;
     for(i=0;i<M;i++)
        for(j=0;j<N;j++)
           if(i==0||i==M-1||j==0||j==N-1)
               s+=w[i][j];
     return s/(N*2+(M-2)*2);
}
main ( )
{    int a[M][N];
     int i, j;
     double s ;
     for ( i =0; i<M; i++ )
         for ( j =0; j<N; j++ )
             scanf( "%d", &a[i][j] );
     s = fun ( a );
     printf( "s=%.2f\n",s );
}
```

本例中函数 fun()用来求二维数组周边元素的平均值。思考：若求二维数组周边元素的和，函数应做何改动？

7.5 程序举例

例 7.15 输入三个字符串，找出其中最大者。

可以定义一个二维的字符数组 str，大小为 3×10，即有 3 行 10 列，每行存放一个字符串。

如前所述，可以把 str[0]，str[1]，str[2]看作三个一维字符数组，它们各有 10 个元素。可以把它们如同一维数组那样进行处理。可以用 gets()函数分别读入三个字符串。经过二次比较，就可得到值最大者，并把它放在一维字符数组 strmax 中。

```
#include "stdio.h"
#include "string.h"
main()
{    char str[3][10],strmax[10];
     int i;
     for(i=0;i<3;i++)
         gets(str[i]);
     if(strcmp(str[0],str[1])>0)
         strcpy(strmax,str[0]);
     else
         strcpy(strmax,str[1]);
     if(strcmp(str[2],strmax)>0)
         strcpy(strmax,str[2]);
     printf("The largest string is:%s\n",strmax);
}
```

运行结果为：

```
China↙
America↙
Canada↙
The largest string is:China
```

例 7.16 某单位的工作证号码的最后一位是用来表示性别的，如 M 表示男，F 表示女。现输入 10 个人的工作证号码，请统计出其中的男女人数。

```c
#include "stdio.h"
#include "string.h"
main()
{   int a=0,b=0,i,n;
    char c,s[10][20];
    for(i=0;i<10;i++)
    {   scanf("%s",s[i]);
        n=strlen(s[i]);
        c=s[i][n-1];
        if(c=='M'||c=='m')
            a++;
        else
            b++;
    }
    printf("男人数为:%d\n女人数为:%d\n",a,b);
}
```

以上程序也可写成如下函数调用的形式：

```c
#include "stdio.h"
#include "string.h"
main()
{   int a=0,b=0,i;
    char s[20];
    int fun(char x[]);
    for(i=0;i<10;i++)
    {   scanf("%s",s);
        if(fun(s))
            a++;
        else
            b++;
    }
    printf("男人数为:%d\n女人数为:%d\n",a,b);
}
int fun(char x[])
{   char c;
    int n;
    n=strlen(x);
    c=x[n-1];
    if(c=='M'||c=='m') return 1;
    else return 0;
}
```

例 7.17 找出N×N数组x中每列元素的最大值,并按顺序依次存放于一维数组y中。

```
#include <stdio.h>
#define N 4
void fun(int a[N][N], int b[N])
{   int i,j;
    for(i=0; i<N; i++)
    {   b[i]= a[0][i];
        for(j=1; j<N; j++)
            if(b[i]< a[j][i]) b[i]=a[j][i];
    }
}
main()
{   int x[N][N]={ {12,5,8,7},{6,1,9,3},{1,2,3,4},{2,8,4,3} },y[N],i,j;
    printf("\nThe matrix :\n");
    for(i=0;i<N; i++)
    {   for(j=0;j<N; j++) printf("%4d",x[i][j]);
        printf("\n");
    }
    fun(x,y);
    printf("\nThe result is:");
    for(i=0; i<N; i++) printf("%3d",y[i]);
    printf("\n");
}
```

例 7.18 线性查找。其思路是：从数组的第一个元素开始,依次将要查找的数和数组中元素比较,直到找到该数或找遍整个数组为止。

```
#include "stdio.h"
main()
{   int table[10]={2,4,6,8,10,12,14,16,18,20};
    int find=0,i,x;
    printf("请输入要找的数:");
    scanf("%d",&x);
    for(i=0;i<10;i++)
        if(x==table[i])
        {   find=1; break; }
    if(find==1)
        printf("%d 在 table[%d]中.\n",x,i);
    else
        printf("没有找到数%d.\n",x);
}
```

运行结果如下：

```
请输入要找的数: 5↙
没有找到数5。
```

重新查找一个数,即重新运行该程序,运行结果如下：

```
请输入要找的数: 8↙
8在table[3]中。
```

在程序中,若找到所需的数即可退出循环,不必要搜索所有数组元素,这样可以减少程序的运行时间,当数据比较多的时候,这点显得尤为重要。

对本程序做一定的改动,可实现运行一次程序查找多个数据。请读者自己完成。

例 7.19 用直接插入排序法对数组元素进行排序。

直接插入排序是按元素原来的顺序,先将下标为 0 的元素作为已排好序的数据,然后从下标为 1 的元素开始,依次把后面的元素按大小插入到前面的元素中间,直到将全部元素插完为止,从而完成排序功能。

例如,要把下列数据按升序排序,则直接插入排序过程如下(其中[ ]中的数表示已排好序):

```
        元素下标:(0   1   2   3   4)
        初始数据:[5]  3   4   1   2
                      按大小顺序插入,因此插入到5之前,插入后方括号中为排好序的数
    第1步插入:   [3   5]  4   1   2
    第2步插入:   [3   4   5]  1   2
    第3步插入:   [1   3   4   5]  2
    第4步插入:   [1   2   3   4   5]
```

根据上述算法,给出相应的程序如下:

```
#include "stdio.h"
main()
{    int i,j;
     int a[5],t;
     printf("请输入 5 个整数:");
     for(i=0;i<5;i++)
          scanf("%d",&a[i]);
     for(i=1;i<5;i++)
        {    t=a[i];                          /*本次要插入的数先放入 t 中*/
             j=i-1;
             while(j>=0&&t<a[j])              /*从后向前寻找插入的位置*/
             {    a[j+1]=a[j];                /*已有序的元素后移*/
                  j--;
             }
             a[j+1]=t;                        /*将 t 插入到数组中*/
        }
     printf("排序结果为:\n");
     for(i=0;i<5;i++)
          printf("%5d",a[i]);
}
```

运行结果如下:

```
请输入 5 个整数:7 3 8 10 6↙
排序结果为:
```

3 6 7 8 10

直接插入排序的算法简单，实现容易。

例 7.20 用高斯消元法求解线性方程组。

高斯消元法是一个经典的方法，也是解低阶方程组最常用的方法。它的基本思想是通过消元过程把一般方程组化成三角方程组，再通过回代过程求出方程组的解。

为不失一般性，下面来看一个 3 阶方程组的求解过程。3 阶方程组的一般形式为：

$$\begin{cases} a_{11}x_1 + a_{12}x_2 + a_{13}x_3 = b_1 & ① \\ a_{21}x_1 + a_{22}x_2 + a_{23}x_3 = b_2 & ② \\ a_{31}x_1 + a_{32}x_2 + a_{33}x_3 = b_3 & ③ \end{cases}$$

对应的矩阵形式是：

$$AX = B$$

(1) 消元过程。

根据线性代数的知识可进行以下运算：② − ① * a_{21}/a_{11} 以及③ − ① * a_{31}/a_{11}，得到下式：

$$\begin{cases} a_{11}x_1 + a_{12}x_2 + a_{13}x_3 = b_1 & ①' \\ a_{22}'x_2 + a_{23}'x_3 = b_2' & ②' \\ a_{32}'x_2 + a_{33}'x_3 = b_3' & ③' \end{cases}$$

其中：

$a_{22}' = a_{22} - a_{12} * a_{21}/a_{11}$

$a_{23}' = a_{23} - a_{13} * a_{21}/a_{11}$

$b_2' = b_2 - b_1 * a_{21}/a_{11}$

$a_{32}' = a_{32} - a_{12} * a_{31}/a_{11}$

$a_{33}' = a_{33} - a_{13} * a_{31}/a_{11}$

$b_3' = b_3 - b_1 * a_{31}/a_{11}$

这样就消去了 a_{21} 和 a_{31} 两个元素，同样再进行以下运算：③' − ①' * a_{32}/a_{22}，得到下式：

$$\begin{cases} a_{11}x_1 + a_{12}x_2 + a_{13}x_3 = b_1 & ①'' \\ a_{22}'x_2 + a_{23}'x_3 = b_2' & ②'' \\ a_{33}''x_3 = b_3'' & ③'' \end{cases}$$

其中：

$a_{33}'' = a_{33}' - a_{23}' * a_{32}'/a_{22}'$

$b_3'' = b_3' - b_2' * a_{32}'/a_{22}''$

这样得到了一个上三角方程组，下面就可以通过回代过程来求出 x_1, x_2, x_3。

(2) 回代过程。

首先根据③"式可以求出 x_3；

将 x_3 代入②"式可以求出 x_2；

将 x_2, x_3 代入①"式可以求出 x_1；

至此就得到了方程组的解。

上述过程可以推广到阶数为 N 的方程组，同时也可以看出，要想有解，矩阵 A 的对角元素不能为零。

下面是根据以上算法编制的程序，其中矩阵 A 可以用一个二维数组表示，B 可以用一个一维数组表示，由于回代以后 B 的值不再有用，这样解 x 就可以放在 B 中，不用为 x 专门说明一个数组，从而简化了程序。

```
#include "stdio.h"
#define  N  3
main()
{   float a[N][N]={{2,2,3},{-2,5,-7},{4,-1,5}};
    float b[N]={15,-17,16};
    int i=0,j=0,k=0;
    float delta=0;
    for(k=1;k<N;k++)
        for(i=k;i<N;i++)
        {   delta=a[i][k-1]/a[k-1][k-1];
            for(j=k-1;j<N;j++)
                a[i][j]=a[i][j]-a[k-1][j]*delta;
            b[i]=b[i]-b[k-1]*delta;
        }
    b[N-1]=b[N-1]/a[N-1][N-1];
    for(i=N-2;i>=0;i--)
    {   for(j=N-1;j>i;j--)
            b[i]=b[i]-a[i][j]*b[j];
        b[i]=b[i]/a[i][i];
    }
    for(i=0;i<N;i++)
        printf("x[%d]=%5.2f\\n",i+1,b[i]);
}
```

运行结果如下：

```
x[1]=-0.50
x[2]= 2.00
x[3]= 4.00
```

即方程组：

$$\begin{cases}2x_1+2x_2+3x_3=15\\-2x_1+5x_2-7x_3=17\\4x_1-x_2+5x_3+16\end{cases}$$

的解为：

$$x_1=-0.5,x_2=2,x_3=4$$

本章小结

1. 本章主要介绍了数组的概念，介绍了一维数组、二维数组的定义和初始化。
2. 介绍了字符串及字符数组的概念；字符串的输入与输出；常用的字符串处理函数。
3. 介绍了数组作为函数参数的方法；明确数组名代表的是数组的起始(首)地址；调用

函数时，形参数组不另外分配内存空间；形参数组元素值的改变直接作用在实参数组上。

习　　题

一、选择题

1. 以下能正确定义一维数组的选项是（　　）。

A) int a[5]={0,1,2,3,4,5};　　B) char a[ ]={0,1,2,3,4,5};

C) char a={'A','B','C'};　　D) int a[5]="0123";

2. 以下能正确定义一维数组的选项是（　　）。

A) int num[ ];

B) # define N 100
int num[N];

C) int num[0..100];

D) int N=100;
int num[N];

3. 当调用函数时，实参是一个数组名，则向函数传递的是（　　）。

A) 数组的长度　　B) 数组的首地址

C) 数组每一个元素的地址　　D) 数组每个元素中的值

4. 以下程序的输出结果是（　　）。

```
# include "stdio.h"
main()
{   int a[3][3]={{1,2},{3,4},{5,6}},i,j,s=0;
    for(i=1;i<3;i++)
        for(j=0;j<=i;j++)s+=a[i][j];
    printf("%d\n",s);
}
```

A) 18　　B) 19　　C) 20　　D) 21

5. 以下程序的输出结果是（　　）。

```
# include "stdio.h"
int f(int b[],int m,int n)
{   int i,s=0;
    for(i=m;i<n;i=i+2) s=s+b[i];
    return s;
}
main()
{   int x,a[]={1,2,3,4,5,6,7,8,9};
    x=f(a,3,7);
    printf("%d\n",x);
}
```

A) 10　　B) 18　　C) 8　　D) 15

6. 函数调用 strcat(str1,strcpy(str2,str3))的功能是（　　）。

A) 将串 str2 复制到串 str3 中后再连接到串 str1 之后

B) 将串 str1 复制到串 str2 中后再连接到串 str3 之后

C) 将串 str3 复制到串 str2 中后再连接到串 str1 之后

D) 将串 str2 复制到串 str3 中后再将串 str1 复制到 str3 中

7. 若有下面语句：

```
char a[]="xyz";
char b[]={'x', 'y', 'z'};
```

则下列叙述正确的是(   )。

A)数组 a 和数组 b 等价

B) 数组 a 和数组 b 的长度相同

C) 数组 a 占用空间大小等于数组 b 占用空间大小

D) 数组 a 占用空间大小大于数组 b 占用空间大小

8. 有以下语句：int b;char c[10];,则正确的输入语句是(   )。

A) scanf("%d%s",&b,&c);　　B) scanf("%d%s",&b,c);

C) scanf("%d%s",b,c);　　D) scanf("%d%s",b,&c);

9. 有以下程序：

```
#include "stdio.h"
main()
{   char s[]="abcde";
    s=s+2;
    printf("%d\n",s[0]);
}
```

执行后的结果是(   )。

A) 输出字符 a 的 ASCII 码　　B) 输出字符 c 的 ASCII 码

C) 输出字符 c　　D) 程序出错

10. 有以下程序：

```
#include "stdio.h"
main()
{   int x[3][2]={0},i;
    for(i=0;i<3;i++) scanf("%d",x[i]);
    printf("%3d%3d%3d\n",x[0][0],x[0][1],x[1][0]);
}
```

若运行时输入：2　4　6↙,则输出结果为(   )。

A) 2　0　0　　B) 2　0　4　　C) 2　4　0　　D) 2　4　6

二、填空题

1. 以下程序运行后的输出结果是________。

```
#include "stdio.h"
main()
{   int i,n[]={0,0,0,0,0};
    for(i=1;i<=4;i++)
    {   n[i]=n[i-1]*2+1;
```

```
        printf("%d ",n[i]);
    }
}
```

2. 以下程序运行后的输出结果是________。

```
#include "stdio.h"
main()
{   int i,a[3][3]={1,2,3,4,5,6,7,8,9};
    for(i=0;i<3;i++)
        printf("%d,",a[i][2-i]);
}
```

3. 以下程序运行后的输出结果是________。

```
#include "stdio.h"
int f(int a[], int n)
{   if(n>1)
        return a[0]+f(a+1,n-1);
    else
        return a[0];
}
main()
{   int aa[10]={1,2,3,4,5,6,7,8,9,10},s;
    s=f(aa+2,4);
    printf("%d\n",s);
}
```

4. 以下程序中函数 fun 的功能是求出小于或等于 lim 的所有素数并放在 aa 数组中，函数返回所求出的素数的个数。请填空。

```
#include <stdio.h>
#define MAX 100
int fun(int lim, int aa[MAX])
{   int i,j,n=0;
    for(i=2;i<=lim;i++)
    {   for(j=______;j<=i-1;j++)
            if(i%j==0) break;
        if(j>=i) aa[n++]=i;
    }
    return ________;
}
main()
{   int limit, i, sum;
    int aa[MAX] ;
    printf("输入一个整数");
    scanf("%d", &limit);
    sum=fun(limit, aa);
    for(i=0;i<sum;i++)
    {   if(i%10==0 && i!=0) printf("\n") ;
        printf("%5d", aa[i]) ;
    }
```

```
    printf("sum=%d\n",sum) ;
}
```

5. 以下程序中，m 个人的成绩存放在 score 数组中，函数 fun 的功能是将低于平均分的人数作为函数值返回，将低于平均分的分数放在 below 所指的数组中。例如，当 score 数组中的数据为 10、20、30、40、50、60、70、80、90 时，函数返回的人数应该是 4，below 中的数据应为 10、20、30、40。请填空。

```
#include <stdio.h>
#include <string.h>
int fun(int score[], int m, int below[])
{   int i,n=0;float ave=0;
    for(i=0;i<m;i++)ave=ave+score[i];
    ave=________________;
    for(i=0;i<m;i++)
        if(score[i]<ave) below[n++]=____________;
    return n;
}
main( )
{   int i, n, below[9] ;
    int score[9] = {10, 20, 30, 40, 50, 60, 70, 80, 90} ;
    n = fun(score, 9, below) ;
    printf( "\nBelow the average score are: " ) ;
    for (i=0;i<n;i++) printf("%d ", below[i]) ;
}
```

三、编程题

1. 求一个 5×5 矩阵对角线元素之和。

2. 从键盘输入 10 个学生的成绩，求出平均成绩。将高于平均分的学生成绩输出，并指出其所在的位置。

3. 输入一个字符串，统计出其中空格的个数。

4. 对于给定的 N×N 数组，将其上三角元素置 0。

5. 打印出以下的杨辉三角形(要求打印出 10 行)。

```
1
1  1
1  2  1
1  3  3  1
1  4  6  4  1
1  5  10  10  5  1
⋮  ⋮
```

6. 编一程序，将两个字符串连接起来，不要用库函数 strcat()。

7. 编一程序，将字符数组 s2 中的全部字符复制到字符数组 s1 中。不要用库函数 strcpy()。复制时，'\0'也要复制过去。'\0'后面的字符不复制。

8. 输入 15 个正整数，放入 a 数组中。要求奇数放在 a 数组的前部，偶数放在 a 数组的后部。再分别对奇数和偶数按由小到大排序。输出排序后的 a 数组。

第8章 指　　针

教学目标

掌握指针的基本概念，掌握指针变量的定义、初始化和指针运算。能够在数组、字符串、函数中使用指针。

本章要点

- 指针的基本概念
- 指针变量的定义和初始化
- 指针运算
- 指针与数组
- 指针与字符串
- 指针与函数
- 带参数的主函数

当需要有效地表示复杂的数据结构，如引用一个具有很多元素的一个数组的值或多维字符数组描述的各字符串或元素，能否有更简洁方便的方法；能否通过调用函数得到多于1个的值；计算机所处理的信息都要通过内存进行交换，是否可以通过内存地址直接对存放于内存的数据进行操作，以便提高处理效率；在计算机中，为了提高存储效率，充分利用有限的内存空间，是否可以将连续的数据分散保存而又能方便地描述出各存储数据的关系等。在C语言中，引入了指针的概念，可以方便地解决以上问题。

指针是C语言中的一个重要概念，也是C语言的精华所在。掌握指针的概念及指针的使用，可使程序简洁、高效、灵活。

8.1 指针概述

8.1.1 指针变量的地址和指针变量的概念

为了便于理解指针的概念，在此讨论一下计算机程序与数据在内存中的存储问题。我们知道，程序要装入内存才能运行，数据也要装入内存才能处理。内存是以字节为单位的一片连续存储空间，为了便于访问，给每个字节单元一个唯一的编号，编号从0开始，以后各单元按顺序连续编号，这些单元编号称为内存单元的地址。利用地址来使用具体的内存单元，就像一栋大楼用房间编号来使用各个房间一样。

在C语言程序中定义一个变量，系统会根据变量类型的不同为其分配不同字节数的存储单元，所分配存储单元的首地址为变量的地址。如有下列定义：

```
int a;
char c;
```

则给整型变量 a 分配 4 字节的存储空间,给字符变量 c 分配 1 字节的存储空间。如果分配给这两个变量的存储空间是相邻的(其实可以是不相邻的),则空间分配如图 8-1 所示。

这里 a 的地址为 4000,c 的地址为 4004。

在前面的 C 语言程序设计中,对数据的处理往往是直接使用变量。变量具有三要素:名字、类型与值。每个变量都通过变量名与相应的存储单元相联系,具体分配哪些单元给变量(或者说该变量的地址是什么)不需要编程者去考虑,C 编译系统会完成变量名到对应内存单元地址的变换。变量的类型决定了所分配存储空间的大小。变量的值则是指相应存储单元的内容。编程时直接按变量名存取变量值的方式称为"直接存取"方式。在前面程序中对变量的操作,都是这种方式。

与"直接存取"方式相对应的是"间接存取"方式。所谓"间接存取"方式就是先通过一个特殊的变量得到某变量的地址,然后根据该地址再去访问某变量相应的存储单元,如图 8-2 所示。系统为特殊变量 p(用来存放地址的)分配的存储空间地址是 4600,p 中保存的是变量 a 的地址,即 4000。这时要读取 a 变量的值 12345,可直接通过变量名 a 得到,即"直接存取"。也可通过变量 p 得到 p 的值 4000,即 a 的地址,再根据地址 4000 读取它所指向单元的值 12345,即"间接存取"。

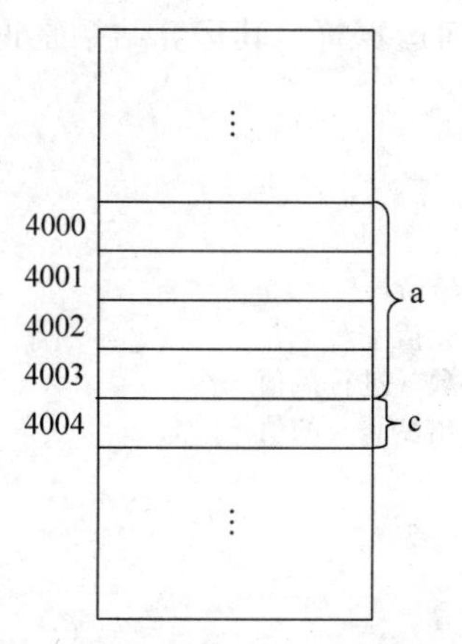

图 8-1 存储空间分配示意图

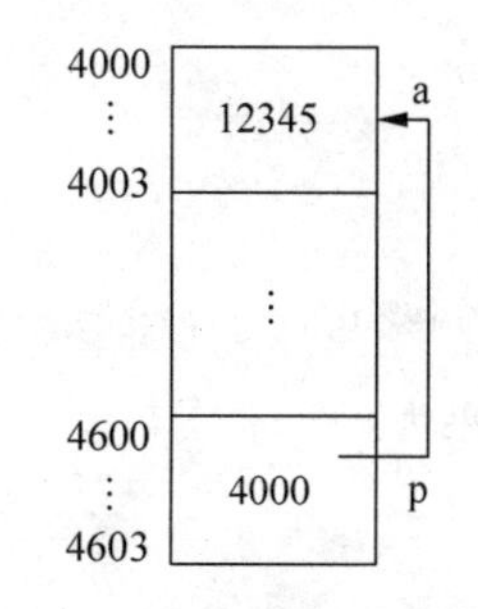

图 8-2 间接存取示意图

8.1.2 指针变量的定义及初始化

所谓"指针"就是内存中的一个地址。一个变量的指针即该变量的地址,如 4000 就是指向变量 a 的指针。专门存放地址的变量,称为指针变量。如图 8-2 中,p 是一个指针变量,它存放的是 a 的地址 4000。

1. 指针变量的定义

指针变量也要遵循先定义,后使用的原则。其定义形式为:

类型标识符 * 指针变量名;

例如：

```
int *p;                          /*定义p为指向整型数据的指针变量*/
float *f;                        /*定义f为指向单精度实型数据的指针变量*/
```

注意：在指针变量定义中，*是一个说明符，目的是与其他变量相区分。如p是指针变量，而不要认为*p是指针变量。

指针变量与前面学过的变量一样，也具有变量的三要素：变量名、变量类型与变量的值。指针变量名与普通变量名一样，使用标识符命名。指针变量的数据类型，是其所指向的对象(或称目标)的数据类型。如float型指针变量f只能指向单精度实型变量(或者说只能存放单精度实型变量的地址)。指针变量本身的类型只能是int型或long型，这与编译系统中所设定的编译模式(或存储管理模式)有关，与它所指向的对象的数据类型无关。指针变量的值是所指向的某个变量的地址值。

指针变量也是变量，它的值是可以改变的，即它可以指向同类型的不同变量。

2. 指针运算符与地址运算符

与指针有关的两个运算符：&与*。

(1) &：取地址运算符。

(2) *：指针运算符，或称指向运算符、间接访问运算符。其运算结果是得到指针变量所指的变量。

例如，若有如下定义和语句：

```
int a, *p;
p=&a;                            /*将a的地址赋给p*/
a=2;                             /*对变量a进行赋值*/
*p=5;                            /*对p指向的对象a进行赋值*/
printf("%d,%d", *p,a);           /*以不同形式输出变量a的值*/
```

输出结果为：

```
5,5
```

注意：*与&具有相同的优先级，结合方向从右到左。这样，&*p即&(*p)，是对变量*p取地址，它与&a等价；p与&(*p)等价，a与*(&a)等价。

3. 指针变量的初始化

在定义指针变量的同时给指针变量一个初始值，称为指针变量的初始化。

例如：

```
int a;
int *p=&a;                       /*在定义指针变量p的同时将变量a的地址赋给p*/
```

第1行先定义了整型变量a，系统将为之分配4字节的存储单元；第2行定义指针变量p，系统为指针变量p分配其自身所需的存储空间，同时通过取地址运算符&把已定义变量a的地址值取出保存在指针变量p中，从而使指针变量p定义时就指向确定的变量a。

其实可将

```
int a;
int *p=&a;
```

写成

```
int a, *p=&a;
```

两种写法是等价的。

8.1.3 指向指针的指针

指针变量不但可以指向基本类型变量,亦可以指向指针变量,这种指向指针变量的指针,称为指向指针的指针,或称多级指针。

下面以二级指针为例来说明多级指针的定义与使用。

二级指针(指向指针的指针)的定义形式如下:

```
类型标识符  **指针变量名;
```

例如:

```
int a, *p, **pp;
a=5;
p=&a;
pp=&p;
```

假设变量 a 的地址为 4000,指针 p 的地址为 4600,二级指针 pp 的地址为 4800。a、p、pp 三者的关系如图 8-3 所示。

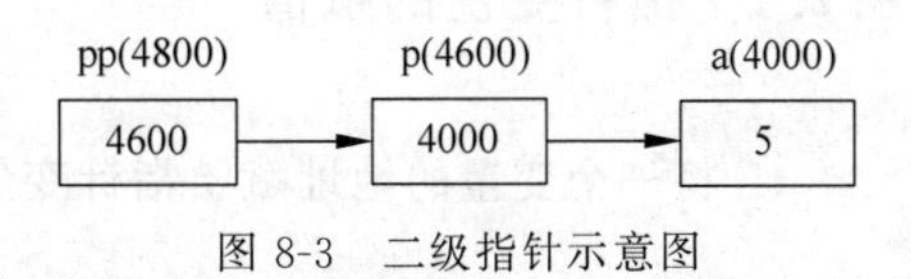

图 8-3 二级指针示意图

图 8-3 中 a 的地址为 4000,保存在指针变量 p 中,p 指向 a,p 的地址值为 4600,保存在 pp 中,即双重指针 pp 指向指针变量 p,此时,要引用 a 的值,可用 *p,亦可用 **pp。

注意:虽然 p、pp 都是指针变量,但 pp 只能指向指针变量而不能直接指向普通变量。如语句:

```
p=&a;
pp=&p;
```

是合法的,而语句

```
pp=&a;
```

是非法的。

二级指针与一级指针是两种不同类型的数据,尽管它们保存的都是地址,但不可相互赋值。

二级指针为建立复杂的数据结构提供了较大的灵活性。

理论上还可以定义更多级的指针,但在实际使用时一般只用到两级,多了反而容易引起混乱,给编程带来麻烦。

例 8.1 二级指针的使用。

```
#include "stdio.h"
main()
{   int a=5, *p, **pp;
    p=&a;                                   /*指针 p 指向 a*/
    pp=&p;                                  /*二级指针 pp 指向指针 p*/
    printf("a=%d\n",a);                     /*直接输出 a*/
    printf("*p=%d\n", *p);                  /*一级指针引用输出 a*/
    printf("**pp=%d\n", **pp);              /*二级指针引用输出 a*/
}
```

程序执行结果为：

```
a=5
*p=5
**pp=5
```

由于*p与**pp都代表变量a，所以输出结果相同，但要注意它们之间的区别：p直接指向a，*p是一级指针引用。pp指向p，再通过p指向a，pp是间接指向a，**pp是二级指针引用。

8.2 指针变量的赋值与引用

8.2.1 指针变量的赋值

1. 将一个变量的地址赋给指针变量

设有如下定义：

```
int a , *pa;
float x, *px;
```

第1行定义了整型变量a及指向整型变量的指针变量pa，第2行定义了单精度实型变量x及指向单精度实型变量的指针变量px，但pa和px还没有被赋值，因此pa、px没有明确的指向，如图8-4(a)所示。

接着执行下面的语句：

```
a=10;x=2.5;
pa=&a;
px=&x;
```

第1行对a、x变量赋值，第2、第3行分别将a、x的地址赋给指针变量pa、px，使pa、px分别指向了变量a与x。这样，变量a可以表示为*pa，变量x可以表示为*px，如图8-4(b)所示。

2. 相同类型的指针变量间的赋值

若pa与pb都是指向整型变量的指针变量，且pa已有明确指向，则以下赋值：

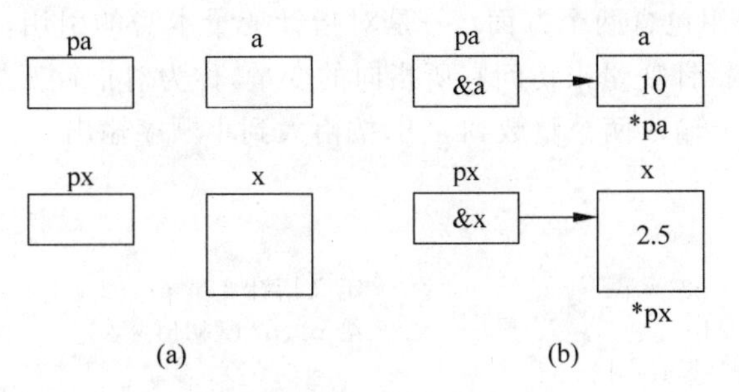

图 8-4 指针变量赋值示意图

```
pb=pa;
```

是合法的，此时 pa、pb 指向同一块内存空间。

注意：只有相同类型的指针变量才能相互赋值，如果 pa、pb 是指向不同类型数据的指针变量，则 pb=pa；或 pa=pb；都是不允许的。

3. 给指针变量赋“空”值

与一般变量一样，若在定义指针变量时不为其赋初值，它的值是不确定的，这个不确定的值即是该指针变量的当前指向。若这时引用指针变量，可能产生不可预料的后果，使程序或数据遭到破坏。为了避免这些问题的产生，可以给指针变量赋“空”值，其目的是使该指针变量不指向任何位置。

“空”指针值用 NULL 表示，NULL 是在头文件 stdio.h 中预定义的符号常量，其值为 0，例如：

```
int * pa=NULL;
```

亦可以用下面的语句给指针变量赋“空值”：

```
pa=0;
```

或

```
pa='\0';
```

注意：指针变量虽然可以赋 0 值，但却不能把其他的常量作为地址赋给指针变量。

例如，即使已知整型变量 a 的地址是 4000，也不能使用下面的赋值语句：

```
pa=4000;
```

而只能：

```
pa=&a;
```

对全局指针变量与局部静态指针变量而言，在定义时若未被初始化，则编译系统自动初始化为空指针 0。

8.2.2 指针变量的引用

指针变量一旦定义，我们就可以引用它，即使用它。

对指针变量的引用包含两个方面：一是对指针变量本身的引用，如对指针变量进行的各种运算；二是利用指针变量来访问它所指向的变量，称为对指针变量的间接引用。

例 8.2 从键盘上输入两个整数到 a、b，按由大到小顺序输出。

```
# include "stdio.h"
main()
{    int a, b, * p1, * p2, * p;              /* 定义指针变量 p1、p2、p */
     p1=&a;p2=&b;                            /* 给 p1、p2 赋初值 */
     scanf("%d%d", &a, &b);
     if( * p1< * p2)
     {    p=p1;                              /* 进行指针交换 */
          p1=p2;
          p2=p;
     }
     printf("a=%d, b=%d\n", a, b);
     printf("max=%d, min=%d\n", * p1, * p2); /* p1 指向大数，p2 指向小数 */
}
```

若输入：

4 7↙

输出结果为：

```
a=4, b=7
max=7, min=4
```

本例中指针变量 p1 与 p2 分别指向变量 a 与 b，输出时约定 p1 指向大数，p2 指向小数。为此，比较 a、b 的大小，若 a 小，则交换指针 p1、p2，使 p1 指向大数 b，p2 指向小数 a，从而达到题目的要求。指针变化情况如图 8-5 所示。

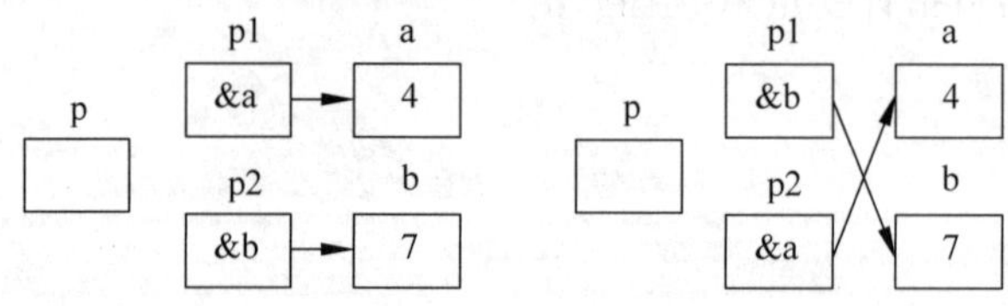

图 8-5 指针的变化情况示意图

8.3 指针变量的运算

8.3.1 指针变量的算术运算

指针变量是一种特殊的变量，其运算亦具有其特点。

一个指针变量可以加减一个整型数。C 语言规定，一个指针变量加（减）一个整型数并不是简单地将指针变量的原值进行加法（减法）运算，而是将该指针变量的原值（是一个地址）和它指向的变量所占用的内存单元字节数相加（减）。若 p 是一个指针变量且已有明确指向，n 代表一个整型数，则 p+n 仍然是一个地址，该地址的值是在 p 值的基础上增加

n×sizeof(指针变量的类型)。例如,有下列定义:

```
int *p,a=2,b=4,c=6;
```

假设 a,b,c 三个变量被分配在一个连续的内存区,a 的起始地址为 4000,如图 8-6(a)所示。

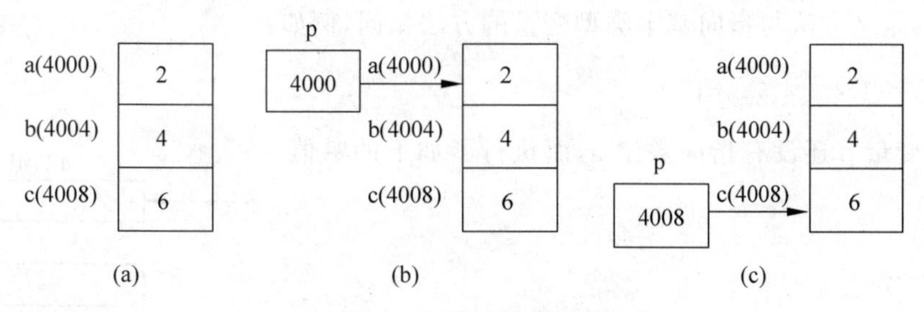

图 8-6 指针移动示意图

语句 p=&a;使指针变量 p 指向变量 a,如图 8-6(b)所示。

语句 p=p+2;使指针变量 p 向下移动两个整型数据的位置,即 p 的值为 4000+2*sizeof(int)=4000+2*4=4008,而不是 4004,如图 8-6(c)所示。

可以这样直观理解:p=p+n 使 p 向高地址方向移动 n 个存储单元块(一个存储单元块是指指针变量所指变量占用的存储空间);p=p-n 使 p 向低地址方向移动 n 个存储单元块。

显然可以对指针变量 p 进行如下的运算:

```
p++,++p,p--,--p
```

两个指针变量可以相减,其差值是两个指针之间的字节数,但两个指针变量相加并无实际意义。

8.3.2 指针变量的关系运算

与基本类型变量一样,指针变量也可以进行关系运算。若 p、q 是两个同类型的指针变量,则 p>q,p<q,p==q,p!=q,p>=q 都是允许的。

指针变量的关系运算在指向数组的指针中广泛应用,这一点在后面的 8.4 节中会有进一步的讨论。

注意:在指针变量进行关系运算之前,指针变量必须指向确定的变量或存储区域,即指针变量有初始值;另外,只有相同类型的指针变量才能进行比较。

8.4 指针与数组

在数组一章中已经得知,C 语言中数组名代表数组的起始地址或第一个元素的地址。根据指针的概念,数组的指针就是数组的起始地址,而数组元素的指针就是各元素的地址。由于数组中各元素在内存中是连续存放的,因此利用指向数组或数组元素的指针变量来使用数组,将更加灵活、快捷。

8.4.1 一维数组元素的指针访问方式

将一个一维数组的起始地址(数组名)赋给一个指针变量,则该指针变量就指向了这个数组的第一个元素,而后便可通过该指针变量访问数组的其他元素。指向一维数组元素的指针变量的定义方法与指向基本类型变量的方法相同,例如:

```
int a[5]={1,2,3,4,5}, * p;
```

此时,指针变量 p 还没有指向数组 a,而执行了如下的赋值语句:

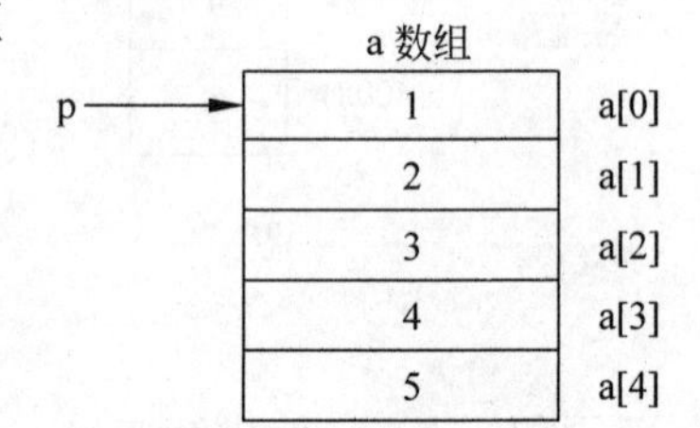

图 8-7 数组指针示意图

```
p=a;
```

后,指针变量 p 便指向数组 a。这与下列语句是等价的:

```
p=&a[0];
```

数组指针示意图如图 8-7 所示。

注意:数组名 a 代表该数组的起始地址,也是一个指针,但它是常量指针,它指向的是一片确定的内存区域,这片区域是定义 a 数组时系统分配给 a 数组的。因此,a 的值是不可改变的,如不能进行 a++ 等类似的操作,但可以使用 a 的值,如 a+1 等。而 p 是指针变量,其值是可以改变的,即可以进行 p++ 等类似的操作。

当赋给 p 不同元素的地址时,p 便指向不同元素,如下的操作是合法的:

```
p=p+2;
```

可以将下面两行

```
int a[5]={0,2,4,6,8}, * p;
p=a;
```

写成一行

```
int a[5]={0,2,4,6,8}, * p=a;
```

需要注意的是,如果指针变量 p 指向数组 a 的首地址,则 a 数组中第 i 个元素可用以下 4 种方法表示:

(1) 下标法:a[i]。

(2) 数组名法:*(a+i)。

(3) 指针法:*(p+i)。

(4) 指针下标法:p[i]。

这里(2)~(4) 其实都属于一维数组元素的指针访问方式。

例 8.3 使用不同方法输出整型数组 a 各元素值。

```
#include "stdio.h"
main()
{    int a[5]={1,2,3,4,5};
```

```
    int i, * p;
    for(i=0;i<5;i++)
        printf("%4d",a[i]);              /* 方法 1:下标法 */
    printf("\n");
    for(i=0;i<5;i++)
        printf("%4d", *(a+i));           /* 方法 2:数组名法 */
    printf("\n");
    for(p=a;p<a+5;p++)
        printf("%4d", * p);              /* 方法 3:指针法 */
    printf("\n");
    p=a;                                 /* 重新使 p 指向 a 数组的首地址 */
    for(i=0;i<5;i++)
        printf("%4d",p[i]);              /* 方法 4:指针下标法 */
    printf("\n");
}
```

输出结果为:

```
1  2  3  4  5
1  2  3  4  5
1  2  3  4  5
1  2  3  4  5
```

上面程序中几种访问数组元素的方法各有特点:

下标法直观,能直接标明是第几个元素,如 a[0]是第 1 个元素,a[3]是第 4 个元素。

指针法效率较高,能直接根据指针变量的地址值去访问指向的数组元素,而下标法 a[i],每次都要进行转换运算:a+i*元素字节数,再由所得地址值访问对应的元素 a[i]。

需要特别注意的是,利用指针变量访问数组元素时要注意指针变量的当前值。

例 8.4 从键盘上输入 5 个整数到数组 a 中,然后输出。

```
#include "stdio.h"
main()
{   int a[5],i, * p;
    p=a;                          /* 此语句使 p 指向 a 的第 1 个元素 */
    for(i=0;i<5;i++)
        scanf("%d",p++);          /* 输入的值放入 p 所指的地址中,然后 p 指向下一个元素 */
    p=a;                          /* 使 p 重新指向数组 a 的第 1 个元素 */
    for(i=0;i<5;i++)
        printf("%6d", *(p++));    /* 注意不能写成(*p)++,可以写成*p++ */
    printf("\n");
}
```

由于在输入时,循环每执行一次,指针变量 p 都自加一次,即下移一个元素位置,因此当第一个循环执行完之后,p 已经移到了 a 数组的末端,p 指向了数组 a 以后的整型单元。若要使用指针变量 p 来输出数组 a 中各元素,必须使 p 重新指向 a 数组的第一个元素,因此第二个 p=a; 语句不能少。

程序中的*(p++)相当于*p++,因为*与++优先级相同,且结合方向从右向左,其作用是先获得 p 所指向的变量,然后执行 p=p+1。

注意*(p++)与*(++p)意义不同,后者是先 p=p+1,再获得 p 所指向的变量。若

p=a,则 *(p++)表示 a[0],而后 p 指向 a[1]; *(++p)表示 a[1]。这两种写法 p 值都在改变,前者是使用 p 之后 p 值加 1,后者是使用 p 之前 p 值加 1。而(*p)++表示的是将 p 指向的变量值+1,p 本身的值不变。所以在编写程序时,应注意不同的写法所代表的不同含义。

8.4.2 二维数组元素的指针访问方式

1. 二维数组的地址

与一维数组类似,二维数组名代表二维数组的首行地址,它是一个二级指针。

对二维数组,用户可以这样来理解:它也是一个一维数组,只不过其数组元素又是一个一维数组。例如,有下面的二维数组定义:

```
int a[3][4]={{1,2,3,4},{5,6,7,8},{9,10,11,12}};
```

对于第 0 行的元素 a[0][0],a[0][1],a[0][2],a[0][3]可以看成是一维数组 a[0]的四个元素,把 a[0]看成是一维数组名。而 C 语言规定数组名代表数组的首地址,这样 a[0]即代表第 0 行的首地址,也是第 0 行第 0 列元素的地址:&a[0][0]。该行的其他元素地址亦可用数组名加序号来表示:a[0]+1,a[0]+2,a[0]+3。以此类推,a[1],a[2]分别可以看成第 1 行、第 2 行一维数组的数组名。这样 a[1]是第 1 行首地址,它等价于 &a[1][0]。该行各元素的地址可以用 a[1]+0,a[1]+1,a[1]+2,a[1]+3 表示。同理,第 2 行各元素的地址可以用 a[2]+0,a[2]+1,a[2]+2,a[2]+3 表示。

根据一维数组的地址表示方法,首地址为数组名,因此,a[0],a[1],a[2],分别代表 3 行的首地址,而将二维数组 a 看成是一维数组,根据前面讲的一维数组名法,a[0]又可以表示为 *(a+0),a[1]可表示为 *(a+1),a[2]表示为 *(a+2),即为指针形式的各行(一维数组)的首地址。这样,二维数组任意元素 a[i][j]的地址可以表示为 a[i]+j 或 *(a+i)+j。而元素值则表示为 *(a[i]+j)或 *(*(a+i)+j)。

例如,a[0][2]元素可表示为 *(a[0]+2)或 *(*(a+0)+2)。a[2][1]可表示为 *(a[2]+1)或 *(*(a+2)+1),这就是二维数组元素的指针表示形式。注意区分一个二维数组元素的三种表示形式:a[i][j](下标法)、*(a[i]+j)(一维数组名法)及 *(*(a+i)+j)(二维数组名法)。

二维数组的指针表示如图 8-8 所示。

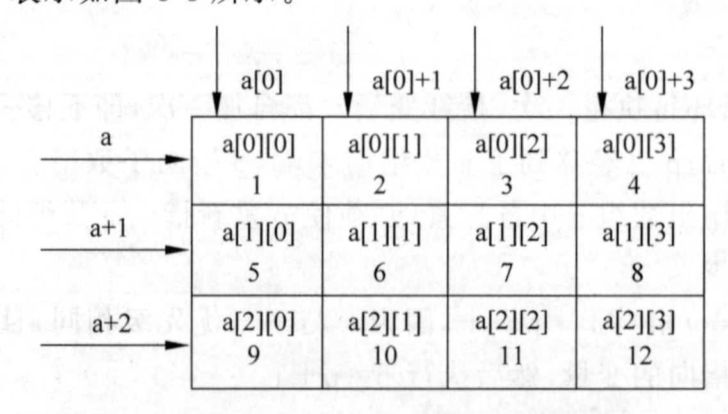

图 8-8 二维数组的指针表示

值得注意的是：若 a 是二维数组，则 a[i]代表一维数组名，只是一个地址，并不是具体元素。

例 8.5 输出二维数组中各元素的值。

```
#include "stdio.h"
main()
{   int a[2][3]={1,2,3,4,5,6};
    int i,j,k,*p;
    for(i=0;i<2;i++)                          /*方式1,用一维数组名法输出*/
    {   for(j=0;j<3;j++)
            printf("%4d",*(a[i]+j));
            /*这里a[i]是i行首地址,a[i]+j是i行j列元素的地址*/
        printf("\n");
    }
    for(i=0;i<2;i++)                          /*方式2,用二维数组名法输出*/
    {   for(j=0;j<3;j++)
            printf("%4d",*(*(a+i)+j));
            /*这里*(a+i)是i行首地址,*(a+i)+j是i行j列元素的地址*/
        printf("\n");
    }
    p=*(a+0);                                 /*使p指向a数组的第1个元素*/
    for(i=0;i<2;i++)                          /*方式3,用指向具体元素的指针变量输出*/
    {   for(j=0;j<3;j++)
            printf("%4d",*(p++));             /*输出p所指向的元素值*/
        printf("\n");
    }
}
```

输出的结果是：

```
1  2  3
4  5  6
1  2  3
4  5  6
1  2  3
4  5  6
```

对方式 1，*(a[i]+j)中 a[i]是 i 行首地址，a[i]+j 是 i 行 j 列元素的地址，故 *(a[i]+j)是代表 i 行 j 列的元素。对方式 2，*(*(a+i)+j)中 *(a+i)是 i 行首地址，*(a+i)+j 是 i 行 j 列元素的地址，故 *(*(a+i)+j)是代表 i 行 j 列的元素。对方式 3，开始时 p 指向数组的第一个元素，在循环体中每输出一个元素值，p 便指向下一个元素，由于二维数组元素是按行的顺序依次存放的，因此可通过 p 将数组中全部元素输出。

对于二维数组 a，应该注意以下几点：

(1) a 是二维数组名，代表数组首行地址，是常量指针，且是二级指针。a+i 指向第 i 行(第 i 行首地址)。

(2) *(a+i)指向第 i 行，第 0 列元素，是一级指针。注意不要认为 *(a+i)是 a+i 指向的元素，因为在二维数组中，a+i 是指向第 i 行，并不指向具体元素。

(3) a[i]+j 或 *(a+i)+j，表示元素 a[i][j]的地址，因此 *(a[i]+j)或 *(*(a+i)+j)表

示地址中的元素 a[i][j]。

2. 通过指向二维数组的指针变量访问二维数组元素

如果将二维数组的首地址赋给一个指针变量，则该指针变量就指向这个二维数组。指向二维数组的指针变量有两种情况：一是直接指向数组元素的指针变量，再一种是指向一行元素的指针变量，通过这两种指针变量均可访问二维数组元素。这两种不同形式的指针变量，其使用方法稍有差异。

(1) 通过直接指向二维数组元素的指针变量访问二维数组元素。这种指针变量的定义与普通指针变量定义相同，其类型与数组元素类型相同。

例 8.6 找出二维数组中的最大值，并指出其所在的位置(行列号)。

```
#include "stdio.h"
main()
{   int i,j,m,n,max,*p;
    int a[3][4]={1,2,3,4,5,6,7,8,9,10,11,12};
    p=a[0];
    max=*p;                              /*将第一个元素值赋给 max*/
    for(i=0;i<3;i++)
        for(j=0;j<4;j++,p++)
            if(max<*p)
            {   max=*p;m=i;n=j;}
    printf("max is:a[%d][%d]=%d\n",m,n,max);
}
```

运行结果为：

```
max is:a[2][3]=12
```

这里使用的是普通指针变量 p，先让 p 指向数组的第 1 个元素，即 a[0][0]，p++则指向下一个元素，利用二维数组按行存放的特点，便可找出最大值。

程序中，语句 p=a[0];不能写成 p=a;，因为 p 是一个指向整型变量的一级指针，而 a 是二级指针，p 与 a 类型不同，不能直接赋值。

(2) 通过指向二维数组一行的指针访问二维数组元素。

指向二维数组一行的指针亦称行指针。行指针定义形式为：

```
类型标识符 (*指针变量名)[元素个数];
```

例如：

```
int a[3][5], (*p)[5];
```

这里定义了一个二维数组 a 和一个行指针变量 p，p 可以指向一个具有 5 个整型元素的一维数组(行数组)。此时，p 和 a 之间还没有指向关系。若执行语句

```
p=a;      /*或 p=a+0; */
```

则 p 指向二维数组 a 的第 0 行 a[0]。由于 p 是行指针，所以 p+1 指向下一行 a[1]。p 的值是以一行元素占用存储空间字节数为单位进行调整。即 p 的值在行之间移动。

例 8.7 用行指针实现例 8.6 的功能。

```
# include "stdio.h"
main()
{    int i,j,m,n,max,( * p)[4];
     int a[3][4]={1,2,3,4,5,6,7,8,9,10,11,12};
     p=a;
     max= * ( * p+0);                          /* 将第一个元素 a[0][0]的值赋给 max */
     for(i=0;i<3;i++,p++)
         for(j=0;j<4;j++)
             if(max< * ( * p+j))
             {    max= * ( * p+j);m=i;n=j;}
     printf("max is:a[%d][%d]=%d\n",m,n,max);
}
```

注意例 8.6 与例 8.7 中 p++所在的位置,例 8.7 中 p++位于外层循环,即每处理完一行后指针下移,而例 8.6 中 p++位于内层循环,即每处理完一个元素指针下移。在本例中,行指针变量定义 int (* p)[4],不能写为 int * p[4],即小括号不能省略。对于后者,由于[ ]运算优先级高于 *,这样 p[4]构成数组后再与前面的 * 结合,这是定义一个有 4 个元素的指针数组的形式(每个元素的值都是指针值或地址),因此 int (* p)[4]和 int * p[4]意义是完全不同的。关于指针数组将在 8.4.4 中详细介绍。

需要注意的是,例 8.7 中使用的语句是“p=a;”,由于 p 是指向一维数组的行指针,所以实际上是将 a 数组的第 0 行的地址送给 p,p 与 a,a+1,…一样都是指向行的二级指针,故可以直接赋值。而此处写成 p=a[0]或 p=&a[0][0]就不对了。

8.4.3 字符指针与字符串

1. 字符指针

指向字符数据的指针变量称为字符指针变量。习惯上将字符指针变量简称为字符指针。字符指针的定义形式为:

```
char  * 指针变量名;
```

例如:

```
char a, * p;
p=&a;
```

字符指针主要用于处理字符串。

在数组一章中已经提到,字符串保存在字符数组中。

例如:

```
char c[]="computer";
```

定义了一个字符数组 c,并赋予了初值“computer”,字符数组 c 在内存中的存储分配如图 8-9 所示。

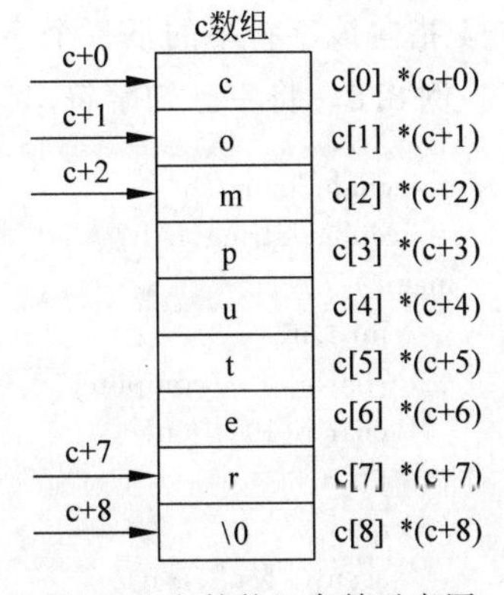

图 8-9 字符数组存储示意图

字符数组名同样是该字符数组的首地址,是常量指针。c+i 是元素 c[i]的地址,而 *(c+i) 自然是元素 c[i]了。如果一个字符数组中已存放了一个字符串,则该字符数组名就是该字符串的首地址。

将一个字符串的首地址赋给一个字符指针,该字符指针就指向了该字符串的第一个字符。

例如:

```
char c[5]="book", *p;                    /*定义字符数组c和字符指针p*/
p=c;                                     /*使p指向c数组,即指向字符串"book"*/
```

有了字符指针,对字符串的操作既可使用字符数组也可使用字符指针。请看下列程序:

```
#include "stdio.h"
main()
{   char c[5]="book", *p;
    p=c;
    printf("%s\n",c);                    /*整体输出c数组中的字符串*/
printf("%s\n",p);                        /*整体输出p指针所指向的字符串*/
}
```

语句 printf("%s\\n",p);也是对字符串进行整体输出,实际上是从指针所指向的字符开始逐个显示(系统在输出一个字符后自动执行 p++),直到遇到字符串结束标志'\0'为止。

运行结果为:

```
book
book
```

可以在定义字符指针的同时对其进行初始化。

例如:

```
char *p="computer";
```

编译系统将自动把存放字符串常量"computer"的存储区首地址赋给指针变量 p,使 p 指向该字符串的第一个字符。

对于字符指针 p,若 p 指向某字符串的第一个字符(即将该字符串的首地址赋给 p),则 p+1 指向该字符串的下一个字符。因此,可以通过字符指针来访问字符串中的各个字符。

例 8.8 将一已知字符串第 n 个字符开始的剩余字符复制到另一字符数组中。

```
#include "stdio.h"
#include "string.h"
main()
{   int i,n;
    char a[]="computer";
    char b[10], *p, *q;
    p=a;
    q=b;
    scanf("%d",&n);
    if(strlen(a)<n)
```

```
        printf("error!\n");
    else
    {   p=p+n-1;                          /*使p指向要复制的第一个字符*/
        for(;*p!='\0';p++,q++)
            *q=*p;
        *q='\0';                          /*复制后的字符串以'\0'结尾*/
        printf("String a:%s\n",a);
        printf("String b:%s\n",b);
    }
}
```

输入：

3↙

输出：

```
String a:computer
String b:mputer
```

2. 字符指针与字符数组的区别

虽然字符数组和字符指针都能实现字符串的处理，但它们两者之间是有区别的，不应混为一谈，主要有以下两点：

(1) 字符数组由若干个元素组成，每个元素可以存放一个字符，整个字符数组可以存放一个字符串。字符指针是一个变量，它只能存放字符数据的地址。

(2) 赋值方式不同。

例如：

对于字符数组 c 可以

```
char c[20]="computer";        /*定义时用字符串常量来对字符数组初始化*/
```

但不可以

```
char c[20];
c="computer";
```

即不能用赋值的方式将一个字符串放入字符数组中，此时应该使用字符串拷贝函数 strcpy(c, "computer")。

而对于字符指针 p，既可以

```
char *p="computer";
```

也可以

```
char *p;
p="computer";
```

因为 p 是字符指针，因此可以在定义 p 的同时将字符串常量"computer"在内存中的首地址赋给 p，也可以通过赋值的方式将字符串常量"computer"在内存中的首地址赋给 p。

字符指针是非常有用的，它使得对字符串的操作更加灵活、方便。在C语言库函数中，与字符串处理有关的函数中大量使用了字符指针，读者可以多加留意。

8.4.4 指针数组

数组是相同类型数据的集合，如果把多个指向同一数据类型的指针变量放入一个数组中，便构成一个指针数组。指针数组的每一个元素都是用来存放地址的，相当于指针变量，且都指向相同的数据类型。

指针数组的定义形式为：

```
类型标识符 *数组名[常量表达式];
```

例如：

```
int *p[10];
```

这里定义了一个指针数组p，由10个元素组成，其中每个元素都是指向int型的指针。此处*号是一个标记，是为了与一般数组相区别。

指针数组应用较广泛，特别是对字符串的处理。如前所述，一个字符串可以存放在一个一维字符数组中。当处理多个字符串时，需要建立二维字符数组来实现，每行存储一个字符串。由于字符串有长有短，用二维字符数组将浪费一定的空间。若使用字符指针数组来处理，将更加方便。例如有定义：

```
char *p[3];
```

则三个元素p[0]，p[1]，p[2]都可以指向一个一维字符数组或字符串。例如：

```
p[0]= "BASIC";
p[1]= "PASCAL";
p[2]= "FORTRAN";
```

对于字符指针，我们可以在定义它的同时将一个字符串常量（即字符串常量的首地址）赋给它。同样，对于字符指针数组，也可以在定义它的同时将多个字符串常量的首地址赋给它。

例如：

```
char *p[3]={"BASIC","PASCAL","FORTRAN"};
```

p[0]指向"BASIC"，p[1]指向"PASCAL"，p[2]指向"FORTRAN "。

用字符指针数组处理字符串与用二维字符数组保存字符串不同。对前者，所处理的各个字符串在内存中一般是不相邻的，即在内存中不是连续存储的，每个字符串也不占用多余的内存空间。对后者，数组的每行保存一个字符串，各字符串占用相同大小的存储空间，对于较短的字符串将浪费一定量的存储单元，而且，各字符串存放在一片连续的存储单元中。

例 8.9 有若干家电品牌名称，要求按名称由小到大的顺序排列。

```
#include "stdio.h"
#include "string.h"
```

```
main()
{   char *p[5]={"海尔","海信","小天鹅","长虹","方太"};
    int i;
    void sort(char *s[],int);
    sort(p,5);
    for(i=0;i<5;i++)
        printf("%s\n",p[i]);
}
void sort(char *s[],int n)
{   char *t;
    int i,j,k;
    for(i=0;i<n-1;i++)                      /*选择排序*/
    {   k=i;                                /*k记录每趟最小值下标*/
        for(j=i+1;j<n;j++)
            if(strcmp(s[k],s[j])>0)
                k=j;                        /*第j个元素更小*/
        if(k!=i)                            /*最小元素是该趟的第一个元素,则不需交换*/
        {   t=s[i];s[i]=s[k];s[k]=t; }
    }
}
```

输出结果为:

```
长虹
方太
海尔
海信
小天鹅
```

这里需要说明的是,汉字是按照其拼音字母的顺序排列的。

8.5 指针与函数

指针与函数关系密切。在程序中可以使用指针作为函数参数,也可以定义函数的返回值是指针类型(此时称该函数为指针函数),还可以定义指向函数的指针。

8.5.1 指针作为函数参数

函数的参数不仅可以是基本类型,也可以是指针类型。若定义函数时形参为指针变量,则调用函数时实参可以是指针变量或存储单元地址。

例 8.10 编写一个交换两个变量的函数。在主程序中调用该函数,实现两个变量值的交换。

```
#include "stdio.h"
main()
{   int a,b;
    int *pa, *pb;
    void swap(int *p1,int *p2);         /*函数声明,这里可省略p1和p2*/
```

```
    scanf("%d%d",&a,&b);
    pa=&a;                            /* pa 指向变量 a */
    pb=&b;                            /* pb 指向变量 b */
    swap(pa,pb);                      /* 调用函数 swap(),也可写成 swap(&a,&b); */
    printf("a=%d,b=%d\n",a,b);
}
void swap(int *p1,int *p2)
{   int temp;
    temp=*p1;                         /* 三行语句交换指针 p1、p2 所指向的变量的值 */
    *p1=*p2;
    *p2=temp;
}
```

程序运行结果如下：

```
输入：5 8↙
输出：a=8,b=5
```

程序中定义的 swap()函数的两个形参是指针变量 p1、p2，其功能是交换 p1、p2 所指向的两个变量的值。实参是指向 a、b 的指针变量 pa 和 pb。当程序执行时，由主函数分别输入 5 和 8 到变量 a 和 b 中，然后将 a 和 b 的地址分别赋予 pa 和 pb，即 pa 指向 a，pb 指向 b。在调用 swap()函数时，实参 pa、pb 的值分别传给形参 p1、p2，这样形参 p1 和实参 pa 都指向变量 a，形参 p2 和实参 pb 都指向变量 b。在执行函数时，看起来是将 *p1 和 *p2 的值互换，而实际上就是将 a 和 b 的值互换。函数返回时，虽然形参 p1 和 p2 已经被释放，但 a 和 b 的值已经被交换了。

例 8.10 中调用 swap()函数时实参也可以是变量的地址，例如：

```
swap(&a,&b);
```

此时指针变量 pa、pb 便可省略。若将 swap()函数改写为如下的形式，请分析此时该函数所完成的功能：

```
void swap(int *p1,int *p2)
{   int *p;
    p=p1;
    p1=p2;
    p2=p;
}
```

该函数的功能是将形参 p1、p2 的指针值互相交换。若将改写后的 swap()函数用于例 8.10 中，则主函数中变量 a 和 b 的值是不会被交换的。因为 swap()函数交换的是形参指针 p1 和 p2 的值，由于指针变量也遵循"单向传递"的原则，因此形参指针值的改变不会影响到实参指针的值，所以主函数中 a 和 b 的值也就没有被交换。这是初学者容易犯的错误，请多加注意。看下面的例子：

```
#include "stdio.h"
void swap(int *p1,int *p2)
{   int *p;
    p=p1;
```

```
    p1=p2;
    p2=p;
    printf("swap: * p1=%d, * p2=%d\n", * p1, * p2);
}
main()
{   int a,b, * pa, * pb;
    pa=&a;                          /* pa指向变量a */
    pb=&b;                          /* pb指向变量b */
    scanf("%d %d",&a,&b);
    swap(pa,pb);                    /* 实参为指针变量 */
    printf("main:a=%d,b=%d\n",a,b);
    printf("main: * pa=%d, * pb=%d\n", * pa, * pb);
}
```

这里把 swap()函数的定义写在了 main()函数的前面,因此在 main()函数中无需对该函数进行声明便可调用。

程序运行结果如下：

输入：

```
5 8↙
```

输出：

```
swap: * p1=8, * p2=5
main:a=5,b=8
main: * pa=5, * pb=8
```

比较输出结果可以发现：在 swap()函数中,输出的 * p1, * p2 的值是进行了交换的,但是,在 main()函数中输出的 a、b 的值以及 * pa、* pb 的值是没有被交换的,这说明在 swap()函数中进行的对形参指针变量的交换不会影响到实参指针变量。

本小节我们介绍的是指针作为函数参数,函数调用期间传递的是地址数据。在第 7 章数组中,已经介绍了用数组名作函数的参数,函数调用期间传递的是数组的首地址,同样也是地址数据。因此,有了指针的概念后,用数组名作函数参数就有了以下 4 种情况：

(1) 实参和形参都是数组名；

(2) 实参是数组名,形参是指针变量；

(3) 实参是指针变量,形参是数组名；

(4) 实参和形参都是指针变量。

例 8.11　求二维数组中全部元素之和。

分析：假如用 fun()函数来完成求二维数组中全部元素之和,则可写出以下程序。

```
#include "stdio.h"
int fun(int a[],int n)              /* 形参为数组名 */
{   int k,sum=0;
    for(k=0;k<n;k++)
        sum+=a[k];
    return(sum);
}
main()
```

```
{   int a[3][4]={1,2,3,4,5,6,7,8,9,10,11,12};
    int *p,total;
    p=a[0];                              /* 也可写成 p=&a[0][0]; */
    total=fun(p,12);                     /* 用指针变量作实参 */
    printf("total=%d\n",total);
}
```

也可将 fun()函数写成如下形式：

```
int fun(int a[],int n)                   /* 形参为数组名 */
{   int k,sum=0;
    for(k=0;k<n;k++)
        sum+=*a++;                       /* 形参数组名作为指针变量使用 */
    return(sum);
}
```

也可将 fun()函数写成如下形式：

```
int fun(int a[],int n)                   /* 形参为数组名 */
{   int k,sum=0;
    for(k=0;k<n;k++)
        sum+=*a++;                       /* 形参数组名作为指针变量使用 */
    return(sum);
}
```

本例程序中 main()函数在调用 fun()函数时，是用指针变量作实参，其实也可以用数组名作实参。但由于 main()函数中的 a 数组是一个二维数组，因此不能直接用数组名 a 作为函数实参，请读者考虑应如何实现这种调用。

需要指出的是，形参数组名只是用来接收实参传递过来的数组首地址，而只有指针变量才能存放地址，因此，C 编译系统都是将形参数组名作为指针变量来使用的，在上面的例 8.11 中，fun()函数还可写成以下形式：

```
int fun(int a[],int n)                   /* 形参为数组名 */
{   int k,sum=0;
    for(k=0;k<n;k++)
        sum+=*a++;                       /* 形参数组名作为指针变量使用 */
    return(sum);
}
```

用字符指针作函数的参数时，同样也有以下 4 种情况：

(1) 实参形参都是字符数组名；

(2) 实参是字符数组名，形参是字符指针；

(3) 实参是字符指针，形参是字符数组名；

(4) 实参和形参都是字符指针。

例 8.12　编写一个函数 str_cat()，使串 s2 接到串 s1 后。

```
#include "stdio.h"
char *str_cat(char *s1,char *s2)         /* 形参为字符指针 */
{   char *p;
    for(p=s1;*p!='\0';p++);              /* 使 p 指向 s1 的末尾 */
```

```
    while( * s2!='\0')
        * p++= * s2++;                 /* 将 s2 中的字符逐个接到 s1 之后 */
    * p='\0';                          /* 为连接后的字符串加结束标志 */
return(s1);
}
main()
{   char c1[80]= "I have a computer.";
    char c2[]="I learn c language.", * p;
    p=str_cat(c1,c2);                  /* 实参为字符数组名 */
    printf("The new string is:%s\n",p);  /* 根据函数的返回值输出 */
    printf("The new string is:%s\n",c1); /* 直接根据数组名输出 */
}
```

运行结果为：

```
The new string is: I have a computer. I learn c language.
The new string is: I have a computer. I learn c language.
```

在本例中，形参为字符指针，实参为字符数组名，属于上面给出的第(2)种情况。作为练习，请读者用其他三种方式完成例 8.12。

8.5.2 返回指针值的函数

函数的返回值也可以是指针类型的数据。返回指针值的函数也称为指针函数，其定义形式为：

```
类型标识符 *函数名(形式参数表)
{
    ⋮
}
```

与一般函数定义不同的是，指针函数在定义时需在函数名前加"*"号，以区别于一般函数。

例如：

```
int *fun(…)
{
    ⋮
}
```

函数 fun()即是一个指针函数，它的返回值为一个 int 型指针，这时要求在函数体中有返回指针或地址的语句，例如：

```
return(指针变量);
```

或

```
return(&变量名);
```

例 8.13 定义一个函数，将两个数中较大数的地址返回。

```
int * fun(int a,int b)
{    int * p;
     if(a>b)
          p=&a;
     else
          p=&b;
     return(p);                                  /* 返回指向最大值的指针变量 */
}
```

也可将该函数写成如下形式：

```
int * fun(int a,int b)
{    if(a>b)
          return(&a);                            /* 返回最大值的地址 */
     else
          return(&b);                            /* 返回最大值的地址 */
}
```

用户可以编写一个主函数来调用 fun()函数：

```
#include "stdio.h"
main()
{    int a,b, * p;
     scanf("%d,%d",&a,&b);
     p=fun(a,b);                                 /* 指针变量 p 存放指针函数的返回值 */
     printf("\nmax=%d\n", * p);                  /* 输出 a,b 中较大值 */
}
```

输入：

```
5,15↙
```

输出：

```
max=15
```

值得注意的是，指针函数的返回值一定得是地址，并且返回值的类型要与函数类型一致。

返回指针值的函数是很有用的，在库函数中有许多是返回指针值的，如字符串连接函数 strcat()、字符串拷贝函数 strcpy()、动态存储分配函数 malloc()等。读者应该很好地掌握指针函数的定义、调用等规则。

例 8.14 编写函数 fun()，其功能是：将形参 s 所指字符串中的所有数字字符顺序前移，其他字符顺序后移，处理后新字符串的首地址作为函数值返回。程序中由主函数调用 fun()函数。

例如，s 所指字符串为 asd123fgh5##43df，处理后新字符串为 123543asdfgh##df。

参考程序如下：

```
#include <stdio.h>
#include <string.h>
```

```
#include<stdlib.h>
#include<ctype.h>
char *fun(char *s)
{   int i, j, k, n;
    char *p, *t;
    n=strlen(s)+1;
    t=(char*)malloc(n*sizeof(char));     /*申请n个char型内存空间,首地址给t*/
    p=(char*)malloc(n*sizeof(char));     /*申请n个char型内存空间,首地址给p*/
    j=0; k=0;
    for(i=0; i<n; i++)
    {   if(isdigit(s[i]))
        {   p[j]=s[i]; j++;}                /*将数字字符放入p所指向的内存空间*/
        else
        {   t[k]=s[i]; k++; }               /*将非数字字符放入t所指向的内存空间*/
    }
    for(i=0; i<k; i++)
        p[j+i]= t[i];              /*将t所指向的字符串连接到p所指向的字符串后面*/
    p[j+k]=0;                     /*给处理后的字符串尾加结束标志,也可写成p[j+k]='\0';*/
    return p;
}
main()
{   char s[80];
    printf("Please input: ");
    scanf("%s",s);
    printf("\nThe result is: %s\n",fun(s));
}
```

本程序中的malloc()函数是用来申请内存空间的,函数的参数是要申请空间的字节数,函数的返回值是所申请到的内存空间的首地址,但该地址为void类型,因此程序中使用了强制类型转换的方法,将其转换成所需的char型。使用malloc()函数需要"stdlib.h"头文件。程序中的isdigit()函数用来判定一个字符是否为数字字符,若为数字字符,函数值为1,否则为0。使用isdigit()函数需要"ctype.h"头文件。

在本例中,为了实现数字字符顺序前移,其他字符顺序后移,我们采用的方法是,先将数字字符顺序放入p所指向的空间,非数字字符顺序放入t所指向的空间,然后将t所指向的字符串连接到p所指向的字符串后面,最后加字符串结束标志。

8.5.3 指向函数的指针

编译后的函数是由一串指令序列构成的,其代码存储在连续的一片内存单元中,这些代码中的第一个代码所在的内存地址,称之为函数的首地址。函数首地址是函数的入口地址。主函数在调用子函数时,就是让程序转移到函数的入口地址去执行。

与数组名代表数组的首地址一样,在C语言中,函数名代表函数的入口地址。这就是说通过函数名可以得到函数的入口地址。反过来,亦可通过该地址找到这个函数,故称函数的入口地址为函数的指针。如果将函数的入口地址赋给一个指针变量,则该指针变量就是一个指向函数的指针。

指向函数的指针变量定义的一般形式为：

类型标识符 (＊指针变量名)(形式参数表)；

例如：

```
int   (＊p)(…)；
float  (＊q)(…)；
```

这里 p 是一个指向函数的指针，且该函数是一个返回整型值的函数；q 也是一个指向函数的指针，它专门指向返回单精度实型值的函数。注意 int (＊p)();不能写成 int ＊p();，即＊p 前后的小括号不能省略。int (＊p)();是变量定义，定义 p 为一个指向函数的指针变量，且专门指向 int 型的函数，int ＊p();是函数声明，声明 p 是一个指针函数，其返回值为 int 型指针，因此在编写程序时一定要注意格式不能写错。

指向函数的指针变量，亦像其他指针变量一样要赋以地址值才能引用。当把某个函数的入口地址赋给指向函数的指针变量，就可通过该指针变量来调用它所指向的函数。

例 8.15 用函数 max()求一维数组元素的最大值，在主函数中分别用函数名和函数指针调用该函数。

```
#include "stdio.h"
#define N 10
float max(float a[],int n)
{    int i;
     float m=a[0];
     for(i=1;i<n;i++)
         if(a[i]>m)
             m=a[i];
     return m;
}
main()
{    float maxf,maxp;
     float a[N]={11,2,3,4,5,15,64,7,58,39};
     float (*p)(float a[],int n);          /*定义指向函数的指针 p*/
     p= max;                               /*将函数 max()的入口地址赋给 p,使 p 指向该函数*/
     maxp=p(a,N);                          /*通过函数指针调用 max()函数*/
     maxf=max(a,N);                        /*通过函数名调用 max()函数*/
     printf("maxp=%.2f\n",maxp);
     printf("maxf=%.2f\n",maxf);
}
```

程序运行结果为：

```
maxp=64.00
maxf=64.00
```

例 8.15 中使用了函数指针和函数名两种方法调用 max()函数。

注意，用函数指针调用函数是间接调用，C 编译系统无法进行参数类型检查。因此，在使用这种形式调用函数时要特别小心，实参一定要和指针所指函数的形参类型一致。

指向函数的指针也可以作为函数的参数，此时，当函数指针每次指向不同的函数时，将执行不同的函数来完成不同的功能，这也是函数指针作函数参数的意义所在。

例 8.16 在主函数中输入直角三角形的两条直角边，求直角三角形的面积、斜边长。

```
#include "stdio.h"
#include "math.h"
float area(int x,int y)
{   float z;
    z=x*y/2.0;                  /*求直角三角形面积*/
    return(z);
}
float length(int x,int y)
{   float z;
    z=sqrt(x*x+y*y);            /*求直角三角形斜边长*/
    return(z);
}
float fun(int x,int y,float (*p)(int x,int y))
{   float z;
    z=p(x,y);                   /*通过形参p得到实参传来的函数入口地址调用不同函数*/
    return(z);
}
main()
{   int m,n;
    float s,len;
    float (*p)(int m,int n);    /*定义函数指针变量p*/
    printf("请输入两条直角边的长度:");
    scanf("%d,%d",&m,&n);      /*输入两条直角边*/
    p=area;                     /*求面积函数的函数名(入口地址)赋给p*/
    s=fun(m,n,p);               /*用函数指针作实参*/
    len=fun(m,n,length);        /*直接用函数名作实参*/
    printf("直角三角形的面积为:%.2f\n",s);
    printf("斜边长为:%.2f\n",len);
}
```

程序运行结果为：

```
请输入两条直角边的长度: 3,4↙
直角三角形的面积为: 6.00
斜边长为: 5.00
```

例 8.16 中，函数 fun()有三个形参，其中形参 p 是指向函数的指针变量。该函数的功能就是利用 main()函数调用 fun()函数时传给 p 的不同实参(函数名 area 与 length)，使 p 指向不同的函数，从而实现分别对 area()与 length()的调用，计算出直角三角形的面积与斜边长。

在例 8.16 中，将 area()函数、length()函数和 fun()函数的定义放在了 main()函数之前，因此在调用这些函数时不需对这些函数进行声明。

根据上面的讨论，我们可以总结出指向函数的指针变量的使用步骤。

（1）定义一个指向函数的指针变量，例如：

```
float (*p)(int m,int n);
```

（2）为该指针变量赋值，格式如下：

```
p=函数名;
```

注意：赋值时只需给出函数名，不要带参数，也不要带小括号。

（3）通过函数指针调用函数，调用格式如下：

```
p(实参);
```

函数指针的性质与变量指针性质相同，所不同的是变量指针指向内存的数据区，而函数指针指向内存的程序代码区。在C语言中函数指针的主要作用体现在函数间传递函数。当被调函数的形参是函数指针时，可以用不同的函数名作实参去调用该函数，从而实现在不对主调函数进行任何修改的前提下调用不同的函数，完成不同的功能。或者用函数指针变量作实参，当给该指针变量赋不同的函数入口值（指向不同的函数）时，亦可实现在主调函数中调用不同的函数。

与变量指针不同的是，由于函数指针指向函数入口代码区，因此对其进行算术运算是没有意义的。

8.6 带参数的main()函数及其使用

8.6.1 命令行参数

在前面所举的程序例子中，main()函数都是不带参数的，其实main()函数也可以有参数，由于main()函数是一个特殊的函数，它是被系统调用的，因此其实参也需由系统带入。

我们知道，C语言程序经编译连接后产生的可执行文件可在操作系统命令状态下运行，这种运行方式称为命令行方式。采用该方式运行程序，可从命令行中为系统所调用的main()函数传递参数。输入的命令（或运行程序）及该命令（或程序）所需的参数称为命令行参数。命令行中的参数就是main()函数的实参。

8.6.2 带参数的main()函数

指针数组的一个重要应用就是作main()函数的形式参数。带形参的main()函数的一般形式是：

```
main(int argc,char *argv[])
{
    ⋮
}
```

其中形参argc记录了命令行中字符串的个数，argv[ ]是一个字符型指针数组，每一个元素按顺序分别指向命令行中的一个字符串。

由于 main()函数是被系统调用的,因此 main()函数的实参是通过命令行的方式由系统提供的。

main()函数所需的实参与形参的传递方式与一般 C 语言函数的参数传递有所不同。main()函数的实参是在命令行中与程序名一同输入,程序名和各实参之间都用空格分隔。其格式为:

```
可执行程序名 参数 1 参数 2 … 参数 n
```

main()函数的形参 argc 接收的是命令行中参数的个数(包括可执行程序名),其值大于或等于 1,而不是像普通 C 语言函数一样接收第一个实参。

形参 argv 是一个指针数组,其元素依次指向命令行中以空格分开的各字符串。即:第一个指针 argv[0]指向的是程序名字符串,argv[1]指向参数 1,argv[2]指向参数 2,…,argv[n]指向参数 n。

下面通过示例来进一步说明命令行参数是如何传递的。

例 8.17 设下列程序名为 exam.c,经编译连接后生成的可执行程序为 exam.exe。请分析程序执行结果。

```
#include "stdio.h"
main(int argc,char *argv[])
{   int i=0;
    printf("argc=%d\n",argc);
    while(argc>=1)
    {   printf("参数%d:%s\n",i,argv[i]);
        i++;
        argc--;
    }
}
```

若运行该程序时在命令行输入的是:

```
exam  BASIC PASCAL FORTRAN↙
```

则输出结果为:

```
argc=4
参数 0:exam
参数 1:BASIC
参数 2:PASCAL
参数 3:FORTRAN
```

程序开始运行后,系统将命令行中字符串个数送入 argc,将 4 个字符串 exam、BASIC、PASCAL、FORTRAN 的首地址分别传给形参字符指针数组元素 argv[0]、argv[1]、argv[2]、argv[3],具体如图 8-10 所示。

main()函数利用形参 argc、argv 建立起了程序与系统的通信联系。其实 main()函数中的形参名可以不用 argc、argv,而改用其他的形参名,但它们的类型不能改变,习惯上大家都这么用,建议仍沿用这一习惯。

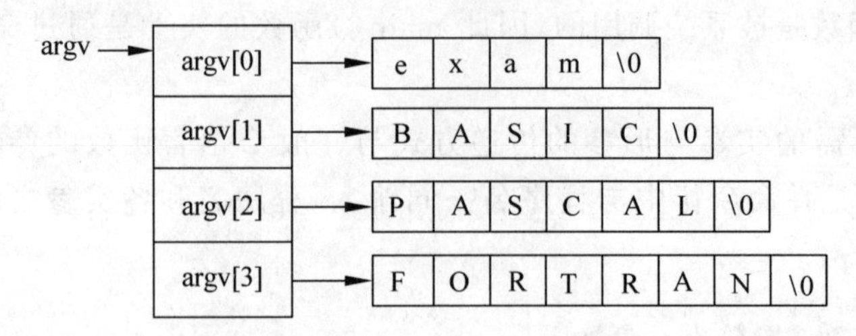

图 8-10　命令行参数指针数组示意图

8.7　程序举例

例 8.18　输入一个十进制正整数，将其转换成二进制数或八进制数或十六进制数，并输出转换结果。

分析：

(1) 将十进制数 n 转换成 r 进制数的方法是“除 r 取余法”，直到商数为 0 结束，然后反序排列每次所得余数即可。

(2) 对于十六进制数中大于 9 的 6 个数字是用 A、B、C、D、E、F 表示。

(3) 将所得余数序列转换成字符保存在字符数组 a 中。

(4) 字符'0'的 ASCII 码是 48，故余数 0～9 只要加上 48 就变成字符'0'～'9'了；余数中大于 9 的数 10～15 要转换成字母，加上 55 就转换成'A'、'B'、'C'、'D'、'E'、'F'了。

(5) 由于求得的余数序列是低位到高位，所以输出数组 a 时要反向进行。

(6) 用转换函数 void trans10(char *p, long m, int base)进行进制转换，m 为被转换数，base 为基数，指针参数 p 带入的是存放结果的数组的首地址。

程序如下：

```
#include "stdio.h"
#include "string.h"
main()
{   int i,radix;
    long n;
    char a[30];                          /*存放结果的数组*/
    void trans10(long m,int base,char *p); /*转换函数说明*/
    printf("请输入转换基数(2,8,16):");
    scanf("%d",&radix);                  /*输入转换基数*/
    printf("请输入被转换的数:");
    scanf("%ld",&n);                     /*输入被转换的数*/
    trans10(n,radix,a);                  /*调用转换函数*/
    printf("十进制数%d转换为%d进制数为:",n,radix);
    for(i=strlen(a)-1;i>=0;i--)        /*逆向输出转换结果*/
        printf("%c",*(a+i));
    printf("\n");
}
void trans10(long m,int base,char *p)
{   int r;
    while(m>0)
```

```
    {   r=m%base;                  /* 求余数 */
        if(r<10) *p=r+48;          /* 将 r 由数值转换成对应的字符后送 p 指向的元素 */
        else *p=r+55;              /* 对于数 10~15 转换成 A~F 后送 p 指向的元素 */
        m=m/base;
        p++;                       /* 指针下移 */
    }
    *p='\0';                       /* 在最后加上字符串结束标志 */
}
```

运行结果为：

```
请输入转换基数(2,8,16): 16↙
请输入被转换的数: 12345↙
输出:
3039
```

本程序中由函数 trans10()完成转换功能，只要输入不同的基数，利用形参 base 可以实现将十进制数转换为其他进制的数。函数形参使用了字符指针 p，主函数调用 trans10()时，将实参字符数组 a 的首地址传给了形参 p，使 p 指向数组 a。在函数中，对形参指针 p 所指对象(即 *p)的操作，如 *p=r+48，实际上就是对实参 a 数组的某个元素的操作。

实际上例 8.18 可以实现将十进制数转换成任意进制的数。

例 8.19 从键盘上输入一个字符串与一个指定字符，将字符串中出现的指定字符全部删除。

分析：要从字符串中删除指定字符只要将指定字符后的字符向前挪动即可，即采用覆盖指定字符的方法来实现。

程序如下：

```
#include "stdio.h"
void delchar(char *s,char c)
{   char *p;
    for(p=s;*p!='\0';p++)
        if(*p!=c)
            *s++=*p;
    *s='\0';
}
main()
{   char str[80],c;
    printf("Input a string:");
    gets(str);
    printf("Input a char:");
    scanf("%c",&c);
    delchar(str,c);
    printf("\nDeleted string:");
    puts(str);
}
```

运行结果为：

```
Input a string:abcabc↙
Input a char:a↙
Deleted string:bcbc
```

本章小结

1. 本章主要介绍了指针的基本概念,介绍了指针变量的定义及初始化方法。
2. 介绍了指针作为函数参数的方法；返回指针值函数的定义方法。
3. 介绍了用指向数组的指针来访问数组元素的方法。
4. 介绍了字符指针及其应用。
5. 介绍了二级指针、行指针和指向函数的指针的概念。
6. 介绍了指针数组的定义及使用；介绍了带参数的main()函数及参数传递的方法。

习　题

一、选择题

1. 若有定义：int x=0,*p=&x;,则语句 printf("%d\n",*p);的输出结果是(　　)。

A) 随机值　　B) 0　　C) x的地址　　D) p的地址

2. 若有说明：int i,j=7,*p=&i;,则与 i=j;等价的语句是(　　)。

A) i=*p;　　B) *p=*&j;　　C) i=&j;　　D) i=**p;

3. 若有以下定义和语句：

```
#include <stdio.h>
int a=4,b=3,*p,*q,*w;
p=&a;  q=&b;  w=q;  q=NULL;
```

则以下选项中错误的语句是(　　)。

A) *q=0;　　B) w=p;　　C) *p=a;　　D) *p=*w;

4. 有如下程序段：

```
int *p,a=10,b=1;
p=&a;  a=*p+b;
```

执行该程序段后a的值为(　　)。

A) 10　　B) 11　　C) 12　　D) 编译出错

5. 指针s所指字符串的长度为(　　)。

```
char *s="\\Name\101dress\n";
```

A) 12　　B) 13　　C) 14　　D) 15

6. 有以下程序：

```
# include "stdio.h"
main()
{    int a[]={2,4,6,8,10},y=0,x,*p;
     p=&a[1];
     for(x=1;x<3;x++)y+=p[x];
     printf("%d\n",y);
}
```

程序运行后的输出结果是(　　)。

A) 10　　B) 11　　C) 14　　D) 15

7. 有以下程序：

```
# include "stdio.h"
main()
{    int a[]={1,2,3,4,5,6,7,8,9,0},*p;
     for(p=a;p<a+10;p++) printf("%d,",*p);
}
```

程序运行后的输出结果是(　　)。

A) 1,2,3,4,5,6,7,8,9,0,　　B) 2,3,4,5,6,7,8,9,10,1,

C) 0,1,2,3,4,5,6,7,8,9,　　D) 1,1,1,1,1,1,1,1,1,1,

8. 有以下程序：

```
int a[10]={1,2,3,4,5,6,7,8,9,10},*p=&a[3],b;
b=p[5];
```

b 中的值是(　　)。

A) 5　　B) 6　　C) 8　　D) 9

9. 有以下程序：

```
# include "stdio.h"
main()
{    int x[8]={8,7,6,5,0,0},*p;
     p=x+3;
     printf("%d\n",p[2]);
}
```

程序运行后的输出结果是(　　)。

A) 随机值　　B) 0　　C) 5　　D) 6

10. 有以下程序：

```
# include "stdio.h"
void ptr(int *m,int n)
{    int i;
     for(i=0;i<n;i++) m[i]++;
}
main()
{    int a[]={1,2,3,4,5},i;
```

```
    ptr(a,5);
    for(i=0;i<5;i++) printf("%d,",a[i]);
}
```

程序运行后的输出结果是(　　)。

A) 1,2,3,4,5,　　B) 2,3,4,5,6,

C) 3,4,5,6,7,　　D) 2,3,4,5,1,

11. 有以下程序：

```
#include "stdio.h"
void point(char *p)
{    p+=3;}
main()
{    char b[4]={'a', 'b', 'c', 'd'}, *p=b;
     point(p);
     printf("%c\n", *p);
}
```

程序运行后的输出结果是(　　)。

A) a　　B) b　　C) c　　D) d

12. 下面程序的输出结果是(　　)。

```
#include "stdio.h"
main()
{    char a[10]={9,8,7,6,5,4,3,2,1,0}, *p=a+5;
     printf("%d\n", *--p);
}
```

A) 非法　　B) a[4]的地址　　C) 5　　D) 3

13. 下面程序的输出结果是(　　)。

```
#include "stdio.h"
void prtv(int *x)
{    printf("%d\n",++*x);}
main()
{    int a=25;
     prtv(&a);
}
```

A) 23　　B) 24　　C) 25　　D) 26

14. 下面程序的输出结果是(　　)。

```
#include "stdio.h"
main()
{    int **k, *j,i=100;
     j=&i;k=&j;
     printf("%d\n", **k);
}
```

A) 运行错误　　B) 100　　C) i 的地址　　D) j 的地址

15. 设有如下定义：

```
int (*p)();
```

则以下叙述中正确的是(　　)。

A) p 是指向一维数组的指针

B) p 是指向 int 型数据的指针变量

C) p 是指向函数的指针，该函数返回一个 int 型数据

D) p 是一个函数名，该函数的返回值是指向 int 型数据的指针

16. 若有以下说明和语句：

```
int a[4][5],(*p)[5];
p=a;
```

能够正确引用 a 数组元素的是(　　)。

A) p+1　　B) *(p+1)

C) *(p+1)+3　　D) *(p[0]+2)

17. 设有以下定义和语句：

```
int a[3][2]={1,2,3,4,5},*p[3];
p[0]=a[1];
```

则 *(p[0]+1)所代表的数组元素是(　　)。

A) a[0][1]　　B) a[1][0]

C) a[1][1]　　D) a[1][2]

18. 若有定义：int x[6]={1,2,3,4,5,6},*p=x,i;

要求依次输出 x 数组 6 个元素中的值，不能完成此操作的语句是(　　)。

A) for(i=0;i<6;i++)　printf("%2d,",*(p++));

B) for(i=0;i<6;i++)　printf("%2d,",*(p+i));

C) for(i=0;i<=6;i++)　printf("%2d,",*p++);

D) for(i=0;i<6;i++)　printf("%2d,",(*p)++));

19. 有以下程序：

```
#include "stdio.h"
int *f(int *x,int *y)
{   if(*x<*y)
        return x;
    else
        return y;
}
main()
{   int a=7, b=8, *p=&a, *q=&b, *r;
    r=f(p,q);
    printf("%d,%d,%d\n", *p, *q, *r);
}
```

程序运行后的输出结果是(　　)。

A）7,8,8　　B）7,8,7　　C）8,7,7　　D）8,7,8

20. 有以下程序：

```
#include "stdio.h"
int a=2;
int f(int *a)
{    return (*a)++;}
main()
{    int s=0;
     {    int a=5;
          s+=f(&a);
     }
     s+=f(&a);
     printf("%d\n",s);
}
```

程序运行后的输出结果是(　　)。

A）10　　B）9　　C）8　　D）7

二、填空题

1. 以下程序的输出结果是________。

```
#include "stdio.h"
main()
{    int a[]={30,25,20,15,10,5}, *p=a;
     p++;
     printf("%d\n", *(p+3));
}
```

2. 以下程序的输出结果是________。

```
#include "stdio.h"
main()
{    char *p="abcdefgh", *r;
     long *q;
     q=(long *)p;
     q++;
     r=(char *)q;
     printf("%s\n",r);
}
```

3. 以下程序的输出结果是________。

```
#include "stdio.h"
main()
{    char s[]="abcdefg";
     s[3]='\0';
     printf("%s\n",s);
}
```

4. 以下程序的输出结果是________。

```
#include "stdio.h"
```

```
void swap(int *a,int *b)
{   int *t;
    t=a;a=b;b=t;
}
main()
{   int x=3,y=5,*p=&x,*q=&y;
    swap(p,q);
    printf("%d,%d\n",*p,*q);
}
```

5. 以下程序的输出结果是________。

```
#include "stdio.h"
void f(int y,int *x)
{   y=y+*x;
    *x=*x+y;
}
main()
{   int x=2,y=4;
    f(y,&x);
    printf("%d,%d\n",x,y);
}
```

6. 给定程序中,函数 fun 的功能是:将 a 所指 4×3 矩阵中第 k 行的元素与第 0 行元素交换。例如,有下列矩阵:

```
1   2   3
4   5   6
7   8   9
10  11  12
```

若 k 为 2,程序执行结果为:

```
7   8   9
4   5   6
1   2   3
10  11  12
```

请填空。

```
#include <stdio.h>
#define N 3
#define M 4
void fun(int (*a)[N], int ________)
{   int i,j,temp ;
    for(i=0;i< ________ ; i++)
    {   temp=a[0][i] ;
        a[0][i]= ________;
        a[k][i]=temp ;
    }
}
main()
```

```
{   int x[M][N]={ {1,2,3},{4,5,6},{7,8,9},{10,11,12} },i,j;
    printf("The array before moving:\n\n");
    for(i=0; i<M; i++)
    {   for(j=0; j<N; j++) printf("%3d",x[i][j]);
        printf("\n\n");
    }
    fun(x,2);
    printf("The array after moving:\n\n");
    for(i=0; i<M; i++)
    {   for(j=0; j<N; j++) printf("%3d",x[i][j]);
        printf("\n\n");
    }
}
```

7. 给定程序中，函数 fun 的功能是：将形参 s 所指字符串中的数字字符转换成对应的数值，计算出这些数值的累加和作为函数值返回。例如，形参 s 所指的字符串为 abs5def126jkm8，程序执行后的输出结果为 22。请填空。

```
#include <stdio.h>
#include <string.h>
#include <ctype.h>
int fun(char *s)
{   int sum=0;
    while(*s)
    {   if( isdigit(*s) ) sum+= *s- ________;
        ________;
    }
    return ________ ;
}
main()
{   char s[81]; int n;
    printf("Enter a string:"); gets(s);
    n=fun(s);
    printf("The result is: %d\n",n);
}
```

8. 给定程序中，函数 fun 的功能是：计算出形参 s 所指字符串中包含的单词个数，作为函数值返回。为便于统计，规定各单词之间用空格隔开。例如，形参 s 所指的字符串为 This is a C language program.，函数的返回值为 6。请填空。

```
#include <stdio.h>
int fun(char *s)
{   int n=0, flag=0;
    while(*s!='\0')
    {   if(*s!=' ' && flag==0)
        {________; flag=1;}
        if (*s==' ') flag= ________;
        ________;
    }
return n;
```

```
}
main()
{   char str[81]; int n;
    printf("\nEnter a line text:\n"); gets(str);
    n=fun(str);
    printf("\nThere are %d words in this text.\n\n",n);
}
```

9. 给定程序中，函数 fun 的功能是：找出 N×N 矩阵中每列元素中的最大值，并按顺序依次存放于形参 b 所指的一维数组中。请填空。

```
#include <stdio.h>
#define N 4
void fun(int (*a)[N], int *b)
{   int i,j;
    for(i=0; i<N; i++)
    {   b[i]= ________;
        for(j=1; j<N; j++)
            if(b[i] ________ a[j][i]) b[i]=a[j][i];
    }
}
main()
{   int x[N][N]={ {12,5,8,7},{6,1,9,3},{1,2,3,4},{2,8,4,3} },y[N],i,j;
    printf("\nThe matrix :\n");
    for(i=0;i<N; i++)
    {   for(j=0;j<N; j++) printf("%4d",x[i][j]);
        printf("\n");
    }
    fun(________);
    printf("\nThe result is:");
    for(i=0; i<N; i++) printf("%3d",y[i]);
    printf("\n");
}
```

10. 给定程序中，函数 fun 的功能是：将形参 n 所指变量中，各位上为偶数的数去除，剩余的数按原来从高位到低位的顺序组成一个新的数，并通过形参指针 n 传回所指变量。例如，输入一个数 27638496，新的数为 739。请填空。

```
#include <stdio.h>
void fun(unsigned long *n)
{   unsigned long x=0, i; int t;
    i=1;
    while(*n)
    {   t=*n % ________;
        if(t%2!= ________)
        {   x=x+t*i; i=i*10; }
            *n = *n /10;
        }
        *n=________;
    }
main()
```

```
{    unsigned long n=-1;
     while(n>99999999||n<0)
     {    printf("Please input(0<n<100000000): "); scanf("%ld",&n); }
     fun(&n);
     printf("\nThe result is: %ld\n",n);
}
```

三、编程题(本章习题均要求用指针方法处理)

1. 输入3个整数,按由小到大的顺序输出。

2. 输入3个字符串,按由小到大的顺序输出。

3. 输入10个整数,将其中最小的数与第一个数对换,将最大的数与最后一个数对换。编写3个函数:(1) 输入10个数;(2) 进行处理;(3) 输出10个数。

4. 有n个整数,使前面各数顺序向后移n-m个位置,最后m个数变成最前面m个数,见图8-11。请编写一个函数实现以上功能,在主函数中输入n个整数并输出调整后的n个数。

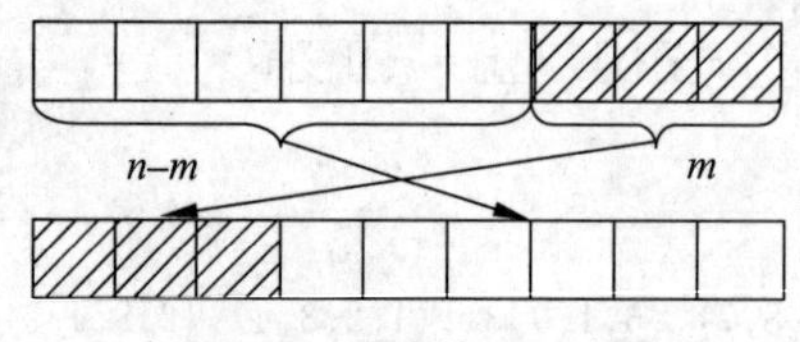

图8-11　移动前后示意图

5. 请编写一个函数,求一个字符串的长度(不能用库函数strlen())。在main()函数中输入字符串,并输出其长度。

6. 将n个数按输入时顺序的逆序排列,用函数实现。

7. 编写一程序,输入月份号,输出该月的英文月份名。例如,输入“3”,则输出“March”。

第9章 结构体和共用体

教学目标

掌握结构体类型的定义方法，掌握结构体变量定义及初始化的方法。能够用结构体变量、结构体数组及结构体指针编写程序。掌握共用体类型的定义方法，掌握用 typedef 进行类型定义。掌握链表的概念，能够创建链表、输出链表及对链表进行插入、输出等操作。

本章要点

- 结构体类型的定义
- 结构体变量的定义及初始化
- 结构体数组及结构体指针
- 共用体类型的定义
- 用 typedef 进行类型定义
- 链表的基本操作

在前面的章节中，我们学习了一些简单数据类型(整型、实型、字符型)变量的定义和应用，还学习了数组(一维、二维)的定义和应用。我们知道数组的全部元素都具有相同的数据类型，或者说是相同数据类型的一个集合。然而在日常生活中，我们经常会遇到一些需要填写的登记表，如住宿表、成绩表、通信地址等。在这些表中，填写的数据是不能用同一种数据类型描述的，因此不能把它们放在前面介绍的简单数据类型的数组中。在住宿表中通常会登记上姓名、性别、身份证号码等项目；在通信地址表中会写下姓名、邮编、邮箱地址、电话号码、E-mail 等项目。这些表中集合了各种不同类型的数据项，但它们之间是相互联系的，无法用前面学过的任一种数据类型完全描述，如果用独立的简单数据项分别表示它们，不能体现数据的整体性，不便于整体操作。因此C语言引入了一种能集中不同类型数据于一体的新的数据类型——结构体类型。结构体类型的变量可以拥有不同类型数据的成员，是不同类型数据成员的集合。

所谓共用体类型，是指将不同类型的数据成员组织成一个整体，它们在内存中共用同一片存储单元。

9.1 结 构 体

9.1.1 结构体类型的定义

结构体类型的定义格式为：

```
struct 结构体名
{
    类型名 1 成员名 1;
```

```
    类型名 2 成员名 2;
    ⋮
    类型名 n 成员名 n;
};
```

结构体由若干成员组成，各成员可有不同的类型。在程序中要使用结构体类型，必须先定义结构体类型，即对结构体的组成进行描述。例如，描述学生信息的结构体类型可定义为：

```
struct student
{   int num;
    char name[20];
    char sex;
    unsigned long birthday;
    float height;
    float weight;
};
```

其中，struct 是结构体类型的标志，是 C 语言的关键字，用来引入结构体类型的定义。struct 之后的 student 是结构体类型的名字，是编程者自己选定的。用小括号括起来的是结构体成员说明。注意，结构体类型定义之后一定要跟一个“；”号。

上例说明结构体类型 struct student 有 6 个成员，分别命名为 num、name、sex、birthday、height 和 weight。这 6 个成员分别表示学生的学号、姓名、性别、出生年月日、身高和体重，显然它们的类型是不同的。

需要特别指出的是，虽然 struct student 是程序设计者自己定义的类型，但它与系统预定义的标准类型（如 int、char 等）一样，可以用来定义变量、数组等，使变量或数组具有 struct student 类型。

例如：

```
structstudent stl, st2[20];
```

分别定义了 struct student 结构体类型的变量 stl 和 struct student 结构体类型的数组 st2。

一个结构体类型中的成员可以是已定义的其他结构体类型。例如，先定义日、月、年组成的结构体类型为：

```
struct date
{   int day;
    int month;
    int year;
};
```

则可定义职工信息结构体类型为：

```
struct person
{   char name[20];                    /* 姓名 */
    char address[40];                 /* 地址 */
    float salary;                     /* 工资 */
```

```
    float cost;                    /* 扣款 */
    struct date hireday;           /* 聘任日期 */
};
```

这里 hireday(聘任日期)成员的类型为已定义的 struct date 结构体类型。

结构体类型定义,指出了结构体类型名称,详细列出了一个结构体的组成情况、结构体的各成员名及其类型。结构体类型定义只是说明了一个数据结构的"模式",但不定义"实物",并不要求分配实际的存储空间。

9.1.2 结构体类型变量的定义和初始化

1. 结构体类型变量的定义

定义结构体类型的变量,可采取以下 3 种方法。

(1) 先定义结构体类型,再定义结构体变量。

例如:

```
struct date
{   int day;
    int month;
    int year;
};
struct date date1,date2;
```

这里,struct date 结合在一起代表结构体类型名,即 struct 和 date 必须同时出现,不能只写 struct 或 date。而 date1 和 date2 是定义的两个结构体变量名。

(2) 在定义类型的同时定义变量。

例如:

```
struct student
{   int num;
    char name[20];
    char sex;
    struct date birthday;
    float height;
    float weight;
}s1,s2;
```

这里定义了两个 struct student 类型的变量 s1 和 s2。

(3) 直接定义结构体类型变量。

直接定义结构体类型变量的一般形式为:

```
struct
{
    成员说明表列
}变量名表列;
```

在结构体类型定义时不出现结构体名,这种形式虽然简单,但不能在以后需要时,再定义变量属于这种结构体类型。

关于结构体类型，有几点需要说明：

(1) 结构体类型与结构体变量是不同的概念，不要混同。对结构体变量来说，是在定义了一种结构体类型后，才能定义变量为该类型。在编译时，对结构体类型是不分配存储空间的，而对结构体变量将分配一定的存储空间，其空间大小(即所需的字节数)是各成员所需存储空间的总和。

(2) 结构体变量中的成员，可以单独使用，它的作用与地位相当于普通变量。

(3) 结构体成员可以是已定义的一个结构体类型。

(4) 结构体成员名可以与程序中的其他变量名相同，两者代表不同的对象，互不干扰。

2. 结构体类型变量的初始化

结构体变量和其他变量一样，可以在定义变量的同时进行初始化。

例 9.1 分析下列程序的输出结果。

```
# include "stdio.h"
struct student
{    long num;
     char name[20];
     char sex;
     float score;
};
main()
{    struct student a={2010010103,"jiang ping",'M',85.5};
     printf("No:%ld\nName:%s\nSex:%c\n",a.num,a.name,a.sex);
     printf("Score:%.2f\n",a.score);
}
```

程序运行结果如下：

```
No: 2010010103
Name:jiang ping
Sex:M
Score:85.50
```

对结构体变量初始化需按成员的顺序提供初值，初值的类型要与成员的类型一致。可以对所有成员都提供初值，也可以按顺序只给前面几个成员提供初值，这时系统自动为后面没有提供初值的数值型成员赋 0 值，为字符型成员赋'\0'值。与其他类型的变量一样，若定义结构体类型变量时不为其提供初值，则该变量所有成员的值均为不确定的值。

9.1.3 结构体成员的引用

在定义了结构体变量以后，就可以引用这个变量，即使用这个变量。使用结构体变量时应注意以下几点：

(1) 不能将结构体变量作为一个整体进行输入和输出，只能将结构体变量中的各个成员分别进行输入和输出。引用结构体变量中成员的方式为：

结构体变量名.成员名

例如,对于例9.1中的变量a,a.num表示引用结构体变量a中的num成员,因该成员的类型为long型的,所以可以对它施行任何long型变量可以施行的运算。例如:

```
a.num=2010060405;
```

这里"."是成员(分量)运算符,它在所有的运算符中优先级最高。上面赋值语句的作用是将长整型数2010060405赋给a变量中的num成员。

(2) 如果结构体成员本身又是结构体类型的,则要用若干个成员运算符,一级一级逐级向下,直到引用最低一级的成员。程序只能对最低一级的成员进行访问。例如,对前面定义的s1中的birthday成员的访问,可以写成:

```
s1.birthday.day=23;
s1.birthday.month=11;
s1.birthday.year=2010;
```

(3) 对结构体变量的成员可以像普通变量一样进行各种运算(根据其类型决定可以进行的运算)。

(4) 可以引用结构体变量成员的地址,也可以引用结构体变量的地址。如:

```
scanf("%ld",&a.num);            /* 给a的num成员输入数据 */
printf("%x\n",&a);              /* 以十六进制形式输出结构体变量a的内存地址 */
```

注意:不能用下面语句整体读入结构体变量a的值。

```
scanf("%ld,%s,%c,%f",&a);
```

结构体变量的地址主要用于作为函数参数,传递结构体变量的地址。

9.2 结构体类型数组

一个结构体变量中可以存放一组相关数据,如一个学生的学号、姓名、成绩等数据。如果有10个学生的数据需要进行处理,显然应该用数组,这就是结构体数组。结构体数组与以前介绍过的数值型数组不同之处在于每个数组元素都是一个结构体类型的数据,它们都分别包括各个成员项。

9.2.1 结构体类型数组的定义

定义结构体类型数组的一般形式为:

结构体类型名 数组名[常量表达式];

与其他类型数组的定义方法一样,只是数组的类型为结构体类型。例如:

```
struct student
{   long num;
    char name[20];
```

```
    char sex;
    float score;
}a[5];
```

也可以是

```
struct student a[5];
```

以上定义了一个数组 a，它有 5 个元素，每个元素的类型均为 struct student 的结构体类型。如同元素为标准数据类型的数组一样，结构体数组各元素在内存中也按顺序存放，也可在定义的同时给元素赋初值，对结构体数组元素的访问也要利用元素的下标。需要注意的是访问结构体数组元素的成员的方法为：

```
结构体数组名[元素下标].结构体成员名
```

例如，访问 a 数组元素的成员：

```
a[0].score=85.5;                /* 将 85.5 赋给 a 数组下标为 0 元素的 score 成员 */
scanf("%s",a[1].name);          /* 给 a 数组下标为 1 元素的 name 成员输入值 */
```

9.2.2 结构体类型数组的初始化

在对结构体类型数组初始化时，要将每个元素的数据分别用大括号括起来。例如：

```
struct student a[3]={{1001,"Ch",'M',85},{1002,"Liu",'F',72},{1003,"Fan",'M',91}};
```

这样，在编译时将一个大括号中的数据赋给一个元素，即将第一个大括弧中的数据送给 a[0]，第二个大括弧内的数据送给 a[1]，……。如果初值的个数与所定义的数组元素相等，则数组大小可以省略不写。这和前面有关章节介绍的数组初始化相类似。此时系统会根据初始化时提供的数据的个数自动确定数组的大小。初始化数据的个数也可少于数组元素的个数，例如：

```
struct student a[3]={{1001,"Ch",'M',85}};
```

只对第 1 个元素赋初值，其他元素未赋初值，系统将对其他元素数值型成员赋以零值，对字符型成员赋以'\0'。与给结构体变量初始化一样，在为结构体数组元素初始化时，也必须按成员顺序提供初值。例如：

```
struct student a[3]={{1001,"Ch"},{1002,"wang"}};
```

请分析经过以上初始化后 a 数组元素各成员取值情况。

9.2.3 结构体数组的使用

一个结构体数组的元素相当于一个结构体变量。引用结构体数组元素有如下规则：

(1) 引用某一元素的某一成员。例如：

```
a[i].num
```

(2) 可以将一个结构体数组元素赋给同一结构体类型数组中的另一个元素,或赋给同一结构体类型的变量。例如:

```
struct studenta[3],b;
```

现在定义了一个结构体数组 a,它有 3 个元素,又定义了一个结构体变量 b,则下面的赋值合法。

```
b=a[0];
a[2]=a[1];
a[1]=b;
```

(3) 不能把结构体数组元素作为一个整体直接进行输入或输出,只能以单个成员对象进行输入输出。例如:

```
scanf("%s",a[0].name);
printf("%ld\\n",a[0].num);
```

9.3 指向结构体的指针

一个结构体变量的指针就是该变量所占据的内存空间的起始地址。可以定义一个指针变量,用来指向一个结构体变量,此时该指针变量的值是结构体变量的起始地址。

9.3.1 指向结构体变量的指针

指向结构体变量的指针定义的一般形式为:

```
struct 结构体名 *指针变量名;
```

例如:

```
struct student *p,a;
```

定义指针变量 p 和结构体变量 a。其中,指针变量 p 专门指向类型为 struct student 的结构体数据。若赋值 p=&a,使指针 p 指向结构体变量 a。

因为"*指针变量"表示指针变量所指对象,所以通过指向结构体的指针变量也可以引用结构体成员,如 (*p).num 表示 p 指向的结构体变量中的 num 成员。这里 *p 两端的括号是必需的,因为其运算符"*"的优先级低于运算符".",而 *p.num 等价于 *(p.num)。

在 C 语言中,为了使用方便并且使之直观,可以把(*p).num 改用 p->num 代替,也就是说以下三种情况等价:

(1) 结构体变量名.成员名。

(2) (*指针变量名).成员名。

(3) 指针变量名->成员名。

例 9.2 写出下列程序的执行结果。

```
#include "stdio.h"
```

```
#include "string.h"
struct student
{   long num;
    char name[20];
    char sex;
    float score;
};
main()
{   struct student stu1, *p;
    p=&stu1;
    stu1.num=1021101;
    strcpy(stu1.name, "jiang ping");
    stu1.sex='M';
    stu1.score=85.5;
    printf("No:%ld\nName:%s\n", stu1.num, stu1.name);
    printf("Sex:%c\nScore:%.2f\n", stu1.sex, stu1.score);
    printf("No:%ld\nName:%s\n", p->num, p->name);
    printf("Sex:%c\nScore:%.2f\n", p->sex, p->score);
}
```

在主函数中定义了一个 struct student 类型的变量 stu1,同时又定义了一个指针变量 p,它指向 struct student 结构体类型数据。在函数的执行部分,将 stu1 的起始地址赋给指针变量 p,也就是使 p 指向 stu1,然后对 stu1 中的各成员提供数据。程序中前两个 printf()函数用来输出 stu1 的各成员的值,接下来的两个 printf()函数也是用来输出 stu1 的各成员的值,但使用的是 p->num 形式。

程序运行结果如下：

```
No:1021101
Name:jiang ping
Sex:M
Score:85.50
No:1021101
Name:jiang ping
Sex:M
Score:85.50
```

可见,后两个 printf()函数输出的结果与前两个是相同的。

9.3.2 指向结构体数组元素的指针

与其他类型的数组一样,结构体数组名也代表该数组的起始地址。因此可以将一个结构体数组名赋给一个指向结构体类型数据的指针。例如：

```
struct stu
{   long num;
float score;
};
struct stu a[10], *p;
p=a;
```

此时 p 指向 a 数组的第一个元素,“p=a;”等价于“p=&a[0];”。若执行“p++”,则指针变量 p 指向 a[1]。

例 9.3 对于给定的 5 个学生的学号、姓名、3 门课成绩,编写程序对每个学生的分数进行修改,使每门课的分数加 3 分,输出修改后每个学生的信息。

```
#include "stdio.h"
struct student
{   long num;
    char name[20];
    int score[3];
};
main()
{   int i,j;
    struct student s[5]= {{11,"liu",65,66,67},{12,"chen",75,76,77},
    {13,"wang",85,86,87},{14,"zhang",95,96,97},{15,"zhao",60,70,80}};
    struct student *p;
    for(i=0,p=s;i<5;p++,i++)
        for(j=0;j<3;j++)
            p->score[j]=p->score[j]+3;
    printf("\tNo\tName\tScore1\tScore2\tScore3\n");
    for(p=s;p<s+5;p++)
    {   printf("\t%ld\t%s",p->num,p->name);
        for(j=0;j<3;j++)
            printf("\t%d",p->score[j]);
        printf("\n");
    }
}
```

这里第二个循环中的表达式 p=s 是必要的,如果将该表达式省略,则程序的输出结果将是不可预测的。注意 printf()函数中'\t'的作用。

程序运行结果如下:

```
No      Name    Score1  Score2  Score3
11      liu     68      69      70
12      chen    78      79      80
13      wang    88      89      90
14      zhang   98      99      100
15      zhao    63      73      83
```

9.4 结构体和函数

9.4.1 结构体类型的变量作为函数参数

用结构体变量作为函数参数,与一般变量一样,也属于“值传递”。在进行函数调用时,首先为形参结构体变量分配存储空间,然后将实参结构体变量的各个成员值全部传递给形参结构体变量对应的成员。当然,实参和形参的结构体变量类型应当完全一致。

例 9.4 将例 9.3 中的输出修改后学生信息功能用一函数实现。

```
#include "stdio.h"
struct student
{    long num;
     char name[20];
     int score[3];
};
main()
{    int i,j;
     struct student s[5]= {{11,"liu",65,66,67},{12,"chen",75,76,77},
     {13,"wang",85,86,87},{14,"zhang",95,96,97},{15,"zhao",60,70,80}};
     void display(struct student x);
     for(i=0;i<5; i++)
          for(j=0;j<3;j++)
               s[i].score[j]=s[i].score[j]+3;
     printf("\tNo\tName\tScore1\tScore2\tScore3\n");
     for(i=0;i<5;i++)
          display(s[i]);
}
void display(struct student x)
{    int j;
     printf("\t%ld\t%s",x.num,x.name);
     for(j=0;j<3;j++)
          printf("\t%d",x.score[j]);
     printf("\n");
}
```

main()函数 5 次调用 display()函数。注意 display()函数的形参 x 是 struct student 类型的，main()函数中实参 s[i]也是 struct student 类型的，前面讲过用数组元素作实参与用变量作实参性质相同。实参 s[i]中各成员的值都完整地传递给形参 x，在函数 display()中可以使用这些值。每调用一次 display()函数输出一个 s 数组元素的值。

9.4.2 指向结构体变量的指针作为函数参数

对于 C 程序，函数中不仅可以传递结构体变量的值，也可以传递结构体变量的地址，这时实参既可以是指向结构体类型的指针，也可以是结构体变量的地址，而形参必须是指向结构体类型的指针。在进行函数调用时，实参将结构体变量的地址传递给形参，函数中通过形参指针变量引用结构体变量中成员的值。

例 9.5 已知 N 名学生的学号和成绩，并在主函数中被放入结构体数组 s 中，请编写函数 fun，它的功能是：把高于等于平均分的学生数据放在 b 所指的数组中，高于等于平均分的学生人数通过形参 n 传回，平均分通过函数值返回。

```
#include "stdio.h"
#define N 5
struct student
{    char num[10];
```

```
    double s;
};
double fun(struct student *a, struct student *b, int *n )
{   int i,m=0;
    double ave=0;
    for(i=0;i<N;i++)
        ave=ave+a[i].s;
    ave=ave/N;
    for(i=0;i<N;i++)
        if(a[i].s>=ave)
            b[m++]=a[i];
    *n=m;
    return ave;
}
main()
{   struct student s[N]={{"GA05",85},{"GA03",76},{"GA02",69},{"GA04",85},
        {"GA01",91}};
    struct student h[N];
    int i,n; double ave;
    ave=fun( s,h,&n );
    printf("ave=%5.2f\n",ave);
    for(i=0;i<n; i++)
        printf("%s %4.1f\n",h[i].num,h[i].s);
}
```

程序运行结果如下：

```
ave=81.20
GA05  85.0
GA04  85.0
GA01  91.0
```

main()函数中结构体数组 s 存放的是学生原始数据，h 数组存放高于等于平均分的学生数据，n 存放高于等于平均分的学生人数，ave 存放平均分。由于函数只能返回一个值，因此在本例中平均分由函数返回，而高于等于平均分的学生数据及高于等于平均分的学生人数通过指针型的函数参数得到。

9.4.3 函数的返回值为结构体类型数据

函数的返回值可以是结构体类型数据。

例 9.6 输入 5 个学生的学号、姓名、入学成绩，将入学成绩最高的学生(假设只有一个)信息输出。

```
#include "stdio.h"
#include "string.h"
struct student
{   long num;
    char name[20];
    int score;
};
```

```
main()
{   int i;
    struct student a[5],max;
    struct student found_max(struct student x[],int n);
    void display(struct student *);
    for(i=0;i<5;i++)
    {   printf("Enter all data of a[%d]:",i);
        scanf("%ld%s%d",&a[i].num,a[i].name,&a[i].score);
    }
    max=found_max(a,5);              /*将入学成绩最高的学生数据放入结构体变量max中*/
    display(&max);                   /*显示入学成绩最高的学生数据*/
}
struct student found_max(struct student x[],int n)
{   int i,k,m=0;
    for(i=0;i<n;i++)
        if(x[i].score>m)
        {   m=x[i].score; k=i;}
    return(x[k]);
}
void display(struct student *x)
{   printf("\tNo\t\tName\t\tScore\n");
    printf("\t%ld\t\t%s\t\t%d\n",x->num,x->name,x->score);
}
```

程序中定义的found_max()函数有两个形参:一个是结构体数组x,另一个是数组元素的个数n。函数的功能是从x数组的n个元素中挑出入学成绩最高的元素,然后返回这个元素。程序中定义的display()函数的形参是一个指向结构体类型的指针,函数的功能是输出该指针所指向的结构体数据各成员值。

9.4.4 函数的返回值为结构体类型指针

函数的返回值可以是结构体类型的指针。例如,可以将例9.6中的found_max()函数的定义改为如下形式:

```
struct student *found_max(struct student x[],int n)
{   int i,k,m=0;
    for(i=0;i<n;i++)
        if(x[i].score>m)
        {   m=x[i].score; k=i;}
    return(&x[k]);
}
```

这时found_max()函数的返回值为所挑出入学成绩最高的元素的地址,与之相应的是,在例9.6的主函数main()中,变量max应改为struct student类型的指针,对found_max()函数的声明处函数名前也应加上"*",而display()函数的调用形式也应改为display(max)。

9.5 共用体

在某些特殊应用中，要求某存储区域中的数据对象在程序执行的不同时间(或不同的情况下)能存储不同类型的值。共用体就是为满足这种需要而引入的。

9.5.1 共用体类型的定义

共用体类型的定义形式与结构体类型的定义形式相同，只是其类型关键字不同，共用体的关键字为 union。其一般形式为：

```
union 共用体名
{
    类型名 1 成员名 1;
    类型名 2 成员名 2;
    ⋮
    类型名 n 成员名 n;
};
```

例如：

```
union data
{   char ch;
    int i;
    float f;
};
```

以上定义了一种共用体类型，共用体名是 data，由 3 个成员构成。

9.5.2 共用体变量的定义

在定义了共用体类型后，就可以定义共用体变量，定义共用体变量也有 3 种方式：

1. 先定义共用体类型，再定义共用体变量

例如：

```
union data
{   char ch;
    int i;
    float f;
};
union data a;
```

这里，union data 结合在一起代表共用体类型名，即 union 和 data 必须同时出现，不能只写 union 或 data。而 a 是定义的共用体类型的变量名。

2. 在定义共用体类型的同时定义共用体变量

例如：

```
union data
{    char ch;
     int i;
     float f;
}a;
```

3. 定义共用体类型时，省略共用体名，直接定义共用体变量

例如：

```
union
{    char ch;
     int i;
     float f;
}a;
```

从上面的例子我们可以看出，共用体类型也是由若干个成员组成，这些成员也可以是不同类型的数据。但需要特别注意的是，这些不同类型成员的值被存放在同一内存区域中，即这些成员共用同一片内存空间。例如，在共用体变量 a 中，是把一个字符值和一个整型值及一个单精度实型值放在同一个存储区域，对于该区域既能以字符存取，又能以整数存取，还能以单精度实型存取。但在某一时刻，存于共用体变量 a 中的只有一种数据值，就是最后放入的值，即共用体是多种数据值覆盖存储，但任意时刻只存储其中一种数据，而不是同时存放多种数据。分配给共用体变量的存储区域大小是该变量中最大一种数据成员所需的存储空间量。例如，共用体变量 a 的存储区域大小与 f 成员所需的存储空间一致。

9.5.3 共用体成员的引用

在定义了共用体变量之后，就可以引用该共用体变量的某个成员，其引用方式类似于结构体成员的引用。其格式如下：

共用体变量名.成员名

例如，引用共用体变量 a 的成员：

```
a. ch,a.i,a.f
```

但是应当注意，一个共用体变量不是同时存放多个成员的值，而只能存放其中的一个值，这就是最后赋给它的值。例如：

```
a. ch='y'; a.i=278; a.f=4.56;
```

共用体变量 a 中最后的值是：4.56。

因此不能企图通过下面的 printf 函数得到 a.i 和 a.ch 的值：

```
printf("%c,%d,%f\\n",a.ch,a.i,a.f);
```

也可以通过指针变量引用共用体变量中的成员，例如：

```
union data *pt,x;
pt=&x;
pt->ch='y';
pt->i=278;
pt->f=4.56;
```

pt是指向union data类型的指针变量，语句“pt=&x;”使pt指向共用体变量x。此时pt->i相当于x.i，这和结构体变量中的用法相似。不能直接用共用体变量名进行输入输出，只能通过共用体变量的成员进行输入输出。

从类型的定义、变量的说明及成员的引用来看，共用体与结构体有很多相同的地方。但本质上共用体与结构体是完全不同的。以前面定义的共用体变量a为例，来介绍共用体与结构体的不同之处。

(1) 共用体变量a所占的内存单元的字节数不是3个成员的字节数之和，而是等于3个成员中最长字节的成员所占内存空间的字节数，也就是说，a的3个成员共享f成员所需的内存空间，如图9-1所示。

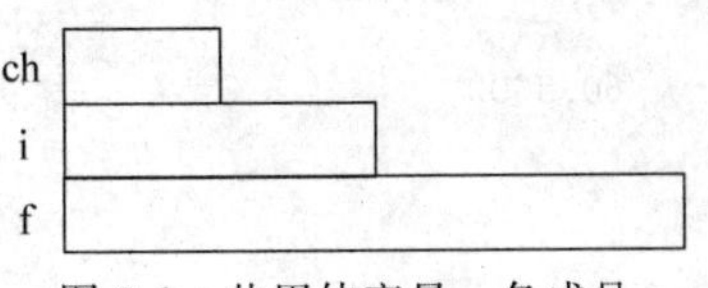

图9-1 共用体变量a各成员所占空间示意图

(2) 变量a中不能同时存放3个成员值，只是可以根据需要用a存放一个整型数，或存放一个字符数据，或存放一个单精度实型数。

例如：

```
a.ch='a';
a.i=100;
a.f=3.14;
```

3条赋值语句，如果按顺序执行，只有最后一个语句“a.f=3.14;”的结果保留下来，前面的字符'a'被100覆盖了，整型数100被3.14覆盖了。

(3) 可以对共用体变量进行初始化，但在大括号中只能给出第一个成员的初值，而不允许同时为每一个成员提供初值。例如下面的说明是正确的：

```
union memo
{   char ch;
    int i;
    float x;
}y1={'a'};
```

而

```
union memo
{   char ch;
    int i;
    float x;
}y1={'a',100,3.14},
```

是错误的。

例 9.7 分析下列程序的执行结果。

```
#include "stdio.h"
union exx
{    int a,b;
     struct
     {    int c,d; }pp;
};
main()
{    union exx e={10};
     e.b=e.a+20;
     e.pp.c=e.a+e.b;
     e.pp.d=e.a*e.b;
     printf("%d,%d\n",e.pp.c,e.pp.d);
}
```

程序运行结果如下：

```
60,3600
```

9.6 枚举类型

在实际应用中，有的变量只有几种可能的取值。如表示颜色的名称，表示月份的名称等。为了提高程序描述问题的直观性，C 语言允许程序员定义枚举类型。

如果一个变量只有几种可能的值，可以定义为枚举类型。所谓“枚举”是指将变量的值一一列举出来。枚举类型定义的一般形式为：

```
enum 枚举名{标识符 1,标识符 2,…,标识符 n};
```

这里，标识符 1，标识符 2，…，标识符 n 就是固定的取值。与结构体类型以 struct 开头、共用体类型以 union 开头一样，枚举类型以 enum 开头。例如：

```
enum colorname{red,yellow,blue,white,black};
```

定义了一个枚举类型 enum colorname，接下来就可以用此类型定义枚举变量，例如：

```
enum colorname color;
```

变量 color 是枚举类型，它的值只能是 red、yellow、blue、white 或 black。

例如下面的赋值合法：

```
color=red;
color=white;
```

而下面的赋值不合法：

```
color=green;
color=orange;
```

关于枚举类型的几点说明：

(1) enum 是关键字,标识枚举类型,在定义枚举类型时必须以 enum 开头。

(2) 在定义枚举类型时大括号中的标识符称为枚举元素或枚举常量。它们是程序设计者自己指定的,其命名规则与 C 语言其他的标识符相同。这些名字并无固定的含义,只是一个符号,程序设计者仅仅是为了提高程序的可读性才使用这些名字。

(3) 枚举元素作为常量,它们是有值的。从大括号的第一个元素开始,值分别是 0,1,2,…,这是系统自动赋予的,可以输出。例如:printf("%d",blue);输出的值是 2。但是定义枚举类型时不能写成:

```
enum colorname{0,1,2,3,4};
```

必须用符号 red,yellow,…,或其他标识符。

也可以在定义枚举类型时由程序员指定枚举元素的值,例如:

```
enum colornmae{red=3,yellow,blue,white=8,black};
```

此时,red 为 3,yellow 为 4,blue 为 5,white 为 8,black 为 9。因为 yellow 在 red 之后,red 为 3,yellow 顺序加一,同理 black 为 9。再如:

```
enum weekday{sun=7,mon=1,tue,wed,thu,fri,sat} workday;
```

定义 sun 为 7,mon=1,以后顺序加 1,sat 为 6。

枚举元素是常量,不是变量,不能改变其值。例如下面这些赋值是不合法的:

```
red=8;yellow=9;
```

(4) 枚举常量可以进行比较。例如:

```
if(workday==mon)…
if(workday<sun)…
```

它们是按所代表的整数进行比较的。

(5) 一个整数不能直接赋给一个枚举变量。例如:

```
workday=2;
```

是不对的。它们属于不同的类型,应先进行强制类型转换才能赋值。例如:

```
workday=(enum weekday)2;
```

它相当于将顺序号为 2 的枚举元素赋给 workday,相当于

```
workday=tue;
```

甚至可以是表达式。例如:

```
workday=(enum weekday)(5-3);
```

(6) 枚举常量不是字符串,不能用下面的方法输出字符串"sat",

```
printf("%s",sat);
```

如果想先检查 workday 的值，若是 sat，就输出字符串"sat"，可以这样：

```
workday=sat;
if(workday==sat) printf("sat");
```

9.7 用 typedef 进行类型定义

除了可以直接使用C语言提供的标准类型名(int、char、float、long、double 等)和自定义的结构体、共用体、枚举类型外，还可以用 typedef 定义新的类型名来代替已有的类型名。

9.7.1 类型定义的基本格式

用 typedef 进行类型定义的基本格式如下：

```
typedef 原类型名 新类型名;
```

例如：

```
typedef int INTEGER;
```

意思是将 int 型定义为 INTEGER，这两者等价，在程序中就可以用 INTEGER 作为类型名定义变量了。例如：

```
INTEGER a,b;
```

相当于

```
int a,b;
```

9.7.2 类型定义的使用说明

需要指出的是，用 typedef 定义类型，只是为已有类型命名别名，而没有创造新的类型。用 typedef 定义的类型定义变量与直接写出变量的类型定义变量具有完全相同的效果。typedef 主要用于以下几个方面。

1. 简单的名字替换

例如：

```
typedef float REAL;
```

指定用 REAL 代表 float 类型，这样以下两行等价：

```
floatx,y;
REAL x,y;
```

2. 定义一个类型名代表一个结构体类型

例如：

```
typedef struct
{   long num;
    char name[20];
    float score;
}STU;
```

将一个结构体类型定义为大括号后的名字 STU。从而可以用 STU 定义变量等。例如：

```
STU s1,s2,*p;
```

上面定义了两个结构体变量 s1、s2 以及一个指向该类型的指针变量 p。也可以在定义完结构体类型后，再用 typedef 给该结构体类型另外起个名字，例如：

```
struct student
{   long num;
    char name[20];
    float score;
};
typedef struct student STU;
```

将结构体类型 struct student 另外命名为 STU。因此，以下两行定义是等价的：

```
struct student s1,s2;
STU s1,s2;
```

从上面的例子可以看出，用 typedef 将一个结构体类型另外命名后，简化了定义结构体变量等的书写格式。

同样的方法也可以用于共用体和枚举类型。

3. 定义数组类型

例如：

```
typedef int COUNT[20];
```

定义 COUNT 为具有 20 个元素的整型数组类型。接下来可有

```
COUNT a,b;                    /*等价于 int a[20],b[20];*/
```

定义 a,b 为 COUNT 类型的整型数组。

4. 定义指针类型

例如：

```
typedef char *STRING;
```

定义 STRING 为字符指针类型。接下来可有

```
STRING p1,p2,p[10];                /* 等价于 char *p1, *p2, *p[10]; */
```

定义 p1,p2 为字符指针变量,p 为字符指针数组。

还可以有其他方法。归纳起来,用 typedef 定义一个新类型名的方法如下:

(1) 先按定义变量的方法写出定义体(如 int i;)。

(2) 将变量名换成新类型名(如将 i 换成 COUNT)。

(3) 在最前面加上 typedef(如 typedef int COUNT;)。

(4) 然后可以用新类型名定义变量(如 COUNT a,b;)。

再以定义上述的数组类型为例来说明:

(1) 先按定义数组的方法写出定义体:int n[20]。

(2) 将数组名换成新类型名:int COUNT[20]。

(3) 在最前面加上 typedef:typedef int COUNT[20]。

(4) 然后可以用新类型名定义数组:COUNT a,d。

习惯上常把用 typedef 定义的类型名用大写字母表示,以便与系统提供的标准类型标识符相区别。当不同源文件中用到同一类型数据(尤其是像数组、指针、结构体、共用体等类型数据)时,常用 typedef 定义一些数据类型,把它们单独放在一个文件中,然后在需要用到它们的文件中用#include 命令把它们包含进来。

使用 typedef 有利于程序的通用与移植。有时程序会依赖于硬件特性,用 typedef 便于移植。例如,有的计算机系统 int 型数据用两个字节,而另外一些机器则以 4 字节存放一个整数。如果把一个 C 程序从一个以 4 字节存放整数的计算机系统移植到以两字节存放整数的系统,按一般办法需要将定义变量中的每个 int 改为 long。例如:将"int a,b,c;"改为"long a,b,c;",如果程序中有多处用 int 定义变量,则要改动多处。现在可以用一个 INTEGER 定义 int:

```
typedef int INTEGER;
```

在程序中所有整型变量都用 INTEGER 定义。在移植时只需改动 typedef 定义体即可:

```
typedef long INTEGER;
```

9.8 综合实例:简单链表

本节将介绍的链表是一种动态数据结构,这些动态数据所需的内存空间不是事先确定的,而是由程序在运行期间根据需要向系统申请获得的。动态数据结构由一组数据对象组成,其中数据对象之间具有某种特定的关系。动态数据结构最显著的特点是它包含的数据对象个数及其相互关系可以按需要改变。经常遇到的动态数据结构有链表、树、图等,在此只介绍其中简单的单向链表动态数据结构。

9.8.1 链表概述

链表是一种最简单也是最常用的动态数据结构,可以类比成一"环"接一"环"的链条,这里每一"环"视作一个结点,结点串在一起形成链表。这种数据结构非常灵活,结点数目无需事先指定,可以临时生成。每个结点有自己的存储空间,用来存放该结点的数据,结点间的存储空间也无需连续,结点之间的串连由指针完成,指针的操作又极为灵活方便,习惯上称这种数据结构为动态数据结构。这种结构的最大优点是插入和删除结点方便,无需移动数据,只需修改指针的指向。链表是编程中常用的一种十分重要的数据结构。

众所周知,用数组存放数据时,必须事先定义数组,而数组的长度(即数组元素个数)是固定的。比如,有的班级有 50 人,而有的班只有 30 人,如果要用同一个数组先后存放不同班级的学生数据,则必须定义长度为 50 的数组。如果事先难以确定一个班的最多人数,则必须把数组定义得足够大,以能存放任何班级的学生数据。显然这将会浪费内存空间。链表则没有这种缺陷,它根据需要开辟内存单元。图 9-2 表示最简单的一种链表(单向链表)的结构。链表有一个头指针变量,图中以 head 表示,它存放一个地址。该地址指向链表中第一个元素。链表中每一个元素称为结点,每个结点都应包括两部分:一是用户需要用的实际数据,二是下一个结点的地址。可以看出,head 指向第一个结点,第一个结点又指向第二个结点,一直到最后一个结点(该结点称为表尾),它的地址部分放一个 NULL(表示"空地址"),链表到此结束。

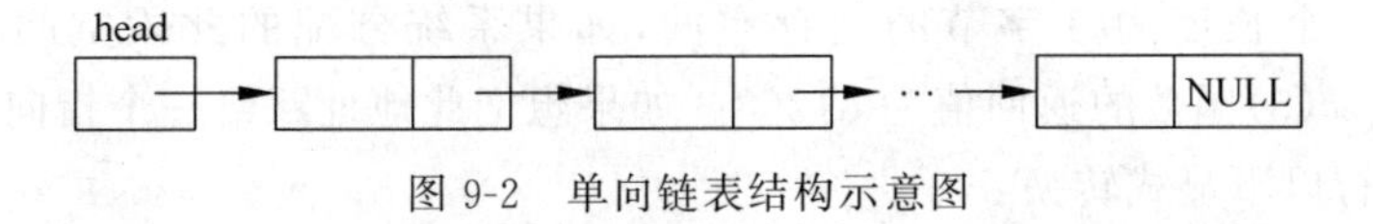

图 9-2　单向链表结构示意图

由图 9-2 可以看出,一个结点的后继结点位置由该结点所包含的指针成员来指向它,链表中各结点在内存中的存放位置是任意的。如果寻找链表中的某一个结点,必须从链表头指针所指的第一个结点开始,顺序查找。另外,图 9-2 所示的链表结构是单向的,即每个结点只知道它的后继结点位置,而不能知道它的前驱结点在哪里。在某些应用中,要求链表的每个结点都能方便地知道它的前驱结点和后继结点,这种链表的表示应设有两个指针成员,分别指向它的前驱和后继结点,这种链表称为双向链表。

链表与数组的主要区别是:数组的元素个数是固定的,而组成链表的结点个数可按需要增减;数组元素的存储单元在数组定义时分配,链表结点的存储单元在程序执行时动态向系统申请;数组中的元素顺序关系由元素在数组中的位置(即下标)确定,且这些元素在内存中占据一片连续的空间,链表中的结点顺序关系由结点所包含的指针体现,每个结点在内存中一般是不相邻的。对于经常要进行插入、删除操作的一组数据,把它们放入链表中是比较合适的,若放入数组中,在实现插入、删除时,需要移动元素的位置。

单向链表的结点是结构体类型的变量,它包含若干成员,其中一些成员用来存放结点数据;另一个成员是指针类型,用来存放与之相连的下一个结点的地址。

下面是一个单向链表结点的类型说明:

```
struct student
{   long num;
    float score;
    struct student * next;
};
```

其中 num 和 score 成员是用来存放数据的，而 next 成员是指针类型的，它指向 struct student 类型数据（也就是 next 所在的结构体类型）。这种在结构体类型的定义中引用类型名定义自己的成员的方法只允许定义指针成员时使用。

前面已经提及，链表结点的存储空间是程序根据需要向系统申请的。C 系统的函数库中提供了程序动态申请和释放内存存储块的库函数，下面分别介绍。

1. malloc()函数

malloc()函数的功能是在内存开辟指定大小的存储空间，函数的返回值是此存储空间的起始地址。malloc()函数的原型为：

```
void * malloc(unsigned int size);
```

它的形参 size 为无符号整型。函数值为指针（地址），这个指针是指向 void 类型的，也就是不规定指向任何具体的类型。如果想将这个指针值赋给某一类型的指针变量，应当进行显式的转换（强制类型转换）。例如：

```
malloc(8)
```

用来开辟一个长度为 8 字节的内存空间，如果系统分配的此段空间的起始地址为 81268，则 malloc(8)函数的返回值为 81268。如果想把此地址赋给一个指向 long 型的指针变量 p，则应进行以下显式转换：

```
p=(long *)malloc(8);
```

应当指出，指向 void 类型是标准 ANSI C 建议的，而现在使用的 C 系统提供的 malloc()函数返回的指针是指向 char 型的，即其函数原型为 char * malloc(unsigned int size)。

使用返回 char 型的 malloc()函数时，要将函数值赋给其他类型的指针变量，也应进行类似的强制类型转换。因此对程序设计者来说，无论函数返回的指针是指向 void 还是指向 char 型，用法是一样的。

如果对内存不足够大的空间进行分配，则 malloc()函数值为“空指针”，即地址为 0。

2. free()函数

free()函数的原型为：

```
void free(void * ptr);
```

free()函数的作用是将指针变量 ptr 指向的存储空间释放，即交还给系统，系统可以另行分配作为它用。在使用 free()函数时，实参指针类型可以是任意的，系统会自动将其转换成 void 类型，使其和形参 ptr 的类型相同。应当强调，ptr 值不能是任意的地址项，而只能是由在程序中执行过的 malloc()函数所返回的地址。如果随便写，例如：free(100)是不行的，系统怎么知道释放多大的存储空间呢？下面这种用法是可以的：

```
p=(long *)malloc(16);
free(p);
```

free()函数把原先开辟的 16 字节的空间释放，虽然 p 是指向 long 型的，但可以传给指向 void 型的指针变量 ptr，系统会使其自动转换。free()函数无返回值。

下面的程序就是 malloc()和 free()两个函数配合使用的简单实例。它们为 40 个整型变量分配内存并赋值，然后系统再收回这些内存。程序中使用了运算符 sizeof，从而保证此程序可以移植到其他系统上去。

```
#include "stdlib.h"
#include "stdio.h"
main()
{    int *p,t;
     p=(int *)malloc(40*sizeof(int));          /*sizeof(int)计算 int 型数据的字节数*/
     if(!p)                                    /*也可以写成 if(p==NULL)或 if(p==0)*/
     {    printf("\t 内存已用完!\t");
          exit(0);                             /*正常返回*/
     }
     for(t=0;t<40;t++)
           *(p+t)=t;                           /*将整数 t 赋给指针 p+t 指向的内存空间*/
     for(t=0;t<40;t++)
     {    if(t%10==0)
               printf("\n");
          printf("%5d",*(p+t));
     }
     free(p);
}
```

ANSI C 标准要求在使用动态分配函数时要用 #include 命令将 stdlib.h 文件包含进来。但在目前使用的一些 C 系统中，用的是 malloc.h 而不是 stdlib.h。在使用时请注意所用系统的规定，有的系统则不要求包括任何“头文件”。

9.8.2 链表的创建和遍历

1. 创建链表

所谓创建链表，是指一个一个地输入各结点数据，并建立起各结点前后相连的关系。

创建单向链表的方法有头插法和尾插法两种。头插法的特点是：新产生的结点作为新的表头插入链表；尾插法的特点是：新产生的结点接到链表的表尾。图 9-3(a)表示用头插法创建链表，图 9-3(b)表示用尾插法创建链表。

从图 9-3(a)可知，用头插的方法，链表只需用 head 指针指示，产生的新结点的地址存入指针变量 p，使用赋值语句：

```
p->next=head;
```

将 head 指示的链表头结点接在新结点之后；用

```
head=p;
```

使头指针指向新结点。

头插法算法抽象描述如下：

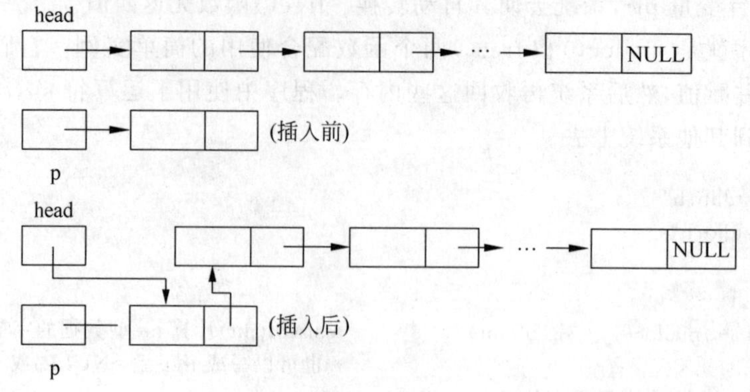

(a) 头插法创建链表

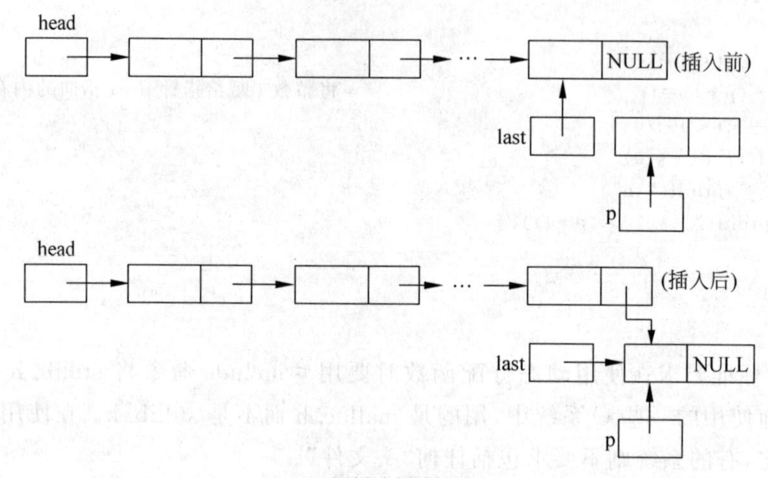

(b) 尾插法创建链表

图 9-3　创建链表的方法

(1) head＝NULL；　　　　　　　/＊表头指向空,表示链表为空＊/；

(2) 产生新结点,地址赋给指针变量 p；

(3) p－＞next＝head；head＝p；

(4) 循环执行(2)、(3),可继续建立新结点。

尾插法算法抽象描述如下：

(1) head＝last＝NULL；　　　　/＊表头指向空,表示链表为空,last 是表尾指针＊/；

(2) 产生新结点,地址赋给指针变量 p；

(3) 如果 head 为 NULL,则

head＝ p；　　　　　　　　　　/＊新结点作为表头,这时链表只有一个结点＊/

否则 last－＞next＝p；　　　　/＊新结点接到链表尾＊/

(4) last＝p；　　　　　　　　　/＊表尾指针 last 指向新结点＊/

(5) 循环执行(2)、(3)和(4),可继续建立新结点。

(6) last－＞next＝NULL；

下面通过一个例子来说明如何创建一个链表。

例 9.8　编写一个函数,函数的功能是创建一个有 n 名学生数据的单向链表。

假如用尾插法创建该链表,则思路如下:

(1) 设3个指针变量 head、p1、p2,它们都指向结构体类型数据。

(2) head 和 p2 的初始值为 NULL(即等于0),p2 作为表尾指针。

(3) 用 malloc()函数开辟一个结点,并使 p1 指向它。

(4) 从键盘读入一个学生的数据给 p1 所指的结点。约定学号不会为零,如果输入的学号为0,则表示建立链表的过程完成。

(5) 如果是第一个结点,则 p2=head=p1,即把 p1 的值赋给 head 和 p2,新结点既是表头也是表尾,p1 所指向的新开辟的结点就成为链表中第一个结点。

(6) 重复(3)、(4)产生新的结点。由于已不是第一个结点,因此将新结点链接到表尾,即"p2->next=p1;p2=p1;"表尾指针 p2 指向新的表尾。

当新结点输入的数据为"p1->num=0"时,此新结点不被链接到链表中,循环终止。

创建链表的函数如下(尾插法):

```
#define LEN sizeof(struct student)
#include "stdio.h"
#include "stdlib.h"
struct student
{    long num;
     int score;
     struct student *next;
};
struct student *creat(void)                        /*此函数带回一个指向链表头的指针*/
{
     struct student *head,*p1,*p2;
     head=p2=NULL;
     p1=(struct student *)malloc(LEN);             /*创建第一个结点*/
     scanf("%ld",&p1->num);
     scanf("%d",&p1->score);
     while(p1->num!=0)                             /*应该将结点加入链表*/
     {    if(head==NULL) head=p1;                  /*是第一个结点,作表头*/
          else p2->next=p1;                        /*不是第一个结点,作表尾*/
          p2=p1;                                   /*p2指向新的表尾*/
          p1=(struct student *)malloc(LEN);        /*开辟下一个结点*/
          scanf("%ld",&p1->num);
          scanf("%d",&p1->score);
     }
     free(p1);                                     /*释放最后一个不需要的结点所占的内存*/
     p2->next=NULL;                                /*置链表尾*/
     return(head);                                 /*返回链表的头指针*/
}
```

关于本函数的说明如下:

(1) 第一行为#define 命令行,令 LEN 代表 struct student 结构体类型数据的长度,sizeof 是"求字节数运算符"。

(2) creat()函数是指针类型,它带回的是所创建链表的头指针。

(3) 在 malloc(LEN)之前加了"(struct student *)",它的作用是使 malloc()返回的指针转换为指向 struct student 类型数据的指针。

请读者写出用头插法建立链表的函数。

2. 链表的遍历

链表的遍历就是依次访问链表中各结点的数据,如在链表中查找数据,对链表中数据进行统计,输出各结点数据等。这里以输出链表中各结点的数据为例。为实现输出首先要知道链表头指针 head 的值,然后可将 head 的值赋给一个指针变量 p,接下来可通过 p 依次输出链表中每个结点的数据。

例 9.9 编写一个输出链表的函数 print()。

```
void print(struct student * head)
{   struct student * p;
    p=head;
    while(p!=NULL)
    {   printf("%ld,%d\n",p->num,p->score);
        p=p->next;
    }
}
```

p 首先指向第一个结点,在输出完第一个结点之后,将 p 所指向的结点中的 next 值赋给 p(即 p=p->next),使 p 指向链表中下一个结点的起始地址。只要下一个结点存在,则继续输出,直到链表尾。这里形参 head 的值由实参传来,也就是将已有的链表的头指针传给被调用的函数 print(),函数中从 head 所指的链表第一个结点出发,顺序输出链表中各个结点的值。

9.8.3 链表的删除

链表的删除操作就是将某结点从链表中删除。对于一个已经创建好的链表,希望删除其中某个结点。怎样考虑此问题的算法呢?先打个比方:一队小孩(A、B、C、D、E)手拉手,如果某一小孩(C)想离队有事,而队形仍保持不变。只要将 C 的手从两边脱开,B 改为与 D 拉手即可,见图 9-4。图 9-4(a)是原来的队伍,图 9-4(b)是 C 离队后的队伍。

由图 9-4 得知,从一个链表中删去一个结点,只要改变链接关系即可,即修改结点指针成员的值即可。

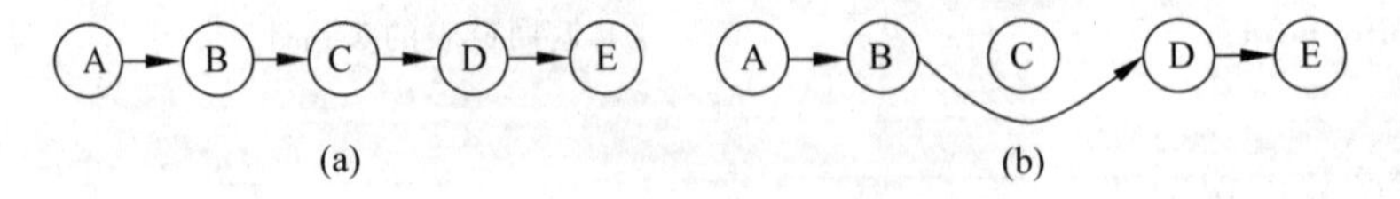

图 9-4 删除链表中的结点

以指定的学号作为删除结点的标志。例如,输入 2503 表示要求删除学号为 2503 的结点。解题的思路是这样的:设两个指针变量 p1 和 p2,先使 p1 指向第一个结点(见图 9-5(a))。如果要删除的不是第一个结点,则将 p1 的值赋给 p2,再使 p1 指向下一个结点(将 p1->next 赋给 p1),

见图 9-5(b)。如此一次一次地使 p1 后移,直到找到所要删除的结点或检查完全部链表都找不到要删除的结点为止。如果找到某一结点是要删除的结点,还要区分两种情况:①要删的是第一个结点(p1 的值等于 head 的值),则应将 pl->next 赋给 head,见图 9-5(c)。这时 head 指向原来的第二个结点。第一个结点虽然存在,但它已与链表脱离,因为链表中没有一个结点或头指针指向它。虽然 pl 还指向它,它仍指向第二个结点,但已无济于事,现在链表的第一个结点是原来的第二个结点,原来第一个结点已"丢失",即不再是链表中的一部分。②如果要删除的不是第一个结点,则将 p1->next 赋给 p2->next,见图 9-5(d)。p2->next 原来指向 pl 指向的结点(图中第二个结点),现在 p2->next 改为指向 pl->next 所指向的结点(图中第三个结点)。pl 所指向的结点不再是链表的一部分。还需要考虑链表是空表(无结点)和链表中找不到要删除的结点的情况。

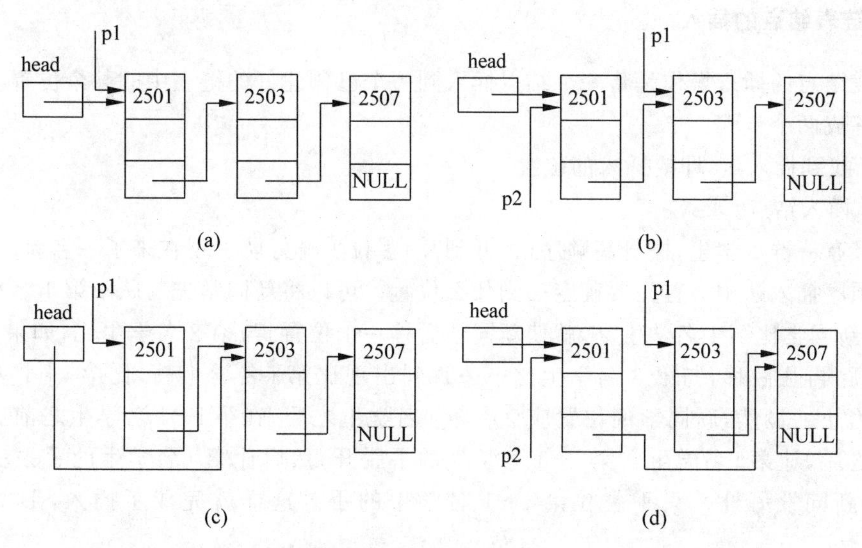

图 9-5 从链表中删除结点

例 9.10 编写一函数,删除学生链表中学号为 num 的结点。

```
struct student *del(struct student *head,long num)
{   struct student *p1,*p2;
    if(head==NULL)
    {   printf("list null!\n");return(head);}
        p1=head;
    while(num!=p1->num&&p1->next!=NULL)
    {   p2=p1;p1=p1->next;}
    if(num==p1->num)
    {   if(p1==head)
            head=p1->next;
        else
            p2->next=p1->next;
        printf("delete:%ld\n",num);
        free(p1);
    }
```

```
    else
        printf("%ld not been found!\n", num);
    return(head);
}
```

del()函数的类型是指针类型，它的返回值是删除结束后链表的头指针。函数参数为head和要删除的学号num。当删除的是第一个结点时，head的值在函数执行过程中被改变。

9.8.4 链表结点的插入和添加

1. 链表结点的插入

链表结点的插入操作是将一个结点插入到一个已创建好的链表中的某个位置。该任务可以分解成两个步骤：

(1) 找到插入点，即要插入的位置。

(2) 插入结点。

如果有一群小学生，按身高顺序(由低到高)手拉手排好队。现在来了一名新同学，要求按身高顺序插入队中。首先要确定插到什么位置。可以将新同学先与队中第1名小学生比身高，若新同学比第1名学生高，就使新同学后移一个位置，与第2名学生比，如果仍比第2名学生高，再往后移，与第3名学生比……直到出现比第i名学生高，比第i+1名学生低的情况为止。显然，新同学的位置应该在第i名学生之后，在第i+1名学生之前。在确定了位置之后，让第i名学生与第i+1名学生的手脱开，然后让第i名学生的手去拉新同学的手，让新同学另外一只手去拉第i+1名学生的手。这样就完成了插入，形成了新的队列。

根据这个思路来实现链表的插入操作。先用指针变量p0指向待插入的结点，p1指向第一个结点。见图9-6(a)。将p0->num与p1->num相比较，如果p0->num>p1->num，则待插入的结点不应插在p1所指的结点之前。此时将p1后移，并使p2指向刚才p1所指的结点，见图9-6(b)。再将p1->num与p0->num相比较。如果仍然是p0->num大，则应使p1继续后移，直到p0->num≤pl->num为止。这时将p0所指的结点插到p1所指结点之前。但是如果p1所指的已是表尾结点，则pl就不应后移了。如果p0->num比所有结点的num都大，则应将p0所指的结点插到链表末尾。

如果插入的位置既不在第一个结点之前，又不在表尾结点之后，则将p0的值赋给p2->next，使p2->next指向待插入的结点，然后将p1的值赋给p0->next，使得p0->next指向pl指向的变量，见图9-6(c)。可以看到，在第一个结点和第二个结点之间已插入了一个新的结点。

如果插入位置为第一个结点之前(即p1等于head时)，则将p0赋给head，将p1赋给p0->next，见图9-6(d)。如果要插到表尾之后，应将p0赋给p2->next，NULL赋给p0->next，见图9-6(e)。

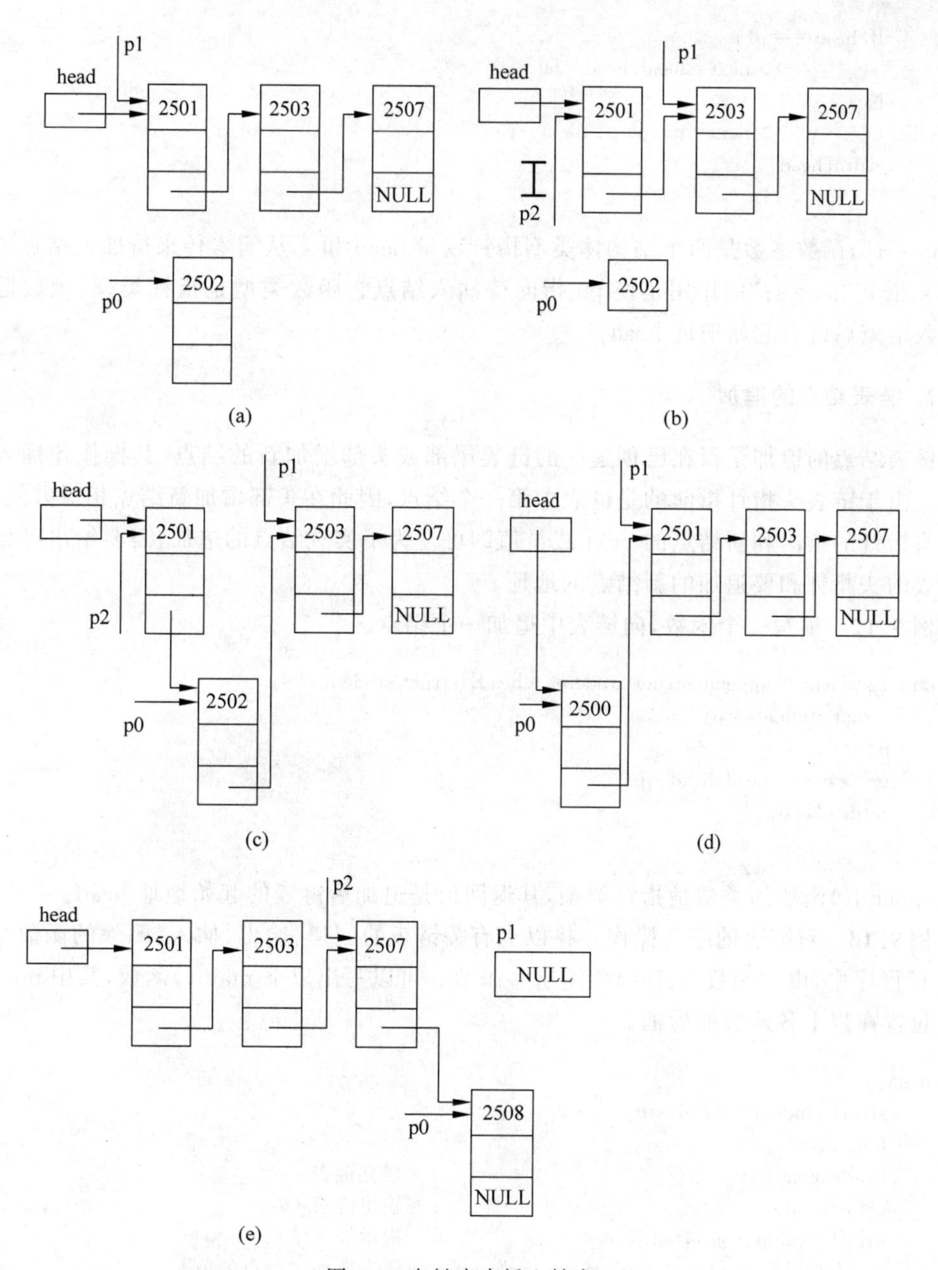

图 9-6 向链表中插入结点

例 9.11 编写一个函数 insert(),向链表中插入一个结点。

```
struct student * insert(struct student * head,struct student * s)
{    struct student * p0, * p1, * p2;
     p1=head;
     p0=s;
     if(head==NULL)
       {     head=p0;p0->next=NULL;return(head);  }
     while((p1!=NULL)&&(p0->num>p1->num))
       {   p2=p1;p1=p1->next;  }
```

```
    if(head==p1)
      {    p0->next=head;head=p0; }
    else
      {    p2->next=p0;p0->next=p1; }
    return(head);
}
```

insert()函数参数是两个结构体类型指针变量 head 和 s，从实参传来待插入结点的地址传给 s，语句“p0=s;”的作用是使 p0 指向待插入结点。函数类型是指针类型，函数返回值是插入结束后链表起始地址 head。

2. 链表结点的追加

链表结点的追加是指在已创建好的链表尾部或头部增加新的结点，其操作比插入结点简单。由于链表头指针指向的是链表中第一个结点，因此在头部增加新结点相对方便，只要改变头指针的指向和新结点的 next 成员值即可。为了实现结点的追加，需要给出已创建好的链表的头指针和要追加的新结点的地址。

例 9.12 编写一个函数，向链表中追加一个结点。

```
struct student *append(struct student *head, struct student *s)
{   struct student *p;
    p=s;
    p->next=head;head=p;
    return head;
}
```

append()函数的类型是指针类型，其返回值是追加后链表的起始地址 head。

例 9.13 对链表的综合操作。将以上有关链表的创建、输出、插入、删除的函数组织在一个 C 程序中，由主函数 main()调用这些函数。可以写出以下 main()函数，其中 main()函数的位置在以上各函数的后面。

```
main()
{   struct student *head,stu;
    long a;
    head=creat();                                /*建立链表*/
    print(head);                                 /*输出链表*/
    printf("\ninput inserted record:");          /*提示插入结点*/
    scanf("%ld%d",&stu.num,&stu.score);          /*输入要插入结点的值*/
    head=insert(head,&stu);                      /*向链表中插入结点*/
    print(head);                                 /*输出插入后的链表*/
    printf("\ninput the deleted number:");       /*提示删除结点*/
    scanf("%ld",&a);                             /*输入要删除结点的学号*/
    head=del(head,a);                            /*从链表 head 中删除学号为 a 的结点*/
    print(head);                                 /*输出删除后的链表*/
}
```

此程序运行结果是正确的。但只能删除一个结点，也只能插入一个结点。因为程序中用结构体变量 stu 来存放要插入结点的数据。显然一个结构体变量 stu 只能存放一个结点的数据，如果想插入多个结点，必须把 stu 由结构体变量改为结构体指针，在每插入一个结点时新开辟一个内存区，并让 stu 指向该区域。我们修改 main()函数，使之能删除多个结点(直到输入要删除的学号为 0)，能插入多个结点(直到输入要插入的学号为 0)，还能向链表中追加结点。

```
main()
{    struct student * head, * stu;
     long a;
     head=creat();
     print(head);
     printf("\n 请输入要插入的结点数据(学号和成绩):");  /* 提示插入结点 */
     stu=(struct student *)malloc(LEN);              /* 开辟一个结点内存区 */
     scanf("%ld%d",&stu->num,&stu->score);           /* 输入要插入结点的数据 */
     while(stu->num!=0)                              /* 只要输入的学号不为 0 则循环 */
     {    head=insert(head,stu);                     /* 向链表中插入结点 */
          print(head);                               /* 输出插入后的链表 */
          printf("\n 请输入要插入的结点数据(学号和成绩):");
          stu=(struct student *)malloc(LEN);         /* 开辟一个结点内存区 */
          scanf("%ld%d",&stu->num,&stu->score);      /* 输入要插入结点的数据 */
     }
     printf("\n 请输入要删除结点的学号:");            /* 提示删除结点 */
     scanf("%ld",&a);                                /* 输入要删除结点的学号 */
     while(a!=0)                                     /* 只要学号不为 0 则循环 */
     {    head=del(head,a);                       /* 从链表 head 中删除学号为 a 的结点 */
          print(head);                               /* 输出删除后的链表 */
          printf("\n 请输入要删除结点的学号:");       /* 提示删除结点 */
          scanf("%ld",&a);                           /* 输入要删除结点的学号 */
     }
     printf("\n 请输入要追加的结点数据(学号和成绩):");  /* 提示追加结点 */
     stu=(struct student *)malloc(LEN);              /* 开辟一个结点内存区 */
     scanf("%ld%d",&stu->num,&stu->score);           /* 输入要追加结点的数据 */
     head=append(head,stu);                          /* 向链表中追加结点 */
     print(head);                                    /* 输出追加后的链表 */
}
```

例 9.14 现有链表结点定义如下：

```
struct student
{    long num;
     int score;
     struct student * next;
};
```

结点信息包括学生学号、成绩。假设已经建立了两个具有上述结构的链表，且两个链表中的结点都是以学号升序排列的，要求编写一个函数，将两个链表按学号升序合并成一个新链表。

分析：

(1) 函数应有两个链表指针形参：p1,p2,它们指向各自的表头。

(2) 初始化合并后的新链表的头指针 head=NULL，新链表的当前结点指针 p=NULL。

(3) 产生新链表的头结点：

```
if(pl->num<p2->num)                          /*比较两个链表中当前结点的学号*/
{   head=p=pl; p1=pl->next; }
else
{   head=p=p2; p2=p2->next; }
```

(4) 当两个链表的指针均没指向表尾时，则选择两个链表中学号较小的结点插入到新链表：

```
if(pl->num<p2->num)
{   p->next=pl;                              /*将 p1 指向的结点接到新链表的表尾*/
    p=p1; p1=p1->next;                       /*p 和 p1 向后移动一个结点*/
}
else
{   p->next=p2;                              /*将 p2 指向的结点接到新链表的表尾*/
    p=p2;p2=p2->next;                        /* p 和 p2 向后移动一个结点*/
}
```

(5) 当某一个链表已到表尾，则另一个链表的剩余部分直接链接到新链表的表尾：

```
if(pl!=NULL)
    p->next=pl;
else
    p->next=p2;
```

完整的函数定义如下：

```
struct student *merge(struct student *p1,struct student *p2)
                                             /*p1 和 p2 分别为两个链表的头指针*/
{   struct student *p, *head;
    if(p1->num<p2->num)                      /*产生新链表的头结点*/
    {   head=p=p1; p1=p1->next; }
    else
    {   head=p=p2; p2=p2->next; }
    while(p1!=NULL&&p2!=NULL)
        if(p1->num<p2->num)
        {   p->next=p1;                      /*p1 指示的结点插入到新链表*/
            p=p1;
            p1=p1->next;                     /*p1 指向后继*/
        }
        else
        {   p->next=p2;                      /*p2 指示的结点插入到新链表*/
            p=p2;
            p2=p2->next;                     /*p2 指向后继*/
        }
    if(p1!=NULL)                             /*p1 没有到达表尾*/
        p->next=p1;                          /*p1 指示的链表后半部分接到新链表的表尾*/
    else
        p->next=p2;                          /*p2 指示的链表后半部分接到新链表的表尾*/
    return(head);
}
```

为了验证该函数的正确性，可编写出如下的main()函数：

```
#include "stdio.h"
#include "stdlib.h"
#define LEN sizeof(struct student)
main()
{    struct student *h1, *h2, *h3;
     h1=creat();
     h2=creat();
     printf("merge before:\n");
     print(h1);
     print(h2);
     h3=merge(h1,h2);
     printf("merge after:\n");
     print(h3);
}
```

在main()函数中两次调用了例9.8中的creat()函数用于创建两个链表，再调用merge()函数合并这两个链表。这里要求创建的两个链表必须按学号升序排序。三次调用了例9.9中的print()函数是为了输出合并前与合并后的链表结点，用于验证合并操作是否正确。

本章小结

1. 本章主要介绍了结构体类型和结构体变量的定义方法；介绍了结构体变量中成员的引用方法。

2. 介绍了结构体数组的定义和使用。

3. 介绍了指向结构体指针的定义与使用。介绍了函数中结构体的使用，其中包括结构体变量作参数、结构体指针作参数、返回结构体类型数据、返回结构体类型指针。

4. 介绍了共用体类型和枚举类型的概念，介绍了如何用typedef进行类型定义。

5. 介绍了链表的基本概念及链表的基本操作，其中包括创建链表、向链表中插入结点、从链表中删除结点、链表的遍历及追加等方法，并给出了链表操作的程序实例。

习　题

一、选择题

1. 有以下程序：

```
#include "stdio.h"
struct s
{    int x,y;}data[2]={10,100,20,200};
main()
{    struct s *p=data;
     printf("%d\n",++(p->x));
}
```

程序运行后的输出结果是(　　)。

A) 10　　B) 11　　C) 20　　D) 21

2. 设有如下定义：

```
struct s
{    char name[10];
     int age;
     char sex;
}std[3], * p=std;
```

下面各输入语句中错误的是(　　)。

A) scanf("%d",&(*p).age);　　B) scanf("%s",&std.name);

C) scanf("%c",&std[0].sex);　　D) scanf("%c",&(p->sex));

3. 有以下结构体说明的变量定义，如图9-7所示，指针p、q、r分别指向此链表中的3个连续结点。

```
struct node
{    int data; struct node * next;} * p, * q, * r;
```

现要将q所指结点从链表中删除，同时要保持链表的连续，以下不能完成指定操作的语句是(　　)。

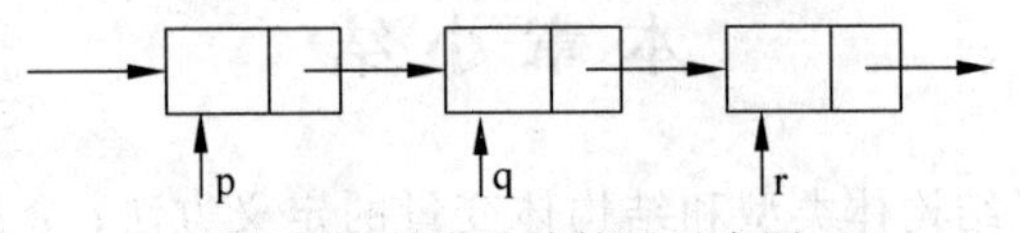

图9-7　结点链接情况示意图

A) p->next=q->next;　　B) p->next=p->next->next;

C) p->next=r;　　D) p=q->next;

4. 若有以下说明和定义：

```
union dt
{   int a;   char b;   double c;}data;
```

以下叙述中错误的是(　　)。

A) data的每个成员起始地址都相同

B) 变量data所占的内存字节数与c所占字节数相同

C) 程序段"data.a=5; printf("%f\n",data.c);"的输出结果为5.000000

D) data可以作为函数的实参

5. 有以下程序：

```
#include "stdio.h"
main()
{   union{    unsigned int n;
              unsigned char c;
         }u1;
    u1.c='A';
    printf("%c\n",u1.n);
}
```

执行后的输出结果是(　　)。

A) 产生语法错　　B) 随机值　　C) A　　D) 65

6. 有以下程序段：

```
typedef struct NODE
{    int num;struct NODE next;}OLD;
```

以下叙述中正确的是(　　)。

A) 以上的说明形式非法　　B) NODE 是一个结构体类型

C) OLD 是一个结构体类型　　D) OLD 是一个结构体变量

7. 若有以下说明和定义：

```
typedef int * INTEGER;
INTEGER p, * q;
```

以下叙述中正确的是(　　)。

A) p 是 int 型变量

B) p 是基类型为 int 的指针变量

C) q 是基类型为 int 的指针变量

D) 程序中可用 INTEGER 代替 int 类型名

8. 下面程序的输出结果是(　　)。

```
#include "stdio.h"
struct example
{    int x,y;}num[2]={1,2,3,2};
main()
{    printf("%d\n",num[1].y * num[0].x/num[1].x);
}
```

A) 0　　B) 1　　C) 3　　D) 6

9. 下面程序的输出结果是(　　)。

```
#include "stdio.h"
struct st
{    int x;int * y;} * p;
int dt[4]={10,20,30,40};
struct st aa[4]={50,&dt[0],60,&dt[0],60,&dt[0],60,&dt[0]};
main()
{    p=aa;
     printf("%d\n",++(p->x));
}
```

A) 10　　B) 11　　C) 51　　D) 60

10. 设有如下说明：

```
#include "stdio.h"
typedef struct
{ int n;char c;double x;}STD;
```

则以下选项中，能正确定义结构体数组并赋初值的语句是(　　)。

A) STD tt[2]={{1，'A',62},{2,'B',75}};

B) STD tt[2]={1，"A",62,2,"",75};

C) struct tt[2]={{1，'A'},{2,'B'}};

D) struct tt[2]= {{1，"A",62.5},{2,"B",75.0}};

11. 设有枚举定义语句：enum t1{a1,a2=7,a3,a4=15};，则枚举常量 a2 和 a3 的值分别为(　　)。

A) 7 和 8　　　B) 2 和 3　　　C) 7 和 2　　　D) 1 和 2

二、填空题

1. 程序通过定义学生结构体数组，存储了若干名学生的学号、姓名和 3 门课的成绩。函数 fun 的功能是将存放学生数据的结构体数组按照姓名的字典序(从小到大)排序。请填空。

```
#include <stdio.h>
#include <string.h>
struct student
{    long sno;
     char name[10];
     float score[3];
};
void fun(struct student a[], int n)
{    ________ t;
     int i, j;
     for (i=0; i<________; i++)
         for (j=i+1; j<n; j++)
             if (strcmp(________) > 0)
             {    t = a[i]; a[i] = a[j]; a[j] = t; }
}
main()
{    struct student s[4]={{10001,"ZhangSan", 95, 80, 88},{10002,"LiSi", 85, 70, 78},
     {10003,"CaoKai", 75, 60, 88}, {10004,"FangFang", 90, 82, 87}};
     int i, j;
     printf("\n\nThe original data :\n\n");
     for (j=0; j<4; j++)
     {    printf("\nNo: %ld Name: %-8s Scores: ",s[j].sno, s[j].name);
          for (i=0; i<3; i++) printf("%6.2f ", s[j].score[i]);
          printf("\n");
     }
     fun(s, 4);
     printf("\n\nThe data after sorting :\n\n");
     for (j=0; j<4; j++)
     {    printf("\nNo: %ld Name: %-8s Scores: ",s[j].sno, s[j].name);
          for (i=0; i<3; i++) printf("%6.2f ", s[j].score[i]);
          printf("\n");
     }
}
```

2. 程序通过定义学生结构体变量，存储了学生的学号、姓名和 3 门课的成绩。函数 fun

的功能是将形参a所指结构体变量中的数据赋给函数中的结构体变量b，并修改b中的学号和姓名，最后输出修改后的数据。例如：a所指变量中的学号、姓名和三门课的成绩依次是10001、"ZhangSan"、95、80、88，则修改后输出b中的数据应为10002、"LiSi"、95、80、88。请填空。

```
#include <stdio.h>
#include <string.h>
struct student
{    long sno;
     char name[10];
     float score[3];
};
void fun(struct student a)
{    struct student b; int i;
     b = ________;
     b.sno = 10002;
     strcpy(________, "LiSi");
     printf("\nThe data after modified :\n");
     printf("\nNo: %ld Name: %s\nScores: ",b.sno, b.name);
     for (i=0; i<3; i++) printf("%6.2f ", b.________);
     printf("\n");
}
main()
{    struct student s={10001,"ZhangSan", 95, 80, 88};
     int i;
     printf("\n\nThe original data :\n");
     printf("\nNo: %ld Name: %s\nScores: ",s.sno, s.name);
     for (i=0; i<3; i++) printf("%6.2f ", s.score[i]);
     printf("\n");
     fun(s);
}
```

3. 已知学生的记录由学号和学习成绩构成，N名学生的数据已存入a结构体数组中。函数fun的功能是：找出成绩最低的学生记录，通过形参返回主函数(规定只有一个最低分)。请填空。

```
#include <stdio.h>
#include <string.h>
#define N 10
typedef struct ss
{    char num[10]; int s; } STU;
void fun( STU a[], STU *s )
{    int i,j;
     strcpy(s->num,a[0].num);
     s->s=a[0].s;
     for(i=1;i<________;i++)
         if(a[i].s<s->s)
         {    strcpy(s->num,________);s->s=________;  }
}
main ( )
```

```
{   STU a[N]={{"A01",81},{"A02",89},{"A03",66},{"A04",87},{"A05",77},
        {"A06",90},{"A07",79},{"A08",61},{"A09",80},{"A10",71}}, m;
    int i;
    printf("***** The original data *****\n");
    for ( i=0; i< N; i++ )printf("No = %s Mark = %d\n", a[i].num,a[i].s);
    fun ( a, &m );
    printf ("***** THE RESULT *****\n");
    printf ("The lowest : %s , %d\n",m.num, m.s);
}
```

三、编程题

1. 定义一个结构体变量,其成员包括职工号、职工名、性别、年龄、工龄、工资、地址。

2. 对上述定义的变量,从键盘输入所需的具体数据,然后用printf()函数打印出来。

3. 从键盘输入10名学生的数据,每个学生包括学号、姓名、某门课成绩,要求找出成绩最高者的姓名和成绩。

4. 有10个学生,每个学生包括学号、姓名、3门课成绩。从键盘输入10个学生数据,要求输出每个学生3门课的平均成绩,以及平均分最高的学生数据(包括学号、姓名、3门课成绩、平均成绩)。

5. 建立一个链表,每个结点包括的成员为职工号、工资、指向下一个结点的指针。用malloc()函数开辟新结点。要求包含5个结点,从键盘输入结点中的有效数据,然后把这些结点的数据打印出来。要求用creat()函数建立链表,用print()函数输出数据。这5个职工的号码为101,102,104,105,106。

6. 在上题的基础上,新增加一个职工的数据。从键盘输入新职工的数据,新职工号为103。编写一个函数insert(),将新结点按职工号顺序插入到已有的链表中。输出插入后链表中各结点的数据。

7. 在第5和第6两题的基础上,编写一个函数del(),用来删除一个结点(按指定的职工号删除),今要求删除职工号为103的结点。输出删除后链表中各结点数据。

8. 有两个链表a和b,设结点中包含学号、姓名。从a链表中删去与b链表中相同学号的结点。

9. 建立一个链表,每个结点包括学号、姓名、性别、年龄。要求输入一个年龄,如果链表中的结点所包含的年龄等于此年龄,则将此结点删去。

10. 编写一个函数,将一个链表按逆序排列,即将链头当链尾,链尾当链头。

第10章　位　运　算

教学目标

掌握位运算符及位运算规则，掌握位段的概念。

本章要点

- 位运算符及位运算规则
- 位段结构

C语言是为描述系统而设计的。在系统软件中，常要处理二进制位的问题。例如，将一个存储单元中的各二进制位左移或右移一位，两数按位相加等。这就要用到位运算。另外，前面介绍对内存中信息的存取一般以字节为单位。实际上，有时存储一个信息不必用一个或多个字节，例如，"真"或"假"用0或1表示，只需1位即可。计算机用于过程控制、参数检测或数据通信领域时，控制信息往往只占一个字节中的一个或几个二进制位，常常在一个字节中放几个信息。这就是位段的概念。

10.1　概　　述

C语言是为描述系统而设计的，因此它具有汇编语言所能完成的一些功能，本章介绍的位运算就是其中之一。所谓位运算是指进行二进制位的运算。通过位运算可以实现将一个单元清零、取一个数中某些指定位、对一个数进行循环移位等操作。C语言提供的位运算功能，与其他高级语言(如Pascal)相比，具有明显的优越性。

在C语言中，数据占用存储空间的最小单位是字节，一个字节由8个二进制位组成。不同类型的数据占用的字节数不同。在计算机中，用二进制表示的一个数，最右边的一位称为"最低位"，最左边的一位称为"最高位"。在用位运算符进行数的运算时，数是以补码的形式参加运算的。用补码表示数时，正数的补码是它本身。负数的补码是最高位(用来表示符号，0表示正数，1表示负数，称为符号位)为1，其余各位(数值位)先按位取反(即0变为1，1变为0)，再在最低位加1。例如，对于一个int类型(占2字节)的整数－9，占用16位二进制位，故－9的补码为1111111111110111。

10.2　位　运　算

位是指二进制数的一位，其值为0或1。位运算符主要有&、|、～、^、≪、≫。

10.2.1　按位取反运算符

按位取反运算符为"～"，是一个单目运算符，运算量写在运算符之后。取反运算符的作用是使一个数据中所有位都取其反值，即 0 变 1，1 变 0。即运算规则为：

~0=1，~1=0

例如，~7 的值为−8。

10.2.2 按位与运算符

按位与运算符为“&”，在进行按位与运算时，对参加运算的两个数据，按二进制位进行“与”运算。运算规则为：

0&0=0，0&1=0，1&0=0，1&1=1

例如，3&5

```
      3=00000011
  (&) 5=00000101
      ----------
        00000001
```

因此，3&5 的值为 1。参加 & 运算的也可以是负数，如−5&3，其中−5 的补码（为简便起见，用 8 位二进制表示）为 11111011，3 的补码为 00000011，按位与的结果为 00000011，即值为十进制数 3。“按位与”有一个重要特征：任何位上的二进制数只要和 0 相“与”，则该位即被请零（称之为被屏蔽）；和 1 相“与”，则该位被保留，所谓保留，即维持原状，原来是 0 还是 0，原来是 1 还是 1。

10.2.3 按位或运算符

按位或运算符为“|”，在进行按位或运算时，对参加运算的两个数据，按二进制位进行“或”运算。运算规则为：

0|0=0，0|1=1，1|0=1，1|1=1

例如，3|5

```
      3=00000011
  (|) 5=00000101
      ----------
        00000111
```

因此，3|5 的值为 7。又如，−5|3

```
     -5=11111011
  (|) 3=00000011
      ----------
        11111011
```

因此−5|3 的值为−5。

10.2.4 按位异或运算符

按位异或运算符为“^”，按位异或运算的作用是判断两个数的相应位的值是否“相异”（不同），若相异，则结果为 1，否则为 0。即运算规则为：

0^0=0，0^1=1，1^0=1，1^1=0

例如，−5^3 的值为−8。读者可以按照上面给出的算式形式计算得出。

10.2.5 按位左移运算符

按位左移运算符为“<<”，用来将一个数的各二进制位全部左移若干位。例如，3 << 2，将 3 左移 2 位，右边(最低位)补 0，结果为 12。

高位左移后溢出，舍弃不起作用。

左移 1 位相当于原数乘以 2，左移 2 位相当于原数乘以 $2^2=4$。上面举的例子 3 << 2=12，即 3 乘以 4。但此结论只适用于左移时被溢出舍弃的高位中不包含 1 的情况。左移比乘法运算快得多，有些 C 编译程序自动将乘 2 的运算用左移一位来实现。

10.2.6 按位右移运算符

按位右移运算符为“>>”，在右移时，需要注意符号位问题。对无符号数，右移时左边高位移入 0。对于有符号的值，如果原来符号位为 0(该数为正)，则左边也是移入 0。如果符号位原来为 1(即负数)，则左边移入 0 还是 1，要取决于所用的计算机系统。有的系统移入 0，有的系统移入 1。移入 0 的称为“逻辑右移”，即简单右移。移入 1 的称为“算术右移”。Visual C++ 6.0 采用的是算术右移，有的 C 语言版本则采用逻辑右移。

例如，−3 >> 2，将 −3 右移 2 位，左边(最高位)补 1，结果为 −1。

10.2.7 位运算赋值运算符

位运算符与赋值运算符可以组成位运算赋值运算符，共有以下 5 种：

&=、|=、^=、>>=、<<=

这 5 种运算符的用法与复合的赋值运算符用法相同。例如，a&=b 相当于 a=a&b。a >>=2 相当于 a=a >> 2。

10.2.8 不同长度的数据进行位运算

两个长度不同的数据进行位运算时，系统会自动将两者按右端对齐。FTC 环境下，例如 long 型的 a 和 int 型的 b 进行按位与运算，如果 b 为正数，则左侧 16 位补满 0。若 b 为负数，则左侧 16 位补满 1。如果 b 为无符号整数，则左侧也是填满 0。

10.3 位运算举例

例 10.1 取一个整数 a 从右端开始的 4～7 位。

可以这样考虑：

① 先使 a 右移 4 位，即 a >> 4，如图 10-1 所示。其中(a)是未右移时的情况，(b)是右移 4 位后的情况。这里右移的目的是使要取出的那几位先移到最右端。

② 设置一个低 4 位全为 1，其余全为 0 的数。可用下面方法实现：

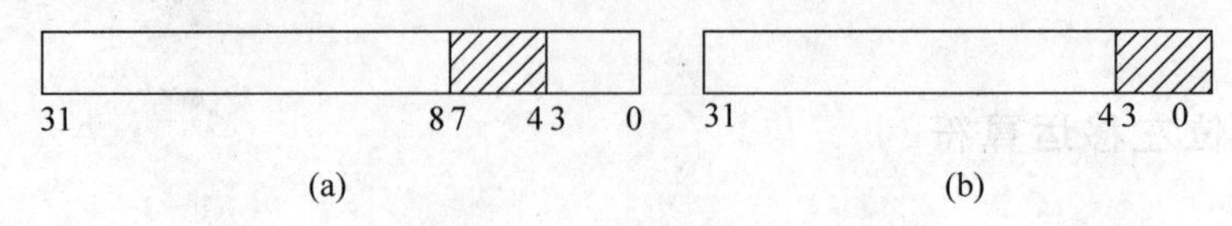

图 10-1　右移前后示意图

～(～0 << 4)

～0 的二进制位全为 1,左移 4 位,这样右端低 4 位为 0,再按位取反,即得到所要的数。

③ 将上面二者进行按位与运算。即

(a >> 4)&(～(～0 << 4))

根据上一节的介绍得知,与一个低 4 位为 1 其余全为 0 的数进行 & 运算,就能将原数的低 4 位保留下来。

参考程序如下：

```
#include "stdio.h"
main()
{   unsigned a,b,c,d;
    scanf("%o",&a);
    b=a >> 4;
    c=～(～0 << 4);
    d=b&c;
    printf("%o,%d\n%o,%d\n",a,a,d,d);
}
```

程序运行情况如下：

```
331↙          (以八进制形式输入的 a 值)
331,217       (分别以八进制和十进制输出的 a 值)
15,13         (分别以八进制和十进制输出的 d 值)
```

输入 a 的值为八进制数 331,即十进制数 217,其二进制形式为 0000000000000000000000011011001,右端开始的 4～7 位为 1101。程序中用变量 d 来存放取出的数,经运算最后得到的 d 为 00000000000000000000000000001101,即八进制数 15,十进制数 13。

可以任意指定从右面第 m 位开始取其右面 n 位。只需将程序中的“b=a >> 4”改为“b=a >>(m－n+1)”以及将“c=～(～0 << 4)”改成“c=～(～0 << n)”即可。

例 10.2　循环移位。要求将 a 进行右循环移位,如图 10-2 所示。

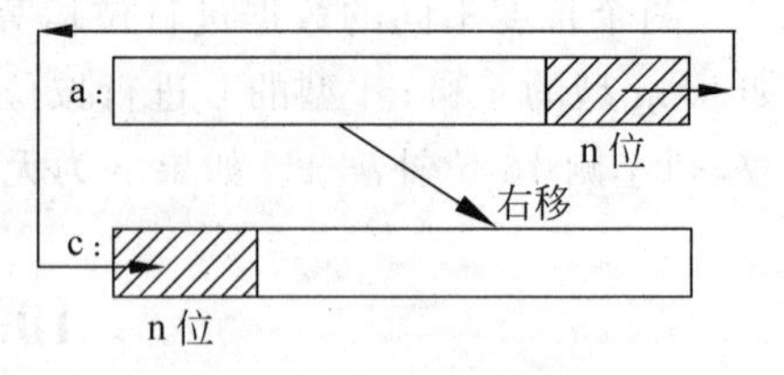

图 10-2　循环右移示意图

图 10-2 表示将 a 右循环移 n 位,即将 a 中原来左面 32－n 位右移 n 位,原来右端 n 位移到最左面 n 位。

为实现以上目的可以用以下步骤：

① 将 a 的右端 n 位先放到 b 中的高 n 位中。可以用下面语句实现：

```
b=a <<(32－n);
```

② 将 a 右移 n 位,其左面高 n 位补 0。可以用下面语句实现：

```
c=a >> n;
```

③ 将 c 与 b 进行按位或运算。即

```
c=c|b;
```

参考程序如下：

```
#include "stdio.h"
main()
{    unsigned a,b,c;
     int n;
     scanf("%o,%d",&a,&n);
     b=a<<(32-n);
     c=a>>n;
     c=c|b;
     printf("%o\n%o\n",a,c);
}
```

程序运行情况如下：

```
1357,5↙
1357
17000000027
```

运行开始时输入八进制数 1357 给变量 a，输入十进制数 5 给变量 n，a 对应的二进制数为 00000000000000000000001011101111，循环右移 5 位后得二进制数 01111000000000000000000000010111，即八进制数 17000000027。

同样可以左循环移位。

10.4 位　段

以前介绍过对内存中信息的存取一般以字节为单位。实际上，有时存储一个信息不必用一个或多个字节，例如，"真"或"假"用 1 或 0 表示，只需 1 位即可。在某些应用中，特别是对硬件端口的操作，需要标志某些端口的状态或特征。而这些状态或特征只需要一位或连续若干位来表示。

C 语言允许在一个结构体中以位为单位来指定其成员所占内存长度，这种以位为单位的成员称为"位段"或称"位域"。这就是说位段结构也是一种结构体类型，只不过其中含有以位为单位定义存储长度的成员。采用位段结构既节省存储空间，又方便操作。例如：

```
struct packed_data
{    unsigned a:2;
     unsigned b:6;
     unsigned c:4;
     unsigned d:4;
     int i;
}data;
```

如图 10-3 所示，其中 a、b、c、d 分别占 2 位、6 位、4 位、4 位，i 为整型，占 4 字节，共占 8 字节。在 a、b、c、d 之后 16 位空间闲置不用，i 从另一 int 型数据开头字节起存放。

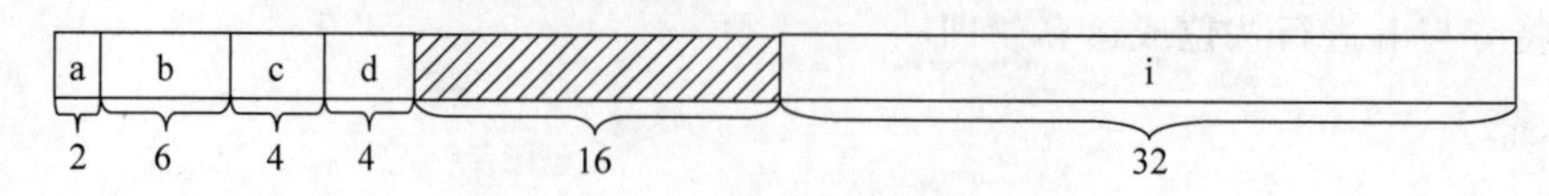

图 10-3　位段在内存中的存储结构

注意：在存储单元中位段的空间分配方向，因机器而异。在微机使用的C系统中，一般是由右到左进行分配的，但用户可以不必过问这种细节。

对位段中的数据引用的方法如同结构体成员的引用方法。如：

```
data.a=2;
data.b=6;
data.c=10;
```

注意位段允许的最大值范围。如果写成data.a=4;就错了。因为data.a只占2位，最大可存放3。在此情况下，自动取赋予它的数的低位。例如，4的二进制数形式为100，而data.a只有两位，取100的低两位，故data.a的值为0。

关于位段的定义和使用，有几点要说明：

(1) 位段成员的类型必须指定为unsigned或int类型，不能是char型或其他类型。

(2) 若某一位段要从另一个字开始存放。可以用以下形式定义：

```
unsigned a:1;
unsigned b:2;
unsigned  :0;
unsigned c:3;
```

本来a、b、c应连续存放在一个存储单元(字)中，由于用了长度为0的位段，其作用是使下一个位段从下一个存储单元开始存放。因此，现在只将a、b存储在一个存储单元中，c另存放在下一个单元(上述“存储单元”可能是一个字节，可能是两字节，也可能是4字节，因不同的编译系统而异)。应该注意的是，32位的Visual C++ 6.0的字边界在4倍字节处，其他C语言的字边界可能在若干倍字节处(如Turbo C 2.0在2倍字节处)。

(3) 一个位段必须存储在同一存储单元中，不能跨两个单元。如果第一个单元空间不能容纳下一个位段，则该空间不用，而从下一个单元起存放该位段。

(4) 可以定义无名位段。如：

```
unsigned a:1;
unsigned  :2;  (这两位空间不用)
unsigned b:3;
unsigned c:4;
```

如图10-4所示，在a后面的是无名位段，该空间不用。

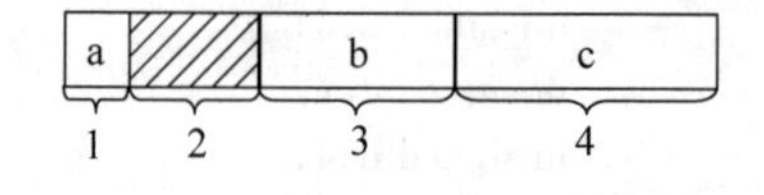

图 10-4　含有无名位段的存储结构

(5) 位段的长度不能大于存储单元的长度。

(6) 位段无地址，不能对位段进行取地址运算。

(7) 位段可以以%d，%o，%x格式输出。

(8) 位段若出现在表达式中，将被系统自动转换成整数。

本章小结

本章介绍了位运算符及位运算规则,给出了位运算的实例,介绍了位段的概念。

习　题

一、选择题

1. 有以下程序:

```
#include "stdio.h"
main()
{    int c=35;
     printf("%d\n",c&c);
}
```

程序运行后的输出结果是(　　)。

A) 0　　B) 70　　C) 35　　D) 1

2. 设有定义语句:char c1=92,c2=92;,则以下表达式中值为零的是(　　)。

A) c1^c2　　B) c1&c2　　C) ~c2　　D) c1|c2

3. 有以下程序:

```
#include "stdio.h"
main()
{    unsigned char a,b;
     a=4|3;
     b=4&3;
     printf("%d %d\n",a,b);
}
```

程序运行后的输出结果是(　　)。

A) 7　0　　B) 0　7　　C) 1　1　　D) 43　0

4. 以下程序的输出结果是(　　)。

```
#include "stdio.h"
main()
{    char x=040;
     printf("%o\n",x<<1);
}
```

A) 100　　B) 80　　C) 64　　D) 32

5. 设 int b=2;,表达式(b << 2)/(b >> 1)的值是(　　)。

A) 0　　B) 2　　C) 4　　D) 8

二、编程题

1. 有一个 unsigned long 型整数,想分别将前两字节和后两字节作为两个 unsigned int

型数输出(设一个int型占两字节),用一函数实现它。将unsigned long型数作为实参,在函数中输出这两个unsigned int型数。

2. 将4个字符“拼”成一个long型数,这4个字符为“a”“b”“c”“d”。写一函数,把由这4个字符连续组成的4个字节内容作为一个long型数输出。

3. 编写一个函数getbits,从一个16位的单元中取出某几位(即该几位保持原值,其余位为0)。函数调用形式为getbits(value,n1,n2)。valuegetbits(012345,5,8)为该16位(两字节)中的数据值,n1为欲取出的起始位,n2为欲取出的结束位。如:

```
getbits(012345,5,8)
```

表示对八进制数12345,取出它的从左面起第5位到第8位。

4. 写一函数,对一个16位的二进制数取出它的奇数位(即从左面起第1、3、5、…、15位)。

5. 写一函数,用来实现左右循环移位。函数名为move,调用方法为:

```
move(value,n)
```

其中value为要循环移位的数,n为移位的位数。如n<0表示为左移; n>0为右移。如n=4,表示要右移4位; n=-3,为要左移3位。

6. 写一函数,使给出一个数的原码,能得到该数的补码。

第11章 文　件

教学目标

掌握文件的概念，掌握打开文件、关闭文件及对文件进行读写操作的方法。能够对文件进行简单的读写操作。

本章要点

- 文件的概念及文件类型指针
- 文件的打开与关闭
- 文件的读写
- 文件的定位与随机读写

在计算机系统中，一个程序运行结束后，它所占用的内存空间及该程序涉及的各种数据所占用的内存空间将被全部释放。如果程序所处理的数据是大量的、长期需要使用的，应该将它们保存起来，以避免每次程序运行时大量的数据输入操作，从而提高程序的运行效率。那么，如何将数据长期保存起来呢，这就是本章讲述的文件要解决的问题。

11.1 文件概述

11.1.1 文件分类

1. 文件

文件是程序设计中一个重要的概念。所谓"文件"，一般是指存储在外部介质上数据的集合。一批数据是以文件的形式存放在外部介质(如磁盘)上的。操作系统是以文件为单位对数据进行管理的，也就是说，如果想找存放在外部介质上的数据，必须先按文件名找到所指定的文件，再从该文件中读取数据。要想把数据存放到外部介质上，也必须先建立一个文件(以文件名标识)，才能把数据写到这个文件中去。

在前面章节中涉及的输入/输出操作，都是以常规输入/输出设备为对象的，即从键盘输入数据，将数据从显示器或打印机输出。这里输入/输出的数据是存放在内存中的。

在计算机系统中，一个程序运行结束后，它所占用的内存空间将被全部释放，该程序涉及的各种数据所占的内存空间也不被保留。因此要保存程序所处理的数据，必须将它们以文件形式存储在外存储器(如磁盘、磁带)中，当其他程序要使用这些数据，或该程序还要使用这些数据时，再以文件形式将数据从外存读入内存。

文件可以从不同的角度进行分类，例如，按照文件保存的内容区分，磁盘文件可以分为程序文件和数据文件。程序文件保存的是程序，数据文件用于保存数据。程序文件的读写操作一般由系统完成，如在 Visual C++ 6.0 环境下，按 Ctrl＋S 组合键可将编辑好的 C 语言源程序以文件的形式保存在磁盘上。而数据文件的读写往往由应用程序实现。本章讲述的文件操作主要是对数据文件的操作。

从操作系统的角度看，每一个与主机相连的外部设备都看作是一个文件，它们都有一个唯一的文件名，对这些外部设备的操作用与磁盘文件相同的方法去完成。例如，键盘是输入文件，可从它读取数据；显示器和打印机是输出文件，可用于输出数据。将物理设备看作是一种逻辑文件，对其操作采用与磁盘文件相同的方法，简化了程序设计，方便了用户。

2. 数据文件的存储形式

C 语言把文件看作是一个字符（字节）的序列，即由一个一个字符（字节）的数据顺序组成。根据数据的组织形式，可分为 ASCII 码文件和二进制文件。ASCII 码文件是将数据以字符形式存放，又称为文本文件。二进制文件是把内存中的数据按其在内存中的存储形式原样输出到磁盘上存放。

例如，12345678 这个整数，在内存中占 4 字节，如果按 ASCII 码形式输出到一个文本文件中，则在磁盘上占 8 字节，而按二进制形式输出到一个二进制文件中，则在磁盘上占 4 字节。即在文本文件中将数字表示成对应的字符序列。这个整数有 8 位数字，即由 8 个数字字符组成；一个字符占一个字节，故共用了 8 字节。而在二进制文件中，该数表示成相应的二进制数字，它只需要占用 4 字节。

在 Visual C++ 6.0 中，用二进制形式存储，整型数用 4 字节表示，长整型用 4 字节表示，实型数（浮点数）用 4 字节表示，双精度数用 8 字节表示。

一般地说，二进制文件节省存储空间，用户程序在实用中，从节省时间和空间的要求考虑，一般选用二进制文件。但是，如果用户准备的数据是作为文档阅读使用的，则一般使用文本文件，它们可以方便、快捷地通过显示器或打印机直接输出。

由于相对于内存储器而言，磁盘是慢速设备。因此，在 C 语言的文件操作中，如果每次向磁盘写入一个字节的数据或读出一个字节的数据，都要启动磁盘操作，将会大大降低系统的效率，而且还会对磁盘驱动器的使用寿命造成不利影响。为此，在文件系统中往往使用缓冲技术，即系统在内存中为每一个正在读写的文件开辟一个“缓冲区”，利用缓冲区完成文件读写操作。

3. 缓冲文件与非缓冲文件

过去使用的 C 语言版本有两类文件系统：一类为缓冲文件系统，又称为标准 I/O 文件或高级文件系统；另一类为非缓冲文件系统，又称为系统 I/O 文件或低级文件系统。

（1）缓冲文件。

缓冲文件系统是指系统自动地在内存区为每一个正在使用的文件开辟一个缓冲区。当从磁盘文件读取数据时，应用程序并不直接从磁盘文件读取数据，而是先由系统将一批数据从磁盘取入内存缓冲区，然后再从缓冲区依次将数据送给程序中的接收变量，供程序处理。其过程如图 11-1(a)所示。

在向磁盘文件写入数据时，先将程序中有关变量或表达式的值送到缓冲区中，待缓冲区装满后，才由系统将缓冲区的数据一次写入磁盘文件中，如图 11-1(b)所示。这样做减少了系统读写磁盘的次数，提高了程序的执行效率。缓冲区的大小由各个具体的 C 版本确定，

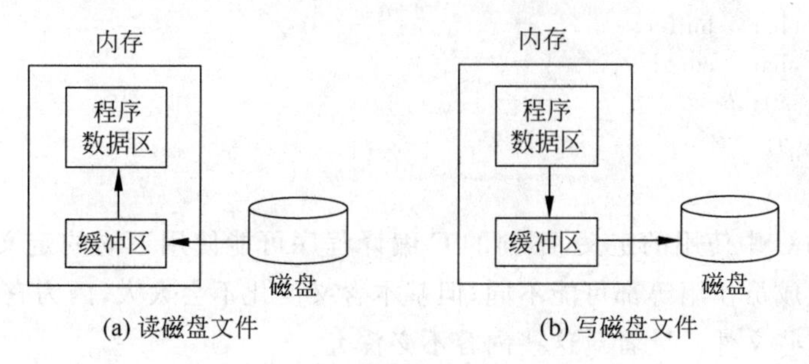

图 11-1 磁盘文件读写操作

Visual C++ 6.0 为 4096 字节。

(2) 非缓冲文件。

非缓冲文件系统是指系统不自动开辟确定大小的缓冲区,而由程序本身根据需要设定。

在 UNIX 系统下,用缓冲文件系统来处理文本文件,用非缓冲文件系统处理二进制文件。ANSI C 标准决定不采用非缓冲文件系统,而只采用缓冲文件系统。即既用缓冲文件系统处理文本文件,也用它来处理二进制文件。也就是将缓冲文件系统扩充为可以处理二进制文件。因此本书只介绍缓冲文件系统。

4. 文件存取方式

C 语言中,文件被看作是字节序列,或称二进制流。即 C 语言的数据文件由顺序存放的一连串字节(字符)组成,没有记录的界限,因此,C 语言的文件被称作流式文件,文件存取操作的数据单位是字节,允许存取一个字节和任意多个字节,这样有效地增加了文件操作的灵活性。缓冲文件系统提供了 4 种文件存取方法:

(1) 读写一个字符。

(2) 读写一个字符串,将多个字符组成的字符串写入文件或从文件中读出。

(3) 格式化读写,根据格式控制指定的数据格式对数据进行转换存取。

(4) 成块读写。

对应于以上 4 种文件存取方式,C 语言有相应的函数来完成上述的操作。

11.1.2 文件指针

缓冲文件系统中,关键的概念是"文件指针"。每个被使用的文件都在内存中开辟一个区域,用来存放文件的有关信息(如文件的名字、文件当前位置等)。这些信息是保存在一个结构体变量中的。该结构体类型是由系统定义的,命名为 FILE。Turbo C 在 stdio.h 文件中定义了 FILE 类型:

```
typedef struct
{     short level;
      unsigned flags;
      char fd;
      unsigned char hold;
      short bsize;
```

```
    unsigned char  * buffer;
    unsigned char  * curp;
    unsigned istemp;
    short token;
}FILE;
```

这是 Turbo C 中使用的定义，不同的 C 编译程序可能使用不同的定义，即结构体的成员名、成员个数、成员作用等都可能不同，但基本含义变化不会太大，因为它最终都要通过操作系统去控制这些文件。读者对这些内容不必深究。

有了结构体 FILE 类型之后，可以用它来定义 FILE 类型变量，以便存放文件的信息。例如：

```
FILE f1,f2;
```

定义了两个结构体变量 f1 和 f2，可以用来存放两个文件的信息。

可以定义文件类型的指针变量。如：

```
FILE  * fp;
```

fp 是一个指向 FILE 类型的指针变量。可以用 fp 指向某一个文件的结构体变量，从而通过该结构体变量中的文件信息能够访问该文件。也就是说，通过文件指针变量能够找到与它相关的文件。如果程序同时对 n 个文件进行操作，一般应设 n 个指针变量，使它们分别指向 n 个文件(即指向存放该文件信息的结构体变量)，以实现对文件的访问。

11.1.3　文件打开和关闭

对磁盘文件的操作往往包括打开文件、读文件、写文件、关闭文件或删除文件等。任何一个文件操作，都必须先打开，后读或写；读写完成后，最后都应关闭文件。

所谓打开文件，是在程序和系统之间建立起联系，程序把所要操作的文件的有关信息，如文件名、文件操作方式(读、写或读写)等通知给系统。从实质上看，打开文件表示将给用户指定的文件在内存分配一个 FILE 结构区，并将该结构的指针返回给用户程序，此后用户程序就可用此 FILE 指针来实现对指定文件的存取操作。

1. 文件的打开(fopen()函数)

文件的打开操作用 fopen()函数实现，其函数原型为：

```
FILE  * fopen( char  * filename,char  * mode);
```

函数的功能是打开一个 filename 指向的文件，文件使用方式由 mode 指向的值决定。函数的返回值是一个文件指针。

例如：

```
FILE  * fp;
fp=fopen("a1","r");
```

它表示打开名为 a1 的文件，文件使用方式设定为“只读”方式(即只能从文件读取数据，不能向文件写入数据)，函数带回指向 a1 文件的指针并赋给 fp，这样 fp 就和文件 a1 相联系了，或者说，fp 指向 a1 文件。

若要打开文件的文件名已放在一个字符数组中或已由一个字符指针指向它，可通过该字符数组或字符指针来打开该文件。如：

```
FILE * fp;
char c[5]= "a1";
fp=fopen(c,"r");
```

如果在打开文件时直接给出文件名，则文件名需要用双引号括起来，文件名中也可以包含用双反斜线隔开的路径名。

文件使用方式如表 11-1 所示。

从表 11-1 中可以看出，后 6 种方式是在前 6 种方式基础上加一个"+"符号得到的，其区别是由单一的读方式或写方式扩展为既能读又能写的方式。上述这些规定是 ANSI C 的标准，但有些目前使用的 C 语言文件系统不一定具备该表的全部功能，因而用户在使用时应注意查阅 C 语言系统的说明书或上机调试。

表 11-1 C 语言文件使用方式

文件使用方式	含 义
"r"(只读)	为输入打开一个文本文件
"w"(只写)	为输出打开一个文本文件
"a"(追加)	向文本文件尾追加数据
"rb"(只读)	为输入打开一个二进制文件
"wb"(只写)	为输出打开一个二进制文件
"ab"(追加)	向二进制文件尾追加数据
"r+"(读写)	以读写方式打开一个已存在的文本文件
"w+"(读写)	为读写建立一个新的文本文件
"a+"(读写)	为读写打开一个文本文件进行追加
"rb+"(读写)	为读写打开一个二进制文件
"wb+"(读写)	为读写建立一个新的二进制文件
"ab+"(读写)	为读写打开一个二进制文件进行追加

当用 fopen()函数成功地打开一个文件时，该函数将返回一个 FILE 指针；如果文件打开操作失败，则函数返回值是 NULL，即一个空指针。fopen()函数的返回值应当立即赋给一个 FILE 结构指针变量，以便以后能通过该指针变量来访问这个文件，否则此函数的返回值就会丢失而导致程序无法对此文件进行操作。

例如，若想打开 file1 文件进行写操作，可用下面的方法：

```
FILE *fp;
if((fp=fopen("file1","w"))==NULL)
    {   printf("file cannot be opened\n");
        exit(1);
    }
    ⋮
```

下面的程序段打开一个由路径指明的文件：

```
FILE *fp;
if((fp=fopen("D:\abc\\file1","w"))==NULL)
    {   printf("file cannot be opened\n");
        exit(1);
    }
    ⋮
```

这里使用 exit()函数返回操作系统，该函数将关闭所有打开的文件。一般使用时，exit(0)表示程序正常返回，若函数参数为非零值，表示出错返回，如 exit(1) 等，也可用“return;”代替 exit()函数调用。使用 exit()函数时需要用# include 命令将 stdlib. h 头文件包含到程序中来。

应该注意，若打开的是一个已存在的文件，且使用方式为“W”或“wb”，则文件原有内容将被新写入的内容覆盖。

对于磁盘文件，在使用前一定要打开，而对外部设备，尽管它们也可以作为设备文件处理，但在实际应用中不需要“打开文件”的操作。这是因为当运行一个 C 程序时，系统自动地打开了 5 个设备文件，并自动地定义了 5 个 FILE 结构指针变量，如表 11-2 所示。

表 11-2　标准设备文件及其 FILE 结构指针变量

设备文件	FILE 结构指针变量名
标准输入(键盘)	stdin
标准输出(显示器)	stdout
标准辅助输入输出(异步串行口)	stdaux
标准打印(打印机)	stdprn
标准错误输出(显示器)	stderr

用户程序在使用这些设备时，不必再进行打开和关闭，它们由 C 语言编译程序自动完成，用户可任意使用。

2. 文件的关闭(fclose()函数)

程序对文件的读写操作完成后，必须关闭文件。这是因为对打开的磁盘文件进行写入时，若文件缓冲区的空间未被写入的内容填满，这些内容将不会自动写入打开的文件中，从而导致内容丢失。只有对打开的文件进行关闭操作，停留在文件缓冲区的内容才能写到磁盘文件上去，从而保证了文件的完整性。

关闭文件用 fclose()函数，函数原型如下：

```
int fclose(FILE *stream);
```

例如，“fclose(fp1);”表示该函数将关闭 FILE 结构指针变量 fp1 对应的文件，并返回一个整数值。若成功关闭了文件，则返回一个 0 值；否则返回一个非零值。

若要同时关闭程序中已打开的多个文件(前述 5 个标准设备文件除外)，将各文件缓冲区未装满的内容写到相应的文件中去，接着便释放这些缓冲区，并返回关闭文件的数目。例如，若程序已打开 3 个文件，当执行“fcloseall();”时，这 3 个文件将同时被关闭。

11.2 文件的读写

文件打开之后，就可以对它进行读写操作了。常用的读写函数如下所述。

11.2.1 字符读写

1. fputc()函数

把一个字符写到磁盘文件中。其函数原型为：

```
int fputc(char ch,FILE *fp);
```

其中ch是要输出的字符，它可以是一个字符常量，也可以是一个字符变量。fp是文件指针变量。函数的作用是把一个字符(ch的值)写入到由指针变量fp所指向的文件中。fputc()函数有一个返回值；如果执行此函数成功就返回被输出的字符，否则就返回EOF(−1)。EOF是在stdio.h文件中定义的符号常量，值为−1。

例 11.1 从键盘输入5个字符，逐个把它们写到磁盘文件file1中。

```
#include "stdio.h"
#include "stdlib.h"
main()
{    char ch; int i;
     FILE *fp;
     if((fp=fopen("file1","w"))==NULL)
        {    printf("cannot open file\n");
             exit(1);
        }
     for(i=1;i<=5;i++)
        {    ch=getchar();
             fputc(ch,fp);
        }
     fclose(fp);
}
```

2. fgetc()函数

从一个磁盘文件中读取一个字符。其函数原型为：

```
int fgetc(FILE *fp);
```

fp是文件指针变量。函数的作用是从指针变量fp所指向的文件中读取一个字符。fgetc()函数也有一个返回值；如果执行此函数成功就返回所得到的字符；如果在执行fgetc()函数读字符时遇到文件结束符，函数返回一个文件结束标志EOF(−1)。如果想从一个文件顺序读取字符并在屏幕上显示出来，可以采用以下方式：

```
ch=fgetc(fp);
```

```
while(ch!=EOF)
{    putchar(ch);
     ch=fgetc(fp);
}
```

注意：EOF不是可输出字符，因为没有一个字符的ASCII码为－1，因此EOF不能在屏幕上显示。当读取的字符值等于－1(即EOF)时，表示读取的已不是正常的字符而是文件结束符。但以上只适用于文本文件的情况。现在ANSI C标准已允许用缓冲文件系统处理二进制文件，而读取某一个字节中的二进制数据的值有可能是－1，而这又恰好是EOF的值。这就出现了需要读取有用数据却被处理为"文件结束"的情况。为了解决这个问题，ANSI C标准提供一个feof()函数来判断文件是否真的结束。feof(fp)用来测试fp所指向的文件当前状态是否为"文件结束"。如果是文件结束，函数feof(fp)的值为1(真)，否则为0(假)。

因此如果想逐个字符顺序读取一个文件中的数据，可以写出：

```
while(!feof(fp))
{    ch=fgetc(fp);
     …
}
```

当未遇文件结束，feof(fp)的值为0，! feof(fp)为1，读取一个字节的数据赋给变量ch，并接着对其进行所需的处理。直到文件结束，feof(fp)的值为1，! feof(fp)为0，不再执行while循环。

例11.2 从磁盘文件file1中顺序读取字符，并在屏幕上显示出来。

```
#include "stdio.h"
#include "stdlib.h"
main()
{    char ch;
     FILE *fp;
     if((fp=fopen("file1","r"))==NULL)
          {    printf("cannot open file\n");
               exit(1);
          }
     while(!feof(fp))
          {    ch=fgetc(fp);
               putchar(ch);
          }
     fclose(fp);
}
```

应该指出，文件读写函数fgetc()和fputc()在实际操作时是对文件缓冲区进行的，并非每一次读写一个字符都要启动磁盘操作。

为了编程时书写方便，一些C语言版本把fgetc()和fputc()函数定义为宏名getc()和putc()，即

```
#define getc(fp)   fgetc(fp)
#define putc(ch,fp)   fputc(ch,fp)
```

因而getc()和fgetc()功能相同，putc()和fputc()相同。读者熟悉的getchar()和

putchar()函数其实也是 fgetc()和 fputc()的宏，这时文件结构指针定义为标准输入 stdin 和标准输出 stdout，即：

```
# define getchar()    fgetc(stdin)
# define putchar(c)   fputc(c, stdout)
```

11.2.2 字符串读写

1. fputs()函数

把一个字符串写到磁盘文件中。其函数原型为：

```
int fputs(char * str,FILE * fp);
```

函数中第一个参数可以是字符串常量、字符数组名或字符型指针。函数的作用是把由 str 指明的字符串写入到由指针 fp 所指向的文件中。该字符串以空字符'\0'结束，但'\0'不写入到文件中。该函数正确执行后，将返回写入的字符数，当出错时返回-1。

例 11.3 从键盘输入一串字符，把它们写到磁盘文件 file2 中。

```
# include "stdio.h"
# include "stdlib.h"
main()
{    char a[20];
     FILE * fp;
     if((fp=fopen("file2","w"))==NULL)
         {    printf("cannot open file\n");
              exit(1);
         }
     scanf("%s",a);                        /* 或 gets(a); */
     fputs(a,fp);
     fclose(fp);
}
```

2. fgets()函数

从一个磁盘文件中读取一个字符串。其函数原型为：

```
char * fgets(char * str,int n,FILE * fp);
```

其中 n 为要求读取的字符串的字符个数，但只从 fp 指向的文件中读取 n-1 个字符，然后在最后加一个'\0'字符，因此得到的字符串共有 n 个字符，把它们放到字符数组 str 中。若在读完 n-1 个字符之前就遇到换行符'\n'或文件结束符 EOF，读入即结束。但将遇到的换行符'\n'也作为一个字符送入字符数组中。fgets()函数执行完后，返回一个指向所读取字符串的指针，即字符数组 str 的首地址。如果读到文件尾或出错，则返回一个空值 NULL。实际编程中，可以用 ferror()函数或 feof()函数来测定是读出出错还是到了文件尾。

例 11.4 从磁盘文件 file2 中每次读取 5 个字符的字符串，直到读完为止，并把它们显示在屏幕上。

```
# include "stdio.h"
# include "stdlib.h"
main()
{    char a[6];
     FILE * fp;
     if((fp=fopen("file2","r"))==NULL)
        {    printf("cannot open file\n");
             exit(1);
        }
     while(fgets(a,6,fp)!=NULL)
        {    printf("%s",a);                    /* 或 puts(a); */
        }
     printf("\n");
     fclose(fp);
}
```

例 11.5 从键盘输入若干行字符，把它们添加到磁盘文件 file2 中。

```
# include "stdio.h"
# include "stdlib.h"
# include "string.h"
main()
{    char a[80];
     FILE * fp;
     if((fp=fopen("file2","a"))==NULL)
        {    printf("cannot open file\n");
             exit(1);
        }
     gets(a);                                   /* 从键盘读一行字符 */
     while(strlen(a)>0)                         /* 测试读入的字符串长度是否为 0 */
        {    fputs(a,fp);                       /* 写入磁盘文件 */
             fputs("\n",fp);                    /* 添加分隔标志 */
             gets(a);                           /* 再从键盘读一行字符 */
        }
     fclose(fp);
}
```

程序运行时，每次从键盘读取一行字符送入 a 数组，用 fputs()函数把该字符串追加到 file2 文件中。考虑到 fputs()函数在输出一个字符串后不会自动地加一个'\0'，因而程序中多使用了一个 fputs()函数输出一个'\n'，再由系统转换成'\0'写到字符串的最后。这样，以后从文件中读取数据就能区分开各个字符串了。

程序通过检测输入的字符串长度是否为 0 来控制是否结束循环，因而输入完所有的字符串之后，在新的一行开始处输入一个 Enter 键，便可终止程序运行。

请读者自己编写一个程序，将上例所产生的 file2 文件中的字符串逐个读取出来，并显示在屏幕上。

例 11.6 编程完成读出文件 file2 中的内容,反序写入另一个文件 file3 中。

```
#include "stdio.h"
#include "stdlib.h"
#define BUFFSIZE 5000
main()
{   FILE *fp1, *fp2;
    int i;
    char buf[BUFFSIZE],c;                    /*buf用于存放读出的字符,起到缓冲区的作用*/
    if((fp1=fopen("file2","r"))==NULL)  /*以只读方式打开源文件*/
        {   printf("cannot open file\n");
            exit(1);
        }
    if((fp2=fopen("file3","w"))==NULL)  /*以只写方式打开目的文件*/
        {   printf("cannot open file\n");
            exit(1);
        }
    i=0;
    while((c=fgetc(fp1))!=EOF)              /*判断是否文件尾,不是则循环*/
    {   buf[i++]=c;                          /*读出数据送入主缓冲区*/
        if(i>=5000)                          /*若i超出5000,程序设置的缓冲区不足*/
            {   printf("buffer not enough!");
                exit(1);                     /*退出*/
            }
    }
    while(--i>=0)                            /*控制反序操作*/
        fputc(buf[i],fp2);                   /*写入目的文件中*/
    fclose(fp1); fclose(fp2);               /*关闭源文件和目的文件,也可写成fcloseall();*/
}
```

11.2.3 格式化读写

在实际应用中,应用程序有时需要按照规定的格式进行文件读写,这时可以利用格式化读写函数 fscanf()和 fprintf()完成。

1. fprintf()函数

把若干个输出项按照指定的格式写到磁盘文件上。其函数原型为:

```
int fprintf(FILE *fp,char *format,<variable list>);
```

2. fscanf()函数

从磁盘文件中按照指定的格式读取数据。其函数原型为:

```
int fscanf(FILE *fp,char *format,<variable list>);
```

fscanf()和 fprintf()函数与格式化输入输出函数 scanf()和 printf()操作功能相似,不同之处是 scanf()是从 stdin 标准输入设备(键盘)输入,printf()是向 stdout 标准输出设备

(显示器)输出；fscanf()和fprintf()则是从文件指针指向的文件输入或是向文件指针指向的文件输出。当文件指针变量定义为stdin和stdout时，这两个函数的功能和scanf()和printf()相同。

其中，函数原型中的char *format表示输入输出格式控制字符串，格式控制字符串的格式说明与scanf()函数和printf()函数的格式说明完全相同；<variable list>表示输入输出参量表。fprintf()函数的返回值是实际输出的字符数；fscanf()函数的返回值是已输入的数据个数。例如：

```
fprintf(fp,"%10s%3d%3d",v1,v2,v3);
```

将输出项v1，v2，v3按照格式控制字符串"%10s%3d%3d"规定的格式，写入到fp指定的文件中。再如：

```
fscanf(fp,"%10s%3d%3d",v1,&v2,&v3);
```

完成按格式控制字符串"%10s%3d%3d"规定的格式，从fp指定的文件中读取数据分别送入v1，v2，v3中。其中v1应为字符数组，而v2，v3应为int型变量。

例11.7 从键盘输入10个学生的学号、姓名、性别和入学成绩，用格式化方式写入磁盘文件中。

```
#include "stdio.h"
#include "stdlib.h"
struct stu
{    long num;
     char name[9],sex[3];
     int score;
};
main()
{    FILE *fp;
     int i;
     struct stu a;
     if ((fp=fopen("datafile","w"))==NULL)
        {    printf("File connot be opened\n");
             exit(1);
        }
     for(i=1;i<=10;i++)
     {    scanf("%ld",&a.num);
          scanf("%s",a.name);
          scanf("%s",a.sex);
          scanf("%d",&a.score);
          fprintf(fp,"%ld\t%9s\t%3s\t%d\n",a.num,a.name,a.sex,a.score);
     }
     fclose(fp);
}
```

程序将键盘输入的10个学生数据按指定的格式写入磁盘文件datafile中。程序中使用了结构体变量a，其中a.name数组成员用于存放姓名，假如姓名用汉字表示，由于一个汉字占两字节，字符串结束标志'\0'占一字节，所以把name定义为由9个元素构成的数组。

a. sex 数组成员用来存放用汉字表示的性别。

请读者编写一个程序将文件 datafile 中的数据读取出来，并显示在屏幕上。

11.2.4 块数据读写

1. fwrite()函数

把块数据写入到磁盘文件中。其函数原型为：

```
int fwrite(char * ptr, unsigned size, unsigned n, FILE * fp);
```

函数有 4 个参数，其中 ptr 是要写入的块数据在内存中的首地址，size 是字节数，表示块数据的大小，n 表示块数据的个数，fp 是文件类型的指针。函数的作用是将从 ptr 地址开始，每块 size 字节，一共 n 块数据写入到由 fp 所指向的文件中。

如果文件以二进制形式打开，fwrite()函数就可以向文件中写入任何类型的数据。

例 11.8 从键盘输入 10 个学生的学号、姓名、性别和入学成绩，用块数据的方式写入磁盘文件中。

```
#include "stdio.h"
#include "stdlib.h"
typedef struct student
{   long num;
    char name[9], sex[3];
    int score;
}STU;
main()
{
    int i;
    STU a[10];
    FILE * fp;
    if((fp=fopen("e:\\file1","wb"))==NULL)        /* 以二进制写的形式打开文件 */
      {   printf("error!\n");exit(0); }
    for(i=0;i<10;i++)
      {   scanf("%ld",&a[i].num);
          scanf("%s",a[i].name);
          scanf("%s",a[i].sex);
          scanf("%d",&a[i].score);
          fwrite(&a[i],sizeof(STU),1,fp);           /* 写入一个学生的数据 */
      }
    fclose(fp);
}
```

程序将键盘输入的 10 个学生数据写入到 e 盘根目录下的名为 file1 的文件中。

2. fread()函数

从一个磁盘文件中读取块数据。其函数原型为：

```
int fread(char * ptr, unsigned size, unsigned n, FILE * fp);
```

fread()函数与fwrite()函数是相对应的。fread()也有4个参数，其含义与fwrite()中基本相同，只是fread()中的ptr是读出块数据的存放地址。

例11.9 从e盘根目录下名为file1的文件中读取10个学生的数据，并显示在屏幕上。

```
#include "stdio.h"
#include "stdlib.h"
typedef struct student
{   long num;
    char name[9],sex[3];
    int score;
}STU;
main()
{   int i;
    STU a[10];
    FILE *fp;
    if((fp=fopen("e:\\file1","rb"))==NULL)        /*以二进制读的形式打开文件*/
      {   printf("error!\n");exit(0); }
    for(i=0;i<10;i++)
      {   fread(&a[i],sizeof(STU),1,fp);            /*读取一个学生的数据*/
          printf("%ld\t%s\t%s\t%d\n",a[i].num,a[i].name,a[i].sex,a[i].score);
      }
    fclose(fp);
}
```

利用本程序可以验证由例11.8创建的e盘根目录下名为file1文件中的数据是否正确。

需要注意的是，上面的程序只适合于file1文件中存放了10个学生数据的情况。如果所存放的学生数据人数既不确定，又要将文件中的数据全部读出，可以用下面的程序实现：

```
#include "stdio.h"
#include "stdlib.h"
typedef struct student
{   long num;
    char name[9],sex[3];
    int score;
}STU;
main()
{   STU a;
    FILE *fp;
    if((fp=fopen("e:\\file1","rb"))==NULL)
    {   printf("error!\n");exit(0); }
    while(fread(&a,sizeof(STU),1,fp)!=0)
        printf("%ld\t%s\t%s\t%d\n",a.num,a.name,a.sex,a.score);
    fclose(fp);
}
```

函数fread()的返回值是所读取的块数据个数，本例中为1。如果文件结束或出错，fread()函数返回值为0。程序中while循环的条件是只要fread()函数的返回值不为0，说明正确读取了一个块数据，将数据显示在屏幕上。直到fread()函数值为0，说明文件中的数据已经读完,循环结束。

11.3 随机文件和定位操作

11.3.1 随机文件

上面介绍对文件的读写都是顺序读写,即从文件的开头逐个数据读或写。文件中有一个"读写位置指针",指向当前读或写的位置。在顺序读写时,每读或写完一个数据后该位置指针就自动移到它后面一个位置。如果读写的数据项包含多个字节,则对该数据项读写完成后位置指针移到该数据项之末(即下一数据项的起始位置)。在C语言的实际应用中,常常希望能直接读写文件中的某一个数据项,而不是按文件的物理顺序逐个地读写数据项。这种可以任意指定读写位置的文件操作,称为随机读写,相应的文件称为随机文件。从上面的叙述可知,只要能移动位置指针到所需的地方,就可实现文件的随机读写。

11.3.2 定位操作

C语言提供了多个函数进行文件中读写位置指针的定位,以实现随机读写操作。

1. rewind()函数

rewind()函数用于把位置指针移到文件的开头,其函数原型为:

```
void rewind(FILE *fp);
```

将fp指向的文件的位置指针置于文件开头位置,并清除文件结束标志和错误标志。函数无返回值。

例如:"rewind(fp);"将fp所指向文件的位置指针从当前位置移到文件的开头。

例11.10 有一个磁盘文件,第一次将它的内容显示在屏幕上,第二次将它复制到另一文件上。

```
#include "stdio.h"
#include "stdlib.h"
main()
{   FILE *fp1, *fp2;
    if((fp1=fopen("file1","r"))==NULL)
        {   printf("cannot open file\n");
            exit(1);
        }
    if((fp2=fopen("file2","w"))==NULL)
        {   printf("cannot open file\n");
            exit(1);
        }
    while(!feof(fp1)) putchar(fgetc(fp1));
    rewind(fp1);
    while(!feof(fp1)) fputc(fgetc(fp1),fp2);
```

```
    fclose(fp1); fclose(fp2);
}
```

2. fseek()函数

fseek()函数的作用是使位置指针移动到所需的位置，其函数原型为：

```
int fseek(FILE * fp, long offset, int origin);
```

其中 fp 指向需要操作的文件；origin 指明以什么地方为起点进行指针移动，起点位置有几种情况可供选择，如表 11-3 所示。

表 11-3　位置指针起始位置及其代表符号

起始点具体位置	用符号代表	用数字代表
文件开始	SEEK_SET	0
位置指针当前位置	SEEK_CUR	1
文件末尾	SEEK_END	2

fseek()函数中的 offset 是位移量，是以 origin 为基准指针向前或向后移动的字节数。所谓向前是指从文件开头向文件尾移动的方向；向后则反之。位移量的值如果为负，表示指针向后移动。位移量应为 long 型数据，这样当文件的长度很长时(如大于 64KB)，位移量仍在 long 型数据表示范围之内。

例如："fseek(fp,10L,SEEK_SET);"的作用是把文件指针从文件开头移到第 10 字节处。下面的写法与其功能是一致的：

```
fseek(fp,10L,0);
```

例如：

```
fseek(fp,-10L,SEEK_END);
```

它把位置指针从文件尾往回移动 10 字节。

例如：

```
fseek(fp,-5L,1);
```

函数将把位置指针从现行位置往回移动 5 字节。

例如：

```
fseek(fp,0L,2);
```

函数将把位置指针移到文件末尾。

若 fseek()函数调用成功，返回值为 0；否则返回一个非零值。

利用 fseek()函数控制文件的读写位置后，也可使用前述文件操作函数进行顺序读写，但顺序读写的起始位置不一定是从头开始，可以通过 fseek()函数设定。

例 11.11　编写一个程序，读取由例 11.8 建立的文件数据。要求将第 1、第 3、第 5、第 7、第 9 个学生数据读取出来，并显示在屏幕上。

```
#include "stdio.h"
#include "stdlib.h"
typedef struct student
{    long num;
     char name[9],sex[3];
     int score;
}STU;
main()
{
     STU a;
     FILE *fp;
     if((fp=fopen("e:\\file1","rb"))==NULL)
     {    printf("error!\n");exit(0);}
     while(fread(&a,sizeof(STU),1,fp)!=0)
     {    printf("%ld\t%s\t%s\t%d\n",a.num,a.name,a.sex,a.score);
          fseek(fp,sizeof(STU),1);
     }
     fclose(fp);
}
```

3. ftell()函数

ftell()函数用于得到文件的位置指针离开文件起点(即文件开头)的偏移量(即偏移的字节数),其函数原型为:

```
long ftell(FILE *fp);
```

如果函数调用出错(如该文件不存在),则函数的返回值是－1L。由于文件的位置指针经常移动,人们往往不容易知道其当前位置。用 ftell()函数可以得到当前位置。例如:在"n=ftell(fp);"中长整型变量 n 存放当前位置。若 n 值为 50,则说明 fp 指针所指向的文件的位置指针距文件开头为 50 字节。

11.4 文件状态检测和错误处理

C 标准提供了一些函数用来检测输入输出函数调用中是否出现了错误。

11.4.1 ferror()函数

在调用各种输入输出函数时,如果出现错误,除了函数返回值有所反映外,还可以用 ferror()函数进行检测。ferror()函数原型为:

```
int ferror(FILE *fp);
```

如果 ferror()返回值为 0(假),表示未出错。如果返回一个非零值,表示出错。应该注意,对同一个文件每一次调用输入输出函数,均产生一个新的 ferror()函数值,因此,应当在调用一个输入输出函数后立即检测 ferror()函数的值,否则信息会丢失。

在执行 fopen()函数时，ferror()函数的初始值自动置 0。

11.4.2 clearerr()函数

它的作用是使文件错误标志和文件结束标志置 0。其函数原型为：

```
void clearerr(FILE *fp);
```

假设在调用一个读写函数时出现错误，ferror()函数值为一个非零值。在调用 clearerr(fp)后，ferror(fp)的值变成 0。

只要出现读写操作错误标志，如果不改变它，将会一直保留下去，直到对同一文件调用 clearerr()函数或 rewind()函数，或任何其他一个读写操作函数。

本章的内容是很重要的，许多可供实际使用的 C 程序都包含文件处理。本章只介绍了一些最基本的概念，不可能举复杂的例子。希望读者在实践中掌握文件的使用。

11.5 综合实例：学生信息文件的存取

为了进一步掌握 C 语言对文件的基本操作，在本实例中，我们先输入一组学生数据，存放在磁盘文件中。然后可以向该文件追加学生数据，显示文件中的学生数据，并按学号对文件中的学生数据进行排序。

程序中用到了结构体变量和结构体数组，用来存放学生数据。结构体类型数据的成员包括学号(num)、姓名(name)、性别(sex)和入学成绩(score)。

```
#include "stdio.h"
#include "stdlib.h"
typedef struct student                /*定义结构体类型*/
{   long num;
    char name[9];
    char sex[3];
    int score;
}STU;
void input()                          /*输入函数,完成将键盘输入的学生数据写入磁盘的功能*/
{
    int i,n;
    STU a;                            /*结构体变量 a 用来存放一个学生的数据*/
    FILE *fp;
    system("cls");                    /*清屏*/
    if((fp=fopen("e:\\file1","wb"))==NULL)
    {   printf("error!\n");exit(0); }
    printf("\n\t请输入学生人数:");
    scanf("%d",&n);                   /*输入学生人数*/
    printf("\n\t请按下面提示输入学生数据\n");
    for(i=0;i<n;i++)                  /*以循环的方式输入每个学生的数据*/
    {   printf("\n\t第%d个学生的学号:",i+1);
        scanf("%ld",&a.num);
        printf("\t姓名:");
```

```
            scanf("%s",a.name);
            printf("\t 性别:");
            scanf("%s",a.sex);
            printf("\t 入学成绩:");
            scanf("%d",&a.score);
            fwrite(&a,sizeof(STU),1,fp);
        }
    fclose(fp);
}
void list()                    /* 显示函数,完成将文件中的学生数据显示在屏幕上的功能 */
{   STU a;                     /* 结构体变量 a 用来存放一个学生的数据 */
    FILE * fp;
    system("cls");
    if((fp=fopen("e:\\file1","rb"))==NULL)
      {   printf("error!\n");exit(0); }
    printf("\n\n\n\t 学号\t 姓名\t 性别\t 入学成绩\n\n");
    while(fread(&a,sizeof(STU),1,fp)!=0)
      printf("\t%ld\t%s\t%s\t%d\n",a.num,a.name,a.sex,a.score);
    fclose(fp);
    printf("\n\tpress any key to continue...");
    system("pause");      /* 暂停 */
}
void append()                  /* 追加函数,完成将键盘上输入的学生数据追加到文件中的功能 */
{
    int i,n;
    STU a;
    FILE * fp;
    system("cls");
    if((fp=fopen("e:\\file1","ab"))==NULL)
      {   printf("error!\n");exit(0); }
    printf("\n\n\t 请输入追加的学生数:");
    scanf("%d",&n);
    printf("\n\t 请按下面提示输入学生数据\n");
    for(i=0;i<n;i++)
      {   printf("\n\t 追加的第%d 个学生的学号:",i+1);
    scanf("%ld",&a.num);
        printf("\t 姓名:");
    scanf("%s",a.name);
        printf("\t 性别:");
    scanf("%s",a.sex);
        printf("\t 入学成绩:");
    scanf("%d",&a.score);
    fwrite(&a,sizeof(STU),1,fp);
      }
    fclose(fp);
}
void sort()                    /* 排序函数,完成对文件中的学生数据按学号排序并显示在屏幕上的功能 */
{   int i,j,n=0;
    STU a[10],t;               /* 结构体数组 a 可存放 10 个学生的数据 */
    FILE * fp;
    system("cls");
```

```
    if((fp=fopen("e:\\file1","rb"))==NULL)
      {    printf("error!\n");exit(0); }
    while(fread(&a[n],sizeof(STU),1,fp)!=0)
      n++;                /*变量 n 累计文件中学生人数*/
    for(i=0;i<n-1;i++)
      for(j=n-1;j>i;j--)
        if(a[j].num<a[j-1].num)
          {    t=a[j];a[j]=a[j-1];a[j-1]=t; }
    printf("\n\n\n\t 按学号排序的结果如下:\n");
    printf("\n\t 学号\t 姓名\t 性别\t 入学成绩\n\n");
    for(i=0;i<n;i++)
      printf("\t%ld\t%s\t%s\t%d\n",a[i].num,a[i].name,a[i].sex,a[i].score);
    fclose(fp);
    printf("\n\tpress any key to continue...");
    system("pause");    /*暂停*/
}
main()                    /*主函数,完成程序菜单的显示并调用以上各函数的功能*/
{   int a;
    do
    {    system("cls"); /*清屏*/
        printf("\n\n\n\n\n\t\t\t 学生成绩管理系统\n");
                          /*显示程序菜单*/
        printf("\t\t*********************************\n");
        printf("\t\t\t1————输入数据\n");
        printf("\t\t\t2————显示数据\n");
        printf("\t\t\t3————追加数据\n");
        printf("\t\t\t4————排序数据\n");
        printf("\t\t\t0————退出系统\n");
        printf("\t\t*********************************\n");
        printf("\t\t 请选择:");
        scanf("%d",&a);
        switch(a)
        {    case 1:input();break;          /*调用输入函数*/
             case 2:list();break;           /*调用显示函数*/
             case 3:append();break;         /*调用追加函数*/
             case 4:sort();break;           /*调用排序函数*/
             case 0:exit(0);                /*结束程序的运行*/
        }
    }while(a!=0);
}
```

对于上面的程序，读者可根据需要增加程序功能，即添加一些功能函数。如按学号查询学生数据，按学号删除学生数据等。

上面的程序只是一个简单的例子，还有很多需要完善的地方。如在输入函数 input()、追加函数 append()中，对输入的数据应该做合理性检查，例如，入学成绩应该大于 0 等，对不合理的数据应重新输入。在排序函数 sort()中，定义 a 数组的大小为 10 个元素，即可以存放 10 个学生的数据。这对于文件中学生数据不超过 10 个人的情况是可以的，若超过 10 个人，程序将出错。由于文件中学生数据是动态变化的(可以追加也可以删除)，即文件中学生人数是不确定的，而 C 语言要求在定义数组时必须用常量指定数组的大小，因此用数组来存放文件中的数据是不合适的。数组定义过大会造成内存空间的浪费,数组定义过小又可能放不下文件中的数据。使用第9章中介绍的链表可以解决这个问题。建议读者对上面程序中的排序函数 sort()进行改写,用链表来存放从文件中读取的学生数据并实现排序。

在本例中,为了使程序运行时操作界面清晰,程序中使用了清屏函数 system("cls")和暂停函数 system("pause"),使用这两个函数时,需要用#include 命令将头文件 stdlib.h 包含到程序中来。

本章小结

1. 本章主要介绍了文件的基本概念,介绍了文件打开与关闭的方法,即 fopen()函数和 fclose()函数的使用。

2. 介绍了多种文件读写方法及相应函数的使用,包括字符读写函数、字符串读写函数、格式化读写函数和块数据读写函数。

3. 介绍了随机文件的概念,阐述了与定位操作有关的几个函数的用法。

4. 介绍了文件出错检测方法。

5. 给出了文件基本操作程序实例,阐明了文件基本操作方法。

习 题

一、选择题

1. 以下关于C语言数据文件的叙述中正确的是(　　)。

   A) 文件由 ASCII 码字符序列组成,C语言只能读写文本文件

   B) 文件由二进制数据序列组成,C语言只能读写二进制文件

   C) 文件由记录序列组成,可按数据的存放形式分为二进制文件和文本文件

   D) 文件由数据流形式组成,可按数据的存放形式分为二进制文件和文本文件

2. 以下叙述中不正确的是(　　)。

   A) C语言中的文本文件以 ASCII 码形式存储数据

   B) C语言中对二进制文件的访问速度比文本文件快

   C) C语言中,随机读写方式不适应于文本文件

   D) C语言中,顺序读写方式不适应于二进制文件

3. 在C程序中,可把整型数以二进制形式存放到文件中的函数是(　　)。

   A) fprintf 函数　　B) fread 函数　　C) fwrite 函数　　D) fputc 函数

4. 有以下程序:

```
#include "stdio.h"
void WriteStr(char *fn,char *str )
{   FILE *fp;
    fp=fopen(fn,"w");
    fputs(str,fp);
```

```
    fclose(fp);
}
main()
{   WriteStr("t1.dat","start");
    WriteStr("t1.dat","end");
}
```

程序运行后，文件 t1.dat 中的内容是(　　)。

A) start　　B) end　　C) startend　　D) endrt

5. 有以下程序：

```
#include "stdio.h"
main()
{   FILE *fp1;
    fp1=fopen("f1.txt","w");
    fprintf(fp1, "abc");
    fclose(fp1);
}
```

若文本文件 f1.txt 中原有内容为 good，则运行以上程序后文件 f1.txt 中的内容为(　　)。

A) goodabc　　B) abcd　　C) abc　　D) abcgood

6. 有以下程序：

```
#include "stdio.h"
main()
{   FILE *fp;int i,k=0,n=0;
    fp=fopen("d1.txt","w");
    for(i=1;i<4;i++) fprintf(fp,"%d",i);
    fclose(fp);
    fp=fopen("d1.txt","r");
    fscanf(fp,"%d%d",&k,&n);
    printf("%d%d\n",k,n);
    fclose(fp);
}
```

程序执行后的输出结果是(　　)。

A) 1　2　　B) 123　0　　C) 1　23　　D) 0　0

7. 以下与函数 fseek(fp,0L,SEEK_SET)有相同作用的是(　　)。

A) feof(fp)　　B) ftell(fp)　　C) fgetc(fp)　　D) rewind(fp)

8. 有以下程序：

```
#include "stdio.h"
main()
{   FILE *fp;int i;
    char ch[]="abcd",t;
    fp=fopen("abc.dat","wb+");
    for(i=0;i<4;i++) fwrite(&ch[i],1,1,fp);
    fseek(fp,-2L,SEEK_END);
    fread(&t,1,1,fp);
    fclose(fp);
```

```
    printf("%c\n",t);
}
```

程序执行后的输出结果是(　　)。

A) d　　B) c　　C) b　　D) a

9. 有以下程序:

```
#include <stdio.h>
main()
{   FILE *fp; int i=20,j=30,k,n;
    fp=fopen("d1.dat","w");
    fprintf(fp,"%d\n",i);fprintf(fp,"%d\n",j);
    fclose(fp);
    fp=fopen("d1.dat", "r");
    fscanf(fp,"%d%d",&k,&n); printf("%d%d\n",k,n);
    fclose(fp);
}
```

程序运行后的输出结果是(　　)。

A) 20　30　　B) 20　50　　C) 30　50　　D) 30　20

10. 下面的程序执行后,文件 test.txt 中的内容是(　　)。

```
#include <stdio.h>
#include <string.h>
void fun(char *fname,char *st)
{   FILE* myf;inti;
    myf=fopen(fname, "w" );
    for(i=0;i<strlen(st); i++)fputc(st[i],myf);
    fclose(myf);
}
main()
{   fun("test","newworld");
    fun("test","hello");
}
```

A) hello　　B) newworldhello　　C) newworld　　D) hellworld

二、填空题

1. 已有文本文件 test.txt,其中的内容为 Hello,everyone!。以下程序中,文件 test.txt 已正确为"读"而打开,由文件指针 fr 指向该文件,则程序的输出结果是________。

```
#include "stdio.h"
main()
{   FILE *fr;char str[40];
    ......
    fgets(str,5,fr);
    printf("%s\n",str);
    fclose(fr);
}
```

2. 下面程序把从终端读入的文本(用@作为文本结束标志)输出到一个名为 bi.txt 的

新文件中。请填空。

```
#include "stdio.h"
#include "stdlib.h"
main()
{   FILE *fp;   char ch;
    if((fp=fopen(____________))==NULL) exit(0);
    while((ch=getchar())!='@') fputc(ch,fp);
    ____________;
}
```

3. 下面程序把从终端读入的10个整数以二进制方式写到一个名为bi.dat的新文件中，请填空。

```
#include<stdio.h>
#include<stdlib.h>
FILE *fp;
main()
{   int i,j;
    if((fp=fopen(________,"wb"))==NULL) exit(0);
    for(i=0;i<10;i++)
    {   scanf("%d",&j);
        fwrite(&j,sizeof(int),1,________);
    }
    fclose(fp);
}
```

三、编程题

1. 从键盘输入一个字符串，将其中的小写字母全部转换成大写字母，然后输出到一个键盘文件test中保存。输入的字符串以“!”结束。

2. 有两个磁盘文件A和B，各存放一行有序字母，现要求把这两个文件中的内容合并（仍按字母顺序排列），输出到一个新文件C中。

3. 有5个学生，每个学生有3门课的成绩，从键盘输入以上数据（包括学号、姓名、3门课成绩），计算出每个学生3门课的平均成绩，将原有数据和计算出的平均分数存放在磁盘文件stud中。

4. 将第3题“stud”文件中的学生数据，按平均分进行排序处理，将排好序的学生数据存入一个新文件stud_sort中。

5. 将第4题已排序的学生成绩文件进行插入处理。插入一个学生的数据，程序先计算新插入学生的平均成绩，然后将它按成绩高低顺序插入到文件stud_sort中，插入后建立一个新文件。

6. 第5题结果仍存入原有的stud_sort文件而不另建立新文件。

7. 有一磁盘文件employee，存放有职工的数据。每个职工的数据包括职工号、姓名、性别、年龄、住址、工资、健康状况、文化程度。现要求将职工名、工资的信息单独抽出来另建一个简明的职工工资文件。

8. 从第7题的“职工工资文件”中删除一个职工的数据，再存回原文件。

第 12 章　C 语言综合应用程序示例

从以上章节中我们学习了 C 语言的基本知识,已经对 C 语言程序设计有了较全面的了解。为了更进一步认识 C 语言程序设计的优越性,熟练掌握对文件和链表的基本操作,本章以学生成绩管理系统作为示例,重点介绍了文件和链表的应用。

程序中学生数据包括学号(num)、姓名(name)、性别(sex)和入学成绩(score)。系统可实现 7 个功能:输入数据、追加数据、显示数据、查询数据、排序数据、删除数据、修改数据。学生数据保存在磁盘文件中。为了提高程序的适应性,排序数据和删除数据采用链表实现,避免了使用数组带来的弊端。学生成绩管理系统参考程序如下:

```
#include "stdio.h"
#include "stdlib.h"
#include "string.h"
typedef struct student                /*定义结构体类型,用来表示学生信息*/
{    long num;
     char name[9];
     char sex[3];
     int score;
}STU;
typedef struct node                   /*定义结构体类型,用来表示链表中学生信息*/
{    long num;
     char name[9];
     char sex[3];
     int score;
     struct node *next;
}NODE;
typedef struct num_node               /*定义结构体类型,用来表示链表中学生学号信息*/
{    long num;
     struct num_node *next;
}NUM_NODE;
/*下面的函数用来判断输入的学号是否重复,其结果用指针形参 a 所指地址中的值表示*/
NUM_NODE *num_repeat(NUM_NODE *h,long n,int *a)
{    NUM_NODE *p;
     p=h;
     while(p!=NULL)
          if(p->num==n)
          {    *a=1; return h;}
          else p=p->next;
     p=(NUM_NODE *)malloc(sizeof(NUM_NODE));
     p->num=n; p->next=h; h=p; *a=0; return h;
```

```
}
NUM_NODE * num_load(NUM_NODE * h, long n)
{   NUM_NODE * p;
    p=(NUM_NODE * )malloc(sizeof(NUM_NODE));
    p->num=n; p->next=h; h=p; return h;
}
void input()                        /* 输入函数,完成将键盘输入的学生数据写入磁盘的功能 */
{
    int i,n,f=0;
    STU a;                          /* 结构体变量 a 用来存放一个学生的数据 */
    FILE * fp;
    NUM_NODE * h=NULL;
    system("cls");                  /* 清屏 */
    if((fp=fopen("e:\\file1","wb"))==NULL)
    {   printf("error!\n");exit(0); }
    printf("\n\t 请输入学生人数:");
    scanf("%d",&n);                 /* 输入学生人数 */
    printf("\n\t 请按下面提示输入学生数据\n");
    for(i=0;i<n;i++)                /* 以循环的方式输入每个学生的数据 */
    {   while(1)
        {   printf("\n\t 第%d 个学生的学号:",i+1);
            scanf("%ld",&a.num);
            h=num_repeat(h,a.num,&f);
            if(f==1)
            {   printf("输入的学号重复,请重新输入!");
            system("pause");
            }
            else break;
        }
        printf("\t 姓名:");
        scanf("%s",a.name);
        printf("\t 性别:");
        scanf("%s",a.sex);
        printf("\t 入学成绩:");
        scanf("%d",&a.score);
        fwrite(&a,sizeof(STU),1,fp);
    }
    fclose(fp);
}
void append()                       /* 追加函数,完成将键盘上输入的学生数据追加到文件尾的功能 */
{   int i,n,f=0;
    STU a;
    FILE * fp;
    NUM_NODE * h=NULL;
    system("cls");
    if((fp=fopen("e:\\file1","rb+"))==NULL)
```

```
    {   printf("error!\n");
        exit(0);
    }
    while(fread(&a,sizeof(STU),1,fp)!=0)
        h=num_load(h,a.num);
    printf("\n\n\t 请输入追加的学生数:");
    scanf("%d",&n);
    printf("\n\t 请按下面提示输入学生数据\n");
    for(i=0;i<n;i++)
    {   while(1)
        {   printf("\n\t 第%d 个学生的学号:",i+1);
            scanf("%ld",&a.num);
            h=num_repeat(h,a.num,&f);
            if(f==1)
            {   printf("输入的学号重复,请重新输入!");
            system("pause");
            }
            else break;
        }
        printf("\t 姓名:");
        scanf("%s",a.name);
        printf("\t 性别:");
        scanf("%s",a.sex);
        printf("\t 入学成绩:");
        scanf("%d",&a.score);
        fwrite(&a,sizeof(STU),1,fp);
    }
    fclose(fp);
}
void list()                         /* 显示函数,完成将文件中的学生数据显示在屏幕上的功能 */
{   int f=0;
    STU a;                          /* 结构体变量 a 用来存放一个学生的数据 */
    FILE *fp;
    system("cls");
    if((fp=fopen("e:\\file1","rb"))==NULL)
    {   printf("error!\n");exit(0); }
    while(fread(&a,sizeof(STU),1,fp)!=0)
    {   if(f==0) printf("\n\n\n\t 学号\t 姓名\t 性别\t 入学成绩\n\n");
        printf("\t%ld\t%s\t%s\t%d\n",a.num,a.name,a.sex,a.score);
        f=1;
    }
    if(f==0) printf("文件为空,无学生数据可显示!\n");
    fclose(fp);
    system("pause");                /* 程序暂停 */
}
void search_num()                   /* 按学号查询函数 */
{   long n; int f=0;
    STU a;                          /* 结构体变量 a 用来存放一个学生的数据 */
    FILE *fp;
    system("cls");
    if((fp=fopen("e:\\file1","rb"))==NULL)
```

```
    {   printf("error!\n");exit(0); }
    printf("\n\t请输入学生的学号:");
    scanf("%ld",&n);
    while(fread(&a,sizeof(STU),1,fp)!=0)
    {   if(a.num==n)
        {   printf("\n\t该学生数据已经查到,详情如下:\n");
            printf("\n\t学号\t姓名\t性别\t入学成绩\n\n");
            printf("\t%ld\t%s\t%s\t%d\n",a.num,a.name,a.sex,a.score);
            f=1;break;
        }
    }
    if(f==0)
        printf("\n\t对不起,您要查找的学生不存在,请查看输入是否错误.\n");
    fclose(fp);
    system("pause");                /*程序暂停*/
}
void search_name()                  /*按姓名查询函数*/
{   char n[9]; int f=0;
    STU a;                          /*结构体变量a用来存放一个学生的数据*/
    FILE *fp;
    system("cls");
    if((fp=fopen("e:\\file1","rb"))==NULL)
    {   printf("error!\n");exit(0); }
    printf("\n\t请输入学生的姓名:");
    scanf("%s",n);
    while(fread(&a,sizeof(STU),1,fp)!=0)
    {   if(strcmp(a.name,n)==0)
        {   if(f==0)
            {   printf("\n\t该学生数据已经查到,详情如下:\n");
                printf("\n\t学号\t姓名\t性别\t入学成绩\n\n");
            }
            printf("\t%ld\t%s\t%s\t%d\n",a.num,a.name,a.sex,a.score);
            f=1;
        }
    }
    if(f==0)
        printf("\n\t对不起,您要查找的学生不存在,请查看输入是否错误.\n");
    fclose(fp);
    system("pause");                /*程序暂停*/
}
void search_sex()                   /*按性别查询函数*/
{   char s[3]; int f=0;
    STU a;                          /*结构体变量a用来存放一个学生的数据*/
    FILE *fp;
    system("cls");
    if((fp=fopen("e:\\file1","rb"))==NULL)
    {   printf("error!\n");exit(0); }
    printf("\n\t请输入学生的性别:");
    scanf("%s",s);
    while(fread(&a,sizeof(STU),1,fp)!=0)
    {   if(strcmp(a.sex,s)==0)
```

```
        {   if(f==0)
            {   printf("\n\t 数据已经查到,详情如下:\n");
                printf("\n\t 学号\t 姓名\t 性别\t 入学成绩\n\n");
            }
            printf("\t%ld\t%s\t%s\t%d\n",a.num,a.name,a.sex,a.score);
            f=1;
        }
    }
    if(f==0)
        printf("\n\t 对不起,您要查找的学生不存在,请查看输入是否错误.\n");
    fclose(fp);
    system("pause");              /* 程序暂停 */
}
void search()                     /* 查询子菜单函数 */
{   int a;
    do
    {   system("cls");            /* 清屏 */
        printf("\n\n\n\n\n\n\t\t\t 学生成绩查询子系统\n");      /* 显示查询子菜单 */
        printf("\t\t ********************************* \n");
        printf("\t\t\t1————按学号查询\n");
        printf("\t\t\t2————按姓名查询\n");
        printf("\t\t\t3————按性别查询\n");
        printf("\t\t\t0————退出查询子系统\n");
        printf("\t\t ********************************* \n");
        printf("\t\t 请选择:");
        scanf("%d",&a);
        switch(a)
        {   case 1: search_num();break;                       /* 调用按学号查询函数 */
            case 2: search_name();break;                      /* 调用按姓名查询函数 */
            case 3: search_sex();break;                       /* 调用按性别查询函数 */
            case 0: return;                                   /* 返回主菜单 */
        }
    }while(a!=0);
}
NODE *insert(NODE *head,NODE *s)     /* 按学号顺序向链表中插入一个结点 */
{   NODE *p0,*p1,*p2;
    p1=head;
    p0=s;
    if(head==NULL)
    {   head=p0;p0->next=NULL;
        return(head);
        }
        while((p1!=NULL)&&(p0->num>p1->num))
        {   p2=p1;p1=p1->next; }
        if(head==p1)
        {   p0->next=head;head=p0; }
        else
        {   p2->next=p0;p0->next=p1; }
        return(head);
}
void sort()            /* 排序函数,完成对文件中的学生数据按学号排序并显示在屏幕上的功能 */
```

```
{   STU a;
    NODE *t, *head=NULL, *p;
    FILE *fp;
    system("cls");
    if((fp=fopen("e:\\file1","rb"))==NULL)
    {   printf("error!\n");exit(0); }
    while(fread(&a,sizeof(STU),1,fp)!=0)
    {   t=(NODE *)malloc(sizeof(NODE));
        t->num=a.num;
        strcpy(t->name,a.name);
        strcpy(t->sex,a.sex);
        t->score=a.score;
        head=insert(head,t);
    }
    fclose(fp);
    printf("\n\n\n\t按学号排序的结果如下:\n");
    printf("\n\t学号\t姓名\t性别\t入学成绩\n\n");
    p=head;
    while(p!=NULL)
    {   printf("\t%ld\t%s\t%s\t%d\n",p->num,p->name,p->sex,p->score);
        p=p->next;
    }
    system("pause");                         /*程序暂停*/
}
void del()                          /*删除函数,完成对文件中的学生数据按学号删除的功能*/
{   long num; int n,f=0;
    STU a;
    NODE *t1, *t2, *head=NULL;
    FILE *fp;
    system("cls");
    if((fp=fopen("e:\\file1","rb"))==NULL)
    {   printf("error!\n");exit(0); }
    fseek(fp,0,2);
    n=ftell(fp);
    if(n==0){printf("文件为空,无数据可删除!");
    system("pause");
    return;
    }
    rewind(fp);
    printf("\n\t请输入要删除的学号:");
    scanf("%ld",&num);
    while(fread(&a,sizeof(STU),1,fp)!=0)
    {   if(a.num!=num)
        {   t1=(NODE *)malloc(sizeof(NODE));
            t1->num=a.num;
            strcpy(t1->name,a.name);
            strcpy(t1->sex,a.sex);
            t1->score=a.score;
            if(head==NULL) head=t1;        /*是第一个结点,作表头*/
            else t2->next=t1;              /*不是第一个结点,作表尾*/
            t2=t1; t2->next=NULL;          /*置链表尾*/
```

```
            }
            else f=1;
        }
    fclose(fp);
    if(f==1)
    {   if((fp=fopen("e:\\file1","wb"))==NULL)
        {   printf("error!\n");exit(0); }
        t1=head;
        while(t1!=NULL)
        {   a.num=t1->num;
            strcpy(a.name ,t1->name);
            strcpy(a.sex ,t1->sex);
            a.score=t1->score;
            fwrite(&a,sizeof(a),1,fp);
            t1=t1->next;
        }
        fclose(fp);
        printf("\n\n \t已完成对学号%ld的删除!\n\n ",num);
    }
    else printf("\n\n \t学号%ld的数据不存在,无法实现删除!\n\n ",num);
    system("pause");                        /*程序暂停*/
}
void modify()                       /*修改函数,完成对文件中的学生数据按学号修改的功能*/
{   int n,f=0,f1;;
    long num;
    STU a;                                  /*结构体变量a用来存放一个学生的数据*/
    FILE *fp;
    NUM_NODE *h=NULL;
    system("cls");
    if((fp=fopen("e:\\file1","rb+"))==NULL)
    {   printf("error!\n");exit(0); }
        while(fread(&a,sizeof(STU),1,fp)!=0)
            h=num_load(h,a.num);
        rewind(fp);
        printf("请输入要修改的学号:");
        scanf("%ld",&num);
        while(fread(&a,sizeof(STU),1,fp)!=0)
            if(a.num==num)
            {   printf("\n\n\n\t学号\t姓名\t性别\t入学成绩\n\n");
                printf("\t%ld\t%s\t%s\t%d\n",a.num,a.name,a.sex,a.score);
                f=1;break;
            }
        if(f==0)
        {   printf("\n要修改的学生数据不存在!\n\n ");
            fclose(fp);system("pause");
            return;
        }
        else
        {   printf("\n是要修改上面的学生数据吗(1-修改,0-不修改)?");
            scanf("%d",&n);
            if(n==1)
```

```
        {   printf("请按以下提示输入正确数据:\n");
            while(1)
            {   printf("\t学号:");
                scanf("%ld",&a.num);
                if(a.num!=num)
                {   h=num_repeat(h,a.num,&f1);
                    if(f1==1)
                    {   printf("输入的学号重复,请重新输入!");
                        system("pause");
                    }
                    else break;
                }
                else break;
            }
            printf("\t姓名:");
            scanf("%s",a.name);
            printf("\t性别:");
            scanf("%s",a.sex);
            printf("\t入学成绩:");
            scanf("%d",&a.score);
            fseek(fp,-sizeof(a),1);
            fwrite(&a,sizeof(STU),1,fp);
        }
        fclose(fp);
        printf("\n修改完成!\n\n");
        system("pause");                /*程序暂停*/
        }
}
main()                                  /*主函数,完成程序菜单的显示并调用以上各函数*/
{   int a;
    do
    {   system("cls");                  /*清屏*/
        printf("\n\n\n\n\n\t\t\t学生成绩管理系统\n");       /*显示程序主菜单*/
        printf("\t\t************** * * ***************\n");
        printf("\t\t\t1————输入数据\n");
        printf("\t\t\t2————追加数据\n");
        printf("\t\t\t3————显示数据\n");
        printf("\t\t\t4————查询数据\n");
        printf("\t\t\t5————排序数据\n");
        printf("\t\t\t6————删除数据\n");
        printf("\t\t\t7————修改数据\n");

        printf("\t\t\t0————退出系统\n");
        printf("\t\t*******************************\n");
        printf("\t\t请选择:");
        scanf("%d",&a);
        switch(a)
        {   case 1:input();break;   /*调用输入函数*/
            case 2: append();break;/*调用追加函数*/
            case 3: list();break;   /*调用显示函数*/
            case 4: search();break; /*调用查询子菜单函数*/
```

```
            case 5:sort();break;     /* 调用排序函数 */
            case 6:del();break;      /* 调用删除函数 */
            case 7:modify();break;   /* 调用修改函数 */
            case 0:exit(0);          /* 结束程序的运行 */
        }
    }while(a!=0);
}
```

上面程序中,num_repeat 函数用来防止输入的学生学号不允许重复,因为学号对于每个学生来说是唯一的,num_repeat 函数中形参 h 是一个 NUM_NODE 类型的指针参数,它是一个单向链表的头指针,该链表中存放有已输入学生数据的学号,形参 n 是一个 long 型参数,用来存放被判断的学号,形参 a 是一个 int 型的指针参数,该函数的判断结果就是存放在 a 所指地址中的,1 表示重复,0 表示不重复。num_repeat 函数分别被 input 函数、append 函数和 modify 函数所调用,这三个函数均涉及防止学号重复的问题。num_load 函数用于将文件中已存在的学生学号存放到一个单向链表中,该函数用头插法创建链表,分别被 append 函数和 modify 函数所调用,以防止追加或修改的学生学号与文件中原有的学号重复。

对于上面的程序,读者可根据需要再增加一些程序功能,即添加一些功能函数。如本程序只有一个按学号删除学生数据的函数,可将删除功能改进为一个删除子系统,在子系统中可设置多种删除方式,具体做法可参照本程序中查询子系统完成。

上面的程序只是一个简单的例子,还有很多需要完善的地方。如在输入函数 input、追加函数 append 以及修改函数 modify 中没有对输入的学生性别做合理性检查等。这些都有待读者进一步完善。

通过以上程序示例,希望能对读者在文件操作、链表操作等方面有所帮助。

附录 I 常用字符与 ASCII 代码对照表

ASCII 值	控制字符	ASCII 值	字符	ASCII 值	字符	ASCII 值	字符
000	NUL	032	(space)	064	@	096	’
001	SOH	033	!	065	A	097	a
002	STX	034	“	066	B	098	b
003	ETX	035	#	067	C	099	c
004	EOT	036	$	068	D	100	d
005	END	037	%	069	E	101	e
006	ACK	038	&	070	F	102	f
007	BEL	039	‘	071	G	103	g
008	BS	040	(	072	H	104	h
009	HT	041	)	073	I	105	i
010	LF	042	*	074	J	106	j
011	VT	043	+	075	K	107	k
012	FF	044	,	076	L	108	l
013	CR	045	—	077	M	109	m
014	SO	046	。	078	N	110	n
015	SI	047	/	079	O	111	o
016	DLE	048	0	080	P	112	p
017	DC1	049	1	081	Q	113	q
018	DC2	050	2	082	R	114	r
019	DC3	051	3	083	S	115	s
020	DC4	052	4	084	T	116	t
021	NAK	053	5	085	U	117	u
022	SYN	054	6	086	V	118	v
023	ETB	055	7	087	W	119	w
024	CAN	056	8	088	X	120	x
025	EM	057	9	089	Y	121	y
026	SUB	058	:	090	Z	122	z
027	ESC	059	;	091	[	123	{
028	FS	060	<	092	\	124	|
029	GS	061	=	093	]	125	}
030	RS	062	>	094	^	126	~
031	US	063	?	095	—	127	DEL

说明：

(1) ASCII 码值 0～31 为控制字符；32～127 为可打印字符；91～95,123～126 共 9 个字符,ISO 标准未加以定义。

(2) 32 个控制字符及 DEL 的含义如下。

① 基本控制符。

BS——退格符(Back Space);
HT——横行列表符(Horizontal Tabulation);
LF——换行符(Line Feed);
VT——纵向列表符(Vertical Tabulation);
FF——换页符(Form Feed);
CR——回车符(Carriage Return)。
② 专用字符。
NUL——空白符(Null Characters);
CAN——作废符(Cancel);
SUB——置换符(Substitute);
DEL——删除符(Delete)。
③ 分隔字符。
FS——文件分隔符(File Separator);
GS——组分隔符(Group Separator);
RS——记录分隔符(Record Separator);
US——单位分隔符(Unit Separator)。
④ 换码字符。
SO——移出换档符(Shift-Out);
SI——移入换档符(Shift-In);
ESC——扩展符(Escape)。
⑤ 介质控制字符。
BEL——响铃符(Ring Bell);
DC1——设备控制符 1(Device Control1);
DC2——设备控制符 2(Device Control2);
DC3——设备控制符 3(Device Control3);
DC4——设备控制符 4(Device Control4);
EM——介质结束符(End of Medium)。
⑥ 通信控制字符。
SOH——标题开始符(Start of Heading);
STX——正文开始符(Start of Text);
ETX——正文结束符(End of Text);
EOT——传输结束符(End of Transmission);
ENQ——询问符(Enquiry);
ACK——确认符(Acknowledgment);
NAK——否认符(Negative Acknowledgment);
DLE——数据链扩展符(Data Link Escape);
SYN 同步字符(Synchronous Idle);
ETB——传输块结束符(End of Transmission Block)。

附录Ⅱ　C语言中的关键字

auto	break	case	char	const
continue	default	do	double	else
enum	extern	float	for	goto
if	int	long	register	return
short	signed	sizeof	static	struct
switch	typedef	union	unsigned	void
volatile	while			

附录Ⅲ　运算符和结合性

<table>
<tr><th>优先级</th><th>运算符</th><th>含　义</th><th>要求运算对象的个数</th><th>结合方向</th></tr>
<tr><td>1</td><td>()
[ ]
->
.</td><td>小括号
下标运算符
指向结构体的成员运算符
结构体成员运算符</td><td></td><td>自左至右</td></tr>
<tr><td>2</td><td>!
~
++
--
-
(类型)
*
&
sizeof</td><td>逻辑非运算符
按位取反运算符
自增运算符
自减运算符
负号运算符
类型转换运算符
指针运算符
取地址运算符
长度运算符</td><td>1
(单目运算符)</td><td>自右至左</td></tr>
<tr><td>3</td><td>*
/
%</td><td>乘法运算符
除法运算符
求余运算符</td><td>2
(双目运算符)</td><td>自左至右</td></tr>
<tr><td>4</td><td>+
-</td><td>加法运算符
减法运算符</td><td>2
(双目运算符)</td><td>自左至右</td></tr>
<tr><td>5</td><td><<
>></td><td>左移运算符
右移运算符</td><td>2
(双目运算符)</td><td>自左至右</td></tr>
<tr><td>6</td><td>< <= > >=</td><td>关系运算符</td><td>2
(双目运算符)</td><td>自左至右</td></tr>
<tr><td>7</td><td>==
!=</td><td>等于运算符
不等于运算符</td><td>2
(双目运算符)</td><td>自左至右</td></tr>
<tr><td>8</td><td>&</td><td>按位与运算符</td><td>2
(双目运算符)</td><td>自左至右</td></tr>
<tr><td>9</td><td>^</td><td>按位异或运算符</td><td>2
(双目运算符)</td><td>自左至右</td></tr>
<tr><td>10</td><td>|</td><td>按位或运算符</td><td>2
(双目运算符)</td><td>自左至右</td></tr>
<tr><td>11</td><td>&&</td><td>逻辑与运算符</td><td>2
(双目运算符)</td><td>自左至右</td></tr>
<tr><td>12</td><td>||</td><td>逻辑或运算符</td><td>2
(双日运算符)</td><td>自左至右</td></tr>
</table>

续表

优先级	运算符	含　义	要求运算对象的个数	结合方向
13	? :	条件运算符	3 （三目运算符）	自右至左
14	= += -= *= /= %= >>= <<= &=^= |=	赋值运算符	2 （双目运算符）	自右至左
15	,	逗号运算符 （顺序求值运算符）		自左至右

说明：

(1) 同一优先级的运算符优先级别相同，运算次序由结合方向决定。例如 * 与/具有相同的优先级别，其结合方向为自左至右，因此 3 * 5/4 的运算次序是先乘后除。－和＋＋为同一优先级，其结合方向为自右至左，因此－i＋＋相当于－(i＋＋)。

(2) 不同的运算符要求有不同的运算对象个数，如＋(加)和－(减)为双目运算符，要求在运算符两侧各有一个运算对象(如 3＋5、8－3 等)。而＋＋和－(负号)运算符是一元运算符，只能在运算符的一侧出现一个运算对象(如－a、i＋＋、－－i、(float)i、sizeof(int)、* p 等)。条件运算符是 C 语言中唯一的一个三目运算符，如 x? a:b。

(3) 从上表中可以大致归纳出各类运算符的优先级：

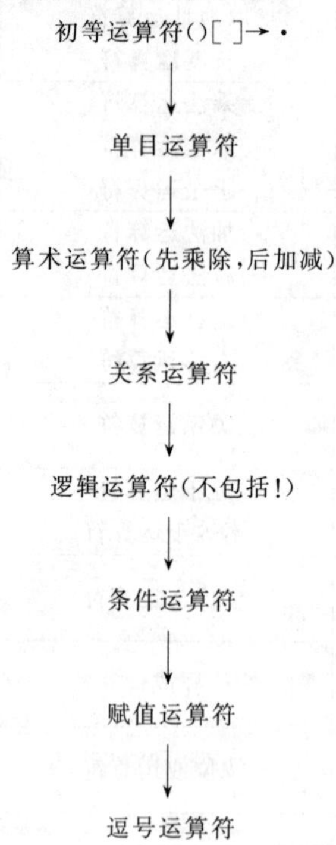

以上的优先级别由上到下递减。初等运算符优先级最高，逗号运算符优先级最低。位运算符的优先级比较分散(有的在算术运算符之前(如～)，有的在关系运算符之前(如<<和>>)，有的在关系运算符之后(如 &、^、|)。为了容易记忆，使用位运算符时可加小括号。

附录Ⅳ　C语言编译、连接时常见的错误和警告信息

C语言源程序在进行编译和连接时查出的错误主要分为两种类型：一般错误和警告。

一般错误指程序的语法错误、磁盘或内存存取错误或命令行错误等，当遇到错误时，停止现阶段的编译或连接；警告则只是指出一些值得怀疑的情况，而这些情况本身不一定是错误的，它并不防止编译的进行。不管是错误还是警告，编译程序都将给出相应的信息，并在消息窗口中给出发现错误或警告的行号，同时提供可能产生的原因和纠正方法。消息窗口中的每一行代表一个错误或一个警告。请注意编译程序指出的错误行并不一定是真正产生错误的行，多数错误是在给出行的前面。修改程序中的一处错误，可能会使消息窗口中多个出错信息同时消失。

下面分别列出了Turbo C环境下常见的一般错误信息和警告信息的英汉对照及处理方法以及Visual C++ 6.0环境下常见的一般错误信息。

1. Turbo C 环境

1）Turbo C常见的一般错误信息英汉对照及处理方法

（1）# operator not followed by maco argument name　#运算符后没跟宏参数名。

分析与处理：在宏定义中，# define后必须跟一个宏参数名。

（2）'xxx' not an argument　'xxx'不是函数参数。

分析与处理：在源程序中将标识符'xxx'定义为一个函数参数，但此标识符没有在函数中出现。如：

```
int max(x,y)
int x,y,z;
{   if(x>y) return x;
    else return y;
}
```

这里的z就不是函数的参数。

（3）Argument # missing name　参数#名丢失。

分析与处理：参数名已脱离用于定义函数的函数原型。如果函数以原型定义，该函数必须包含所有的参数名。

（4）Argument list syntax error　参数表出现语法错误。

分析与处理：函数调用时实参之间必须以逗号隔开，并以一个右括号结束。若源文件中含有一个其后不是逗号也不是右括号的参数，则出错。

（5）Array bounds missing]　数组的界限符"]"丢失。

分析与处理：在源文件中定义了一个数组，但此数组没有以右方括号"]"结束。

(6) Array size too large　数组太大。

分析与处理：定义的数组太大，超过了可用内存空间。

(7) Bad file name format in include directive　包含指令中文件名格式不正确。

分析与处理：包含文件名必须用引号("filename. h")或尖括号(< filename. h >)括起来，否则将产生此类错误。

(8) Call of no_function　调用未定义的函数。

分析与处理：正被调用的函数未定义，通常是由于不正确的函数声明或函数名拼错造成。

(9) Cannot modify a const object　不能修改一个常量对象。

分析与处理：对定义为常量的对象进行不合法操作(如给常量赋值)引起此类错误。

(10) Case outside of switch　Case 出现在 switch 外。

分析与处理：编译程序发现 Case 语句出现在 switch 语句外，这类故障通常是由于括号不匹配造成的。

(11) Case statement missing　Case 语句漏掉。

分析与处理：Case 语句必须包含一个以冒号结束的常量表达式，如果漏了冒号或在冒号前多了其他符号，则会出现此类错误。

(12) Compound statement missing }　复合语句漏掉"}"。

分析与处理：编译程序扫描到源文件尾时，未发现结束符号"}"，此类故障通常是由于大括号不匹配所致。

(13) Constant expression required　需要常量表达式。

分析与处理：数组的大小必须是常量，本错误通常是由于 # define 符号常量的拼写错误引起。

(14) Could not find file 'xxxxxx. xxx'　找不到'xxxxxx. xx'文件。

分析与处理：编译程序找不到命令行上给出的文件。

(15) Declaration missing；说明漏掉了分号"；"。

分析与处理：当源文件中包含了一个 struct 或 union 类型声明，而后面漏掉了分号，则会出现此类错误。

(16) Declaration needs type or storage class 说明必须给出类型或存储类别。

分析与处理：正确的变量说明必须指出变量类型，否则会出现此类错误。

(17) Declaration syntax error 说明出现语法错误。

分析与处理：在源文件中，若某个说明丢失了某些符号或输入多余的符号，则会出现此类错误。

(18) Default outside of switch default 语句在 switch 语句外出现。

分析与处理：这类错误通常是由于括号不匹配引起的。

(19) Define directive needs an identifier define 指令必须有一个标识符。

分析与处理：# define 后面的第一个非空格符必须是一个标识符，若该位置出现其他字符，则会引起此类错误。

(20) Division by zero 除数为零。

分析与处理：当源文件的常量表达式出现除数为零的情况，则会造成此类错误。

(21) Do statement must have while do 语句中必须有 while 关键字。

分析与处理：若源文件中包含了一个无 while 关键字的 do 语句,则出现此类错误。

(22) Do-while statement missing (do-while 语句中漏掉了符号"("。

分析与处理：在 do 语句中,若 while 关键字后无左括号,则出现此类错误。

(23) Do-while statement missing; do-while 语句中漏掉了分号";"。

分析与处理：在 do 语句的 while 条件表达式中,若右括号后面无分号,则出现此类错误。

(24) Duplicate Case case 情况不唯一。

分析与处理：switch 语句的每个 case 必须有一个唯一的常量表达式值,否则导致此类错误发生。

(25) Enum syntax error enum 语法错误。

分析与处理：若 enum 说明的枚举类型标识符表格式不对,将会引起此类错误发生。

(26) Enumeration constant syntax error 枚举常量语法错误。

分析与处理：若赋给 enum 类型变量的表达式值不是枚举常量,则会导致此类错误发生。

(27) Error writing output file 写输出文件错误。

分析与处理：这类错误通常是由于磁盘空间已满,无法进行写入操作而造成。可以尽量删掉一些不必要的文件。

(28) Expression syntax error 表达式语法错误。

分析与处理：此类错误通常是由于出现两个连续的操作符,括号不匹配或缺少括号、前一语句漏掉了分号引起的。

(29) Extra parameter in call 调用时出现多余参数。

分析与处理：本错误是由于调用函数时,其实际参数个数多于函数定义中的参数个数所致。

(30) Extra parameter in call to xxx 调用 xxx 函数时出现了多余参数。

分析与处理：该函数由原型定义。由于调用函数时,其实际参数个数多于函数原型中给出的参数个数所致。

(31) For statement missing) for 语名缺少")"。

分析与处理：在 for 语句中,如果控制表达式后缺少右括号,则会出现此类错误。

(32) For statement missing (for 语句缺少"("。

分析与处理：在 for 语句中,如果控制表达式前缺少左括号,则会出现此类错误。

(33) For statement missing; for 语句缺少";"。

分析与处理：在 for 语句中,当某个表达式后缺少分号,则会出现此类错误。

(34) Function call missing) 函数调用缺少")"。

分析与处理：如果函数调用的参数表后漏掉了右括号或括号不匹配,则会出现此类错误。

(35) Goto statement missing label goto 语句缺少标号。

分析与处理：在使用 goto 语句时没有给出标号。

(36) If statement missing (if 语句缺少"("。

(37) If statement missing) if 语句缺少")"。

(38) Illegal octal digit (非法八进制数)。

分析与处理：此类错误通常是由于八进制常数中包含了非八进制数字所致。

(39) Illegal structure operation 非法结构操作。

(40) Improper use of a typedef symbol typedef 符号使用不当。

(41) Incompatible type conversion 不相容的类型转换。

(42) Incorrect number format 不正确的数据格式。

(43) Incorrect use of default default 不正确使用。

(44) Initialize syntax error 初始化语法错误。

(45) Invaild indirection 无效的间接运算。

分析与处理：间接运算符(*)要求非空指针作为操作对象。

(46) Invalid macro argument separator 无效的宏参数分隔符。

(47) Invalid use of dot 点(成员运算符)使用错。

(48) Lvalue required 赋值请求。

分析与处理：赋值运算符左边必须是数值变量、结构体成员名、间接指针和数组元素中的一个。

(49) Macro argument syntax error 宏参数语法错误。

(50) Mismatch number of parameters in definition 函数定义中参数个数与函数原型中的不匹配。

(51) Misplaced break break 位置错误。

(52) Misplaced continue continue 位置错误。

(53) Misplaced else else 位置错误。

(54) Misplaced else directive else 指令位置错误。

(55) Misplaced endif directive endif 指令位置错误。

(56) Must be addressable 必须是可编址的。

分析与处理：取地址运算符作用于一个不可编址的对象，如寄存器变量。

(57) Not an allowed type 不允许的类型。

(58) Out of memory 内存不够。

(59) Pointer required on left side of 操作符左边必须是一指针。

(60) Redeclaration of 'xxx' 'xxx'重复定义了。

(61) Size of structure or array not known 结构或数组大小未定义。

(62) Statement missing ; 语句缺少";"。

(63) Structure or union syntax error 结构体或共用体语法错误。

(64) Subscription missing] 下标缺少"]"。

(65) Switch statement missing (switch 语句缺少"("。

(66) Switch statement missing) switch 语句缺少")"。

(67) Too few parameters in call 函数调用时参数太少。

(68) Too few parameter in call to 'xxx' 调用'xxx'时参数太少。

(69) Type mismatch in parameter # 参数"#"类型不匹配。

(70) Type mismatch in parameter # in call to 'xxx'　调用'xxx'时参数#类型不匹配。

(71) Type mismatch in parameter 'xxx'　参数'xxx'类型不匹配。

(72) Type mismatch in parameter 'xxx ' in call to 'yyy'　调用'yyy'时参数'xxx'类型不匹配。

(73) Unable to creat output file 'xxx. xxx'　不能创建输出文件'xxx. xxx'。

分析与处理：当工作盘已满或软盘有写保护时，产生本错误。

(74) Unable to open include file 'xxx. xxx'　不能打开包含文件'xxx. xxx'。

分析与处理：通常是由于 Options/Directories/Include Directories 没能正确设置造成的。

(75) Unable to open input file 'xxx. xxx'　不能打开输入文件'xxx. xxx'。

分析与处理：通常当编译程序找不到源文件时出现本错误，检查文件名是否拼错或检查相应的软盘或目录中是否有此文件。

(76) Undefined structure 'xxx'　结构'xxx'未定义。

(77) Undefined symbol 'xxx'　符号'xxx'未定义。

分析与处理：在程序中使用了未经定义的变量，也可能是由于说明或引用处有拼写错误引起的。

(78) Unexpected end of file in comment started on line #　源文件在某个注释中意外结束。

分析与处理：通常是由于漏掉了注释结束标志"*/"引起的。

(79) Unterminated character constant　未终结的字符常量。

(80) Unterminated string　未终结的字符串。

(81) Unterminated string or character constant　未终结的字符串或字符常量。

(82) User break　用户中断。

分析与处理：在集成环境里进行编译或连接时用户按了 Ctrl+Break 组合键。

(83) While statement missing (　while 语句漏掉"("。

(84) While statement missing)　while 语句漏掉")"。

(85) Wrong number of arguments in of 'xxx'　调用'xxx'时参数个数错误。

2）常见的警告信息英汉对照及处理方法

(1) 'xxx' declared but never used　说明了'xxx'但未使用。

分析与处理：当在程序中说明了变量'xxx'，但未使用该变量，便会引起本警告。

(2) 'xxx' is assigned a value which is never used　'xxx'被赋以一个未使用的值。

分析与处理：'xxx'变量出现在一个赋值语句的左侧，但直到函数结束时都未使用过该变量。

(3) Code has no effect　代码无效。

分析与处理：当编译程序遇到一个含有无效运算符的语句时，发出此警告。

(4) Non-protable pointer assignment　对不可移植的指针赋值。

分析与处理：将一非地址值(常量零除外)赋给指针变量时，会引起此警告。

(5) Non-protable pointer comparison　对不可移植的指针进行比较。

分析与处理：将一个指针和一个非指针(常量零除外)进行比较，会引起此警告。

(6) Parameter'xxx' is never used　参数'xxx'没有使用。

分析与处理：通常是由于拼写错误引起的。

(7) Possible use of'xxx' before definition　在定义'xxx'前可能已使用'xxx'。

(8) Possible incorrectassignment　赋值可能不正确。

分析与处理：当编译程序遇到赋值运算符作为条件表达式(如 if、while 或 do-while 语句中的一部分)中的运算符时，发出此警告。通常是由于把赋值号当作等号使用了。

2. Visual C++ 6.0 环境

Visual C++ 6.0 环境下编译时常见的错误信息：

fatal error C1004：unexpected end of file found

致命错误 C1004：发现意外的文件尾。

fatal error C1083：Cannot open include file：'stdlib'：No such file or directory

致命错误 C1083：无法打开包含文件：'stdlib'：没有这个文件或目录。

error C2001：newline in constant

错误 C2001：常数中有换行符。

error C2017：illegal escape sequence

错误 C2017:非法的转义序列。

error C2018：unknown character '0xd2'

错误 C2018：不能识别的字符'0xd2'。

error C2059：syntax error：';'

错误 C2059：语法错误：';'。

error C2065：'p2'：undeclared identifier

错误 C2065：'p2'：未声明的标识符。

error C2106：'='：left operand must be l-value

错误 C2106：'=':左操作数必须为变量。

error C2143：syntax error ：missing ')' before '}'

错误 C2143：语法错误：在'}'前缺少')'。

error C2146：syntax error ：missing ';' before identifier 'printf'

错误 C2146：语法错误：在标识符'printf'前缺少';'。

error C2181：illegal else without matching if

错误 C2181：没有匹配 if 的非法 else。

error C2197:'float (__cdecl *)(void)'：too many actual parameters

错误 C2197：'float (__cdecl *)(void)'：实参太多。

error C2236：unexpected 'struct' 'student'

错误 C2236：意外的'struct' 'student'。

error C2440：'='：cannot convert from 'int *' to 'int'

错误 C2440：'='：无法从'int *'转换为'int'。

error C2501：'include'：missing storage-class or type specifiers

错误 C2501：'include'：缺少存储类或类型说明符。

error C2601: 'creat' : local function definitions are illegal

错误 C2601: 'creat': 本地函数定义是非法的。

error C2660: 'max' : function does not take 0 parameters

错误 C2660: 'max': 函数不接受 0 个参数。

error C2664: 'fun' : cannot convert parameter 1 from 'int' to 'int * '

错误 C2664: 'fun': 不能将参数 1 从'int'转换为'int * '。

error C2679: binary '=' : no operator defined which takes a right-hand operand of type 'struct student' (or there is no acceptable conversion)

错误 C2679: 二进制'=': 没有找到接受'struct student'类型的右操作函数的运算符(或没有可接受的转换)。

附录Ⅴ　C 语言常用部分库函数

库函数并不是 C 语言的一部分。它是由人们根据需要编制并提供用户使用的一批函数。每一种 C 语言编译系统都提供一批库函数，不同的编译系统所提供的库函数的数目和函数名以及函数功能是不完全相同的。本附录只从教学需要的角度列出最基本的一些函数。读者在编写 C 程序时可能要用到更多的函数，请查阅所用系统的函数手册。

1. 数学函数

使用数学函数时，应该使用 # include < math. h >或 # include "math. h"把 math. h 头文件包含到源程序文件中。

(1) 函数原型：int abs (int x)；

功能：求整数 x 的绝对值。

返回值：计算结果。

(2) 函数原型：double acos (double x)；

功能：计算 $\cos^{-1}(x)$的值。

返回值：计算结果。

说明：x 应在 -1～1 范围内。

(3) 函数原型：double asin(double x)；

功能：计算 $\sin^{-1}(x)$的值。

返回值：计算结果。

说明：x 应在 -1～1 范围内。

(4) 函数原型：double atan(double x)；

功能：计算 $\tan^{-1}(x)$的值。

返回值：计算结果。

(5) 函数原型：double atan2 (double x，double y)；

功能：计算 $\tan^{-1}(x/y)$的值。

返回值：计算结果。

(6) 函数原型：double cos(double x)；

功能：计算 cos(x)的值。

返回值：计算结果。

说明：x 单位为弧度。

(7) 函数原型：double cosh(double x)；

功能：计算 x 的双曲余弦 cosh(x)的值。

返回值：计算结果。

(8) 函数原型：double exp(double x)；

功能：求 e^x 的值。

返回值：计算结果。

(9) 函数原型：double fabs(double x)；

功能：求实数 x 的绝对值。

返回值：计算结果。

(10) 函数原型：double floor(double x)；

功能：求出不大于 x 的最大整数。

返回值：该整数的双精度实数。

(11) 函数原型：double fmod(double x,double y)；

功能：求 x/y 的余数。

返回值：返回余数的双精度数。

(12) 函数原型：double frexp(double val,int * eptr)；

功能：把双精度数 val 分解为数字部分(尾数)x 和以 2 为底的指数 n，即 $val = x * 2^n$，n 存放在 eptr 指向的变量中。

返回值：返回数字部分 x。

说明：$0.5 \leqslant x < 1$。

(13) 函数原型：double log(double x)；

功能：求 $\log_e x$，即 lnx。

返回值：计算结果。

(14) 函数原型：double log10(double x)；

功能：求 $\log_{10} x$。

返回值：计算结果。

(15) 函数原型：double modf(double val,double * iptr)；

功能：把双精度数 val 分解为整数部分和小数部分，把整数部分存到 iptr 指向的单元。

返回值：val 的小数部分。

(16) 函数原型：double pow(double x,double y)；

功能：计算 x^y 的值。

返回值：计算结果。

(17) 函数原型：int rand(void)；

功能：产生 0～32 767 间的随机整数。

返回值：随机整数。

说明：使用该函数时应包含文件 stdlib.h。

(18) 函数原型：double sin(double x)；

功能：计算 sinx 的值。

返回值：计算结果。

说明：x 单位为弧度。

(19) 函数原型：double sinh(double x)；

功能：计算 x 的双曲正弦函数 sinh(x)的值。

返回值：计算结果。
(20) 函数原型：double sqrt (double x)；
功能：计算 x 的平方根。
返回值：计算结果。
说明：x 应≥0。
(21) 函数原型：double tan(double x)；
功能：计算 tan(x)的值。
返回值：计算结果。
说明：x 单位为弧度。
(22) 函数原型：double tanh(double x)；
功能：计算 x 的双曲正切函数 tanh(x)的值。
返回值：计算结果。

2. 字符函数和字符串函数

使用字符串函数时要包含头文件 string. h,使用字符函数时要包含头文件 ctype. h。
(1) 函数原型：int isalnum(int ch)；
功能：检查 ch 是否是字母(alpha)或数字(numeric)。
返回值：是字母或数字返回 1；否则返回 0。
说明：使用该函数时应包含文件 ctype. h。
(2) 函数原型：int isalpha(int ch)；
功能：检查 ch 是否是字母。
返回值：是,返回 1;不是,则返回 0。
说明：使用该函数时应包含文件 ctype. h。
(3) 函数原型：int iscntrl(int ch)；
功能：检查 ch 是否是控制字符(其 ASCII 码在 0 和 0x1F 之间)。
返回值：是,返回 1;不是,则返回 0。
说明：使用该函数时应包含文件 ctype. h。
(4) 函数原型：int isdigit(int ch)；
功能：检查 ch 是否是数字(0～9)。
返回值：是,返回 1；不是,返回 0。
说明：使用该函数时应包含文件 ctype. h。
(5) 函数原型：int isgraph(int ch)；
功能：检查 ch 是否是可打印字符(其 ASCII 码为 0x21～0x7E),不包括空格。
返回值：是,返回 1；不是,返回 0。
说明：使用该函数时应包含文件 ctype. h。
(6) 函数原型：int islower(int ch)；
功能：检查 ch 是否是小写字母(a～z)。
返回值：是,返回 1；不是,返回 0。
说明：使用该函数时应包含文件 ctype. h。

(7) 函数原型：int isprint(int ch);

功能：检查 ch 是否是可打印字符(包括空格)，其 ASCII 码为 0x20～0x7E。

返回值：是，返回 1；不是，返回 0。

说明：使用该函数时应包含文件 ctype.h。

(8) 函数原型：int ispunct(int ch);

功能：检查 ch 是否是标点字符(不包括空格)，即除字母、数字和空格以外的所有可打印字符。

返回值：是，返回 1；不是，返回 0。

说明：使用该函数时应包含文件 ctype.h。

(9) 函数原型：int isspace(int ch);

功能：检查 ch 是否是空格、跳格符(制表符)或换行符。

返回值：是，返回 1；不是，返回 0。

说明：使用该函数时应包含文件 ctype.h。

(10) 函数原型：int isupper(int ch);

功能：检查 ch 是否是大写字母(A～Z)。

返回值：是，返回 1；不是，返回 0。

说明：使用该函数时应包含文件 ctype.h。

(11) 函数原型：int isxdigit(int ch);

功能：检查 ch 是否是一个十六进制数字字符(即 0～9，或 A～F，或 a～f)。

返回值：是，返回 1；不是，返回 0。

说明：使用该函数时应包含文件 ctype.h。

(12) 函数原型：char * strcat(char * str1,char * str2);

功能：把字符串 str2 接到 str1 后面，str1 末尾的'\0'被取消。

返回值：返回 str1。

说明：使用该函数时应包含文件 string.h。

(13) 函数原型：char * strchr(char * str,int ch);

功能：找出 str 指向的字符串中第一次出现字符 ch 的位置。

返回值：返回指向该位置的指针，如找不到，则返回空指针。

说明：使用该函数时应包含文件 string.h。

(14) 函数原型：int strcmp(char * str1,char * str2);

功能：比较两个字符串 str1、str2。

返回值：str1 < str2，返回负数。str1=str2，返回 0。str1 > str2，返回正数。

说明：使用该函数时应包含文件 string.h。

(15) 函数原型：char * strcpy(char * str1,char * str2);

功能：把 str2 指向的字符串复制到 str1 中。

返回值：返回 str1。

说明：使用该函数时应包含文件 string.h。

(16) 函数原型：unsigned int strlen(char * str);

功能：统计字符串 str 中字符的个数(不包括终止符'\0')。

返回值：返回字符个数。

说明：使用该函数时应包含文件 string. h。

(17) 函数原型：char * strstr(char * str1,char * str2);

功能：找出 str2 字符串在 str1 字符串中第一次出现的位置(不包括 str2 的串结束符)。

返回值：返回该位置的指针。如找不到,返回空指针。

说明：使用该函数时应包含文件 string. h。

(18) 函数原型：int tolower(int ch);

功能：将 ch 字符转换为小写字母。

返回值：返回 ch 所代表的字符的小写字母。

说明：使用该函数时应包含文件 ctype. h。

(19) 函数原型：int touppper(int ch);

功能：将 ch 字符转换成大写字母。

返回值：返回 ch 所代表的字符的大写字母。

说明：使用该函数时应包含文件 ctype. h。

3. 输入/输出函数

使用输入/输出函数时,应该使用# include <stdio. h>或# include "stdio. h"把 stdio. h 头文件包含到源程序文件中。

(1) 函数原型：void clearerr (FILE * fp);

功能：清除文件指针错误。

返回值：无。

(2) 函数原型：int fclose(FILE * fp);

功能：关闭 fp 所指的文件,释放文件缓冲区。

返回值：有错则返回非 0,否则返回 0。

(3) 函数原型：int feof(FILE * fp);

功能：检查文件是否结束。

返回值：遇文件结束符返回非零值,否则返回 0。

(4) 函数原型：int fgetc(FILE * fp);

功能：从 fp 所指定的文件中取得下一个字符。

返回值：返回所得到的字符。若读入出错,返回 EOF。

(5) 函数原型：char * fgets(char * buf,int n,FILE * fp);

功能：从 fp 指定的文件读取一个长度为 n－1 的字符串,存入起始地址为 buf 的空间。

返回值：返回地址 buf,若遇文件结束符或出错,返回 NULL。

(6) 函数原型：FILE * fopen(char * filename,char * mode);

功能：以 mode 指定的方式打开名为 filename 的文件。

返回值：成功,返回一个文件指针(文件信息区的起始地址),否则返回 0。

(7) 函数原型：int fprintf(FILE * fp,char * format,args,…);

功能：把 args 的值以 format 指定的格式输出到 fp 所指定的文件中。

返回值：实际输出的字符数。

(8) 函数原型：int fputc (char ch,FILE * fp)；

功能：将字符 ch 输出到 fp 所指定的文件中。

返回值：成功，则返回该字符，否则返回－1。

(9) 函数原型：int fputs(char * str,FILE * fp)；

功能：将 str 所指定的字符串输出到 fp 所指定的文件中。

返回值：返回写入的字符数，若出错返回－1。

(10) 函数原型：int fread (char * pt,unsigned size,unsigned n,FILE * fp)；

功能：从 fp 所指定的文件中读取长度为 size 的 n 个数据项，存到 pt 所指向的内存区。

返回值：返回所读的数据项个数，如遇文件结束符或出错，返回 0。

(11) 函数原型：int fscanf(FILE * fp,char format,args,…)；

功能：从 fp 指定的文件中按 format 给定的格式将输入数据送到 args 所指向的内存单元(args 是指针)。

返回值：已输入的数据个数。

(12) 函数原型：int fseek(FILE * fp,long offset,int base)；

功能：将 fp 所指向的文件的位置指针移到以 base 所指出的位置为基础、以 offset 为位移量的位置。

返回值：成功返回 0；否则返回非零值。

(13) 函数原型：long ftell(FILE * fp)；

功能：函数返回 fp 所指向文件的文件位置指针的当前值。这个值是从文件开头算起的字节数。

返回值：出现错误时返回－1L。

(14) 函数原型：int fwrite(char * ptr,unsigned size,unsigned n,FILE * fp)；

功能：把 ptr 所指向的 n * size 字节输出到 fp 所指向的文件中。

返回值：写到 fp 文件中的数据项的个数。

(15) 函数原型：int getc(FILE * fp)；

功能：从 fp 所指向的文件中读入一个字符。

返回值：返回所读的字符。若文件结束符或出错，返回－1。

(16) 函数原型：int getchar(void)；

功能：从标准输入设备读取一个字符。

返回值：所读字符。若遇文件结束符或出错，返回－1。

(17) 函数原型：int printf(char * format,args,…)；

功能：按 format 指向的格式字符串所规定的格式，将输出表列 args 的值输出到标准输出设备。

返回值：输出字符的个数。若出错，返回负数。

说明：format 可以是一个字符串，或字符数组的起始地址。

(18) 函数原型：int putc(int ch,FILE * fp)；

功能：把一个字符 ch 输出到 fp 所指的文件中。

返回值：输出的字符 ch。若出错，返回－1。

(19) 函数原型：int putchar(char ch)；

功能：把字符 ch 输出到标准输出设备。

返回值：输出的字符 ch。若出错，返回－1。

（20）函数原型：int puts(char * str)；

功能：把 str 指向的字符串输出到标准输出设备，将'\0'转换为回车换行。

返回值：返回换行符。若失败，返回－1。

（21）函数原型：int rename(char * oldname,char * newname)；

功能：把由 oldname 所指的文件名改为由 newname 所指的文件名。

返回值：成功，返回 0；出错，则返回－1。

（22）函数原型：void rewind(FILE * fp)；

功能：将 fp 指示的文件中的位置指针置于文件开头位置，并清除文件结束标志和错误标志。

返回值：无。

（23）函数原型：int scanf(char * format,args,…)；

功能：从标准输入设备按 format 指向的格式字符串所规定的格式，输入数据给 args 所指向的单元。

返回值：读入并赋给 args 的数据个数。遇文件结束符返回－1，出错返回 0。args 为指针。

4. 动态存储分配函数

使用动态存储分配函数时，应该使用 # include <stdlib. h>或 # include "stdlib. h"把 stdlib. h 头文件包含到源程序文件中。但许多 C 编译系统要求用 malloc. h，而不是 stdlib. h。读者在使用时应查阅有关手册。

ANSI C 标准要求动态内存分配函数返回 void 类型指针。void 指针具有一般性，它们可以指向任何类型的数据。但目前有的 C 编译系统所提供的这类函数返回 char 指针。无论以上两种情况的哪一种，都需要用强制类型转换的方法把 void 或 char 指针类型转换成所需的类型。

（1）函数原型：void * calloc(unsigned n，unsigned size)；

功能：分配 n 个数据项的内存连续空间，每个数据项的大小为 size。

返回值：分配内存单元的起始地址。如不成功，返回 0。

（2）函数原型：void free(void * p)；

功能：释放 p 所指的内存区。

返回值：无。

（3）函数原型：void * malloc(unsigned size)；

功能：分配 size 字节的存储区。

返回值：所分配内存区的起始地址，如内存不够，返回 0。

（4）函数原型：void * realloc(void * p,unsigned size)；

功能：将 p 所指出的已分配内存区的大小改为 size。size 可以比原来分配的空间大或小。

返回值：返回指向该内存区的指针。

5. 清屏函数

(1) Turbo C 环境下清屏函数。

函数原型：void clrscr(void)；

功能：函数 clrscr()清除当前整个字符窗口，并且把光标定位在左上角。

返回值：无。

说明：clrscr()函数原型在 conio.h 中。

(2) Visual C++ 6.0 环境下清屏函数。

函数原型：void system("cls")；

功能：函数 system("cls")清除当前整个字符窗口，并且把光标定位在左上角。

返回值：无。

说明：system()函数原型在 stdlib.h 中。

6. 暂停函数

函数原型：void system("pause")；

功能：函数 system("pause")暂停程序的运行，按任意键则继续。

返回值：无。

说明：system("pause")函数原型在 stdlib.h 中。

参考文献

[1] 谭浩强.C程序设计[M].2版.北京：清华大学出版社,1999.
[2] 杨路明.C语言程序设计教程[M].北京：北京邮电大学出版社,2003.
[3] 谭浩强,等.C语言程序设计教程[M].2版.北京：高等教育出版社,1998.
[4] 吴文虎.程序设计基础[M].北京：清华大学出版社,2003.
[5] 周启海,等.C语言程序设计新捷径[M].上海：复旦大学出版社,2000.
[6] 李淑华,等.C语言程序设计[M].大连：大连理工大学出版社,2002.
[7] 廖雷.C语言程序设计[M].北京：高等教育出版社,2000.
[8] 郑阿奇.C实用教程[M].北京：电子工业出版社,2009.
[9] 王成端,等.C语言程序设计[M].北京：中国水利水电出版社,2008.
[10] 苏小红,等.C语言大学实用教程[M].北京：电子工业出版社,2009.

图书资源支持

感谢您一直以来对清华版图书的支持和爱护。为了配合本书的使用,本书提供配套的资源,有需求的读者请扫描下方的“书圈”微信公众号二维码,在图书专区下载,也可以拨打电话或发送电子邮件咨询。

如果您在使用本书的过程中遇到了什么问题,或者有相关图书出版计划,也请您发邮件告诉我们,以便我们更好地为您服务。

我们的联系方式:

地　　址:北京市海淀区双清路学研大厦 A 座 701

邮　　编:100084

电　　话:010-62770175-4608

资源下载:http://www.tup.com.cn

客服邮箱:tupjsj@vip.163.com

QQ:2301891038(请写明您的单位和姓名)

资源下载、样书申请

书圈

扫一扫,获取最新目录

用微信扫一扫右边的二维码,即可关注清华大学出版社公众号“书圈”。